教育部高等学校轻工

与食品学科教学指导委员会推荐教材

中国轻工业“十四五”规划教材

动植物检验检疫学

（第三版）

余以刚　主编

中国轻工业出版社

图书在版编目（CIP）数据

动植物检验检疫学／余以刚主编．--3 版．--北京：中国轻工业出版社，2025. 3. -- ISBN 978-7-5184-5299-6

Ⅰ. S851. 34；S41

中国国家版本馆 CIP 数据核字第 20257VZ819 号

责任编辑：张　靓　　责任终审：劳国强

文字编辑：赵晓鑫　　责任校对：刘小透　晋　洁　　封面设计：锋尚设计

策划编辑：张　靓　　版式设计：辰轩文化　　责任监印：张　可

出版发行：中国轻工业出版社（北京鲁谷东街 5 号，邮编：100040）

印　　刷：三河市国英印务有限公司

经　　销：各地新华书店

版　　次：2025 年 3 月第 3 版第 1 次印刷

开　　本：787×1092　1/16　印张：11. 75

字　　数：260 千字

书　　号：ISBN 978-7-5184-5299-6　定价：42. 00 元

邮购电话：010-85119873

发行电话：010-85119832　010-85119912

网　　址：http：//www. chlip. com. cn

Email：club@ chlip. com. cn

230026J1X301ZBW

本书编写人员

主　　编　余以刚（华南理工大学）

副 主 编　游丽君（华南理工大学）

鱼海琼（广州海关技术中心）

任小娜（喀什大学）

彭玉芬（拱北海关技术中心）

吴　晖（华南理工大学）

参　　编　黄铮昱（中南林业科技大学）

林　莉（广州海关技术中心）

王东涛（拱北海关）

曾　潇（广州海关技术中心）

周傲白雪（拱北海关技术中心）

水克娟（拱北海关技术中心）

佟铁铸（广州海关技术中心）

吴晓薇（广州海关技术中心）

王晓莉（淮阴工学院）

陈光辉（喀什大学）

前言 Preface

对出入境动植物、动植物产品，以及装载容器、包装物和来自动植物疫区的运输工具实施检验检疫及监督管理，可有效防止动物传染病、寄生虫病和植物危险性病、虫、杂草以及其他有害生物传入、传出国境，保护农、林、牧、渔业生产和人体健康，促进对外经济贸易的发展。

2018年国务院机构改革之后，出入境动植物检验检疫由海关总署全面负责，同时国内外动植物检验检疫法律法规和标准也大量更新。为适应新的发展变化，从教学、科研和检验检疫的实际出发对内容进行了修订，强化了主要动物疫病检测、转基因产品检测和动植物检疫处理相关内容。

本书由余以刚主编，游丽君、鱼海琼、任小娜、彭玉芬、吴晖任副主编。全书共分十四章，编写分工如下：第一章由余以刚和吴晖编写；第二章由余以刚和游丽君编写；第三章由鱼海琼和曾潇编写；第四章由游丽君和彭玉芬编写；第五章由鱼海琼和吴晓薇编写；第六章由周傲白雪和余以刚编写；第七章由游丽君和水克娟编写；第八章由任小娜和林莉编写；第九章由彭玉芬和王晓莉编写；第十章由黄铮昱和水克娟编写；第十一章由吴晖、任小娜和陈光辉编写；第十二章由余以刚和王东涛编写；第十三章由游丽君和余以刚编写；第十四章由黄铮昱和佟铁铸编写。

在编写过程中得到广州海关、拱北海关和黄埔海关等单位多位同志的热心帮助和支持，在此对各位的帮助深表谢意。

本书可作为高等学校相关专业本科生的教材，也可作为进出口贸易和检验检疫行业从业人员参考书。

由于编者水平有限，书中难免有不足或错误之处，敬请广大读者提出宝贵意见，以便再版时补充修正。

编　者

目录 Contents

第一章

CHAPTER 1

动植物检疫的起源与发展

学习目的与要求

1. 掌握动植物检疫的基本概念和术语。
2. 了解动植物检疫的起源与发展。
3. 了解动植物检疫的现状及发展前景。

第一节　动植物检疫的基本概念和术语

动植物检疫是通过国家立法，利用法制、行政和技术手段，防止动物传染病、寄生虫病和植物危险性病、虫、杂草以及其他有害生物由国外传入和在国内蔓延，保障农、林、牧、渔业生产安全和人类身体健康的综合管理体系。它是人类同自然长期斗争的产物，也是当今世界各国普遍实行的一项制度。

一、动物检疫基本概念和术语

动物检疫（Animal Quarantine）：按照国家法规对各种动物及其产品进行的疫病检查。通过动物检疫，对可疑或已证实的疫病对象实行强制隔离，或作出适当处理，是为了防止动物传染病在国内蔓延和在国际传播所采取的一项技术行政措施。

动物检疫可分为进出境检疫和国内检疫两大类。进出境检疫指进口或出口的动物及其产品在到达国境口岸时所受到的检疫，其任务就是在国家法律和有关规定的约束和指导下，对进出境的动物进行疫病检查并采取相应措施，防止动物疫病传入国内，保护国内畜牧业的正常发展，保障人民身体健康和防止动物疫病传出国外，维护国家在国际市场上的贸易信誉。进出境动物检疫的对象一般为国内尚未发生、而国外已经流行的疫病，危害较大而又难以防治的烈性传染病和重要的人畜共患疾病等。国内检疫指在国内各省、市、县或乡镇地区实行的检疫，又可分为产地检疫和运输检疫。国内检疫的对象，除国家统一规定者外，各地区兽医部门还可从防疫实际出发补充规定某些传染病作为本地区的检疫对象。

非食用动物产品（Inedible Product from Animal）：动物产品中不可食用的部分，如动物皮张、毛、骨蹄角及其产品、明胶、蚕茧、动物源性饲料及饲料添加剂、饲料用乳清粉、鱼粉、肉粉、骨粉、肉骨粉、油脂、血粉、血液等以及含有动物成分的有机肥料。

生物制品（Biological Product）：以微生物、细胞、动物或人源组织和体液等为起始原材料，用生物学技术制成，用于预防、治疗和诊断人类疾病的制剂。

疫苗（Vaccine）：用病原微生物、寄生虫或其组分或代谢产物经加工制成，或者用合成肽或基因工程方法制成，人工主动免疫的生物制品。

二、植物检疫基本概念和术语

植物检疫（Plant Quarantine）：通过法律、行政和技术手段，防止危险性植物病、虫、杂草和其他有害生物的人为传播，保障农林业生产的安全，促进贸易发展的措施。植物检疫可分为进出境检疫和国内检疫两大类。植物检疫既是一项专业性很强的技术工作，也是一项内容非常复杂的行政管理工作。

植物检疫狭义的解释为：为防止危险性有害生物的人为传播而进行的隔离检查与处理；广义的解释为：为防止危险性有害生物随植物及植物产品的人为调运传播，由政府部门采取的综合措施。所以植物检疫又称为法规防治，它是植物保护工作的一个方面，其特点是从宏观整体上预防一切（尤其是本区域范围内没有的）有害生物的传入、定植与扩展。

有害生物（Pest）：任何对植物或植物产品有害的植物、动物或病原体的种、株（品）系或生物型（在《国际植物保护公约》中，“植物有害生物”有时被用作术语“有害生物”）。

检疫性有害生物（Quarantine Pest）：对受其威胁的地区具有潜在经济重要性、尚未在该地区发生或虽已发生但分布不广并进行官方控制的有害生物。

非检疫性有害生物（Non-quarantine Pest）：在某一地区内，检疫性有害生物以外的有害生物。

限定的非检疫性有害生物（Regulated Non-quarantine Pest）：在供种植用植物中存在，且影响到植物的原定用途，在经济上造成不可接受的影响，因而在进口缔约方领土内受到限制的非检疫性有害生物。

三、其他常用语

依据《中华人民共和国进出境动植物检疫法》，与动植物检疫有关的其他常用语包括：

（1）动物　饲养、野生的活动物，如畜、禽、兽、蛇、龟、鱼、虾、蟹、贝、蚕、蜂等。

（2）动物产品　来源于动物未经加工或者虽经加工但仍有可能传播疫病的产品，如生皮张、毛类、肉类、脏器、油脂、动物水产品、奶制品、蛋类、血液、精液、胚胎、骨、蹄、角等。

（3）植物　栽培植物、野生植物及其种子、种苗及其他繁殖材料等。

（4）植物产品　来源于植物未经加工或者虽经加工但仍有可能传播病虫害的产品，如粮食、豆、棉花、油、麻、烟草、籽仁、干果、鲜果、蔬菜、生药材、木材、饲料等。

（5）其他检疫物　动物疫苗、血清、诊断液、动植物性废弃物等。

第二节　动植物检疫的起源与发展

检疫“Quarantine”一词源由拉丁文Quarantum，原义为“40”，最初是国际港口执行卫生检查的一种措施。14世纪，欧洲流行着黑死病（肺鼠疫）、霍乱、黄热病、疟疾等疫病。当时威尼斯为防止这些可怕的疫病传染给当地人民，规定外来船只到达港口前必须在海上停泊40天后船员方可登陆，以便观察船员是否带有传染病。这种措施在当时对人群中流行的危险性疫病的控制起到了重要作用。所以Quarantine就成为隔离40天的专有名词，并演绎为今天的“检疫”。

随着科学技术的发展，人类从预防医学的上述做法得到启发，将其拓展用于对动物传染病、寄生虫病和植物危险性有害生物的检疫。

植物检疫的最早事例首推法国鲁昂地区为防止小麦秆锈病而提出铲除小檗并禁止输入的法令。当时认为只要铲除小麦秆锈病的中间寄主小檗，小麦秆锈病就不会发生。

动植物检疫法规的发展大致经历了以下4个阶段：①产生于人类与病虫害的长期斗争中；②动植物检疫法规由单项禁令向综合性法规发展；③由个别国家（地区）的法规发展到双边的协议、协定或国际公约；④随着形势的发展进一步补充和完善。

19世纪中期，人们发现许多重要的植物病虫害猖獗流行是随着种子种苗的调运而传播。例如，1860年法国由于进口美国葡萄种苗而导致葡萄根瘤蚜传入，以后25年中被毁的葡萄园达250万英亩，占当时法国葡萄栽培总面积的1/3，致使法国酿酒业几近停产；1982年我国从法国引进葡萄种苗时也将该虫引入山东烟台；1870年，美国科罗拉多州马铃薯将马铃薯甲虫带入欧洲，造成欧洲马铃薯严重减产。植物病虫害国际间的传播蔓延促使一些受害国家有针对性地制定出禁止从疫区进口某种植物的法令。如1873年法国明令禁止从美国进口马铃薯，1873年英国也颁布了禁止毁灭性的昆虫入境的法令。此后，俄国（1873年）、澳大利亚（1909年）、美国（1912年）、日本（1914年）、中国（1928年）等国也相继颁布法令禁止某些农产品调运入境。动物检疫方面，1871年日本开始采取，防御当时西伯利亚牛瘟传入日本；1879年意大利因发现旋毛虫而禁止美国肉类进口；1882年英国鉴于美国东部数州发生牛传染性胸膜肺炎疫情，下令禁止输入美国活牛。

随着植物保护和动物预防科学的发展，人们认识到禁止疫区动植物及其产品来防止一种疫病、虫害远远不能满足贸易发展的需要，逐渐从笼统的禁运发展到对疫病、虫害的直接检疫，一些国家开始制定既有针对性，又有较大灵活性的检疫法规。如1886年日本颁布《兽医传染病预防规划》，在此基础上，1896年制定了《兽医预防法》；1907年英国颁布《危险性病虫法案》；1912年美国国会通过《植物检疫法》，1935年正式颁布《动植物检疫法令》。

动植物检疫收效的一个必要条件是着眼于保护一个生物地理区域，而不仅仅是保护某个国家。人们的实践说明：只有在一个生物地理区域范围内免受某种疫病、害虫的危害，该区域中的国家或地区才能得到保护；在这区域内的任何一个国家或地区的疫情都紧密相关。检疫法规的双边、多边合作成为发展的必然趋势。1881年有关国家签订的《葡萄根瘤蚜公约》，是世界上第一个以防止危险性病虫害传播为目的的国际公约。1929年在罗马签署了《国际植物保护公约》（International Plant Protection Convention，IPPC），1951 年联合国粮农组织（Food and Agriculture Organization of the United Nations，FAO）第 6 次大会正式通过此公约。随着动植物检疫的发展，陆续成立了许多以生物地理区域为基础的区域性检疫协定、协议及国际组织，如 1924 年成立的世界动物卫生组织（World Organization for Animal Health，WOAH），是政府间动物卫生技术组织，主要职能是通报各成员动物疫情，协调各成员动物疫病防控活动，制定动物及动物产品国际贸易中的动物卫生标准、规则并被世界贸易组织（World Trade Organization，WTO）所采用。

我国的进出境动植物检验检疫起步较晚。在清末民初，随着进出口贸易的发展，我国才开始出现动植物检疫萌芽。中国最早的动物检疫是 1903 年在中东铁路管理局建立的铁路兽医检疫处。1928 年国民政府制定了《农产物检查所检查农产物规则》，成立了“农产物检查所”，这是我国官方最早的动植物检疫机构和相关的动植物检疫法规。之后，国民政府陆续出台了《商品检验法》《植物病虫害检验施行细则》《蜜蜂检验施行细则》和《蚕种检验施行细则》等一系列的检疫法规，从很大程度上提高了本国农畜产品在国际市场的信誉，使我国动植物检疫行业趋于成熟、规范。抗日战争爆发后，我国动植物检疫工作基本上处于停滞状态，造成国外很多疫病传入。中华人民共和国成立后，动植物检疫恢复了正常的工作秩序。1982 年，国务院正式批准成立国家动植物检疫总所，将进出口动植物检疫改为由中央和地方双重领导，以中央领导为主的垂直领导体制。1991 年颁布《中华人民共和国进出境动植物检疫法》，这是中国颁布的第一部动植物检疫法律，是中国动植物检疫史上的一个重要的里程碑，它以法律的形式明确了动植物检疫的宗旨、性质、任务，为口岸动植物检疫工作提供了法律依据和保证。它的颁布实施，扩大了中国动植物检疫在国际上的影响，标志着中国动植物检疫事业进入一个新的发展时期。在《中华人民共和国进出境动植物检疫法》及其实施条例颁布施行后，出入境检验检疫机构先后制定了一系列配套规章及规范性文件，进一步完善了我国的动植物检疫法规体系，对于实现进出境动植物检疫“把关、服务、促进”的宗旨发挥了重要作用。

我国植物检疫的正式记载是 1928 年的“农产物检查条例”。1928 年，浙江建设厅张祖纯先生向中国政府农矿部报送了《呈请农矿部创设植物检查所详细计划书》，同时起草了《农矿部植物检查所经费预算》《植物病虫害检查规则》《植物病虫害检查规则施行细则》等规范性文件。同时还编制了“植物进口检查请求书”“植物病虫害检查证书”“植物出口检查请求书”“病菌害虫标本进口许可请求书”“邮寄植物输入检查请求书”“病菌害虫进口检查请求书”“免检标签”及“检查标签”等数种格式，这是我国最早的植物检疫证书。同年 12 月，国民政府农矿部正式公布了“农产物检查条例”，并先后在上海、广州设立了农产物检查所，开展进出口农产品的品质检查和病虫害检验。1929 年，为改变我国商品检验长期为国外所把持的局面，国民政府工商部在上海、天津、青岛、汉口、广州等地设立商品检验局。1929 年农矿部颁布了《农产物检查条例实施细则》及《农产物检查所检查农产物处罚细则》。1930 年 4 月，农矿部又公布了《农产物检查所检查病虫害暂行办法》。次年农矿部和工商部合并成实业部，全国的商品检验工作由实业部主管，并将农产品检验所归入商品检验局。1935 年 4 月在上海商品检验局内设立了病虫害检验处，开始对种子、苗木、粮谷、豆类、水果、蔬菜和中药材等实施检验。自此，我国的植物检疫工作初现端倪。

第三节　动植物检疫的现状

随着世界经济全球化进程深入发展，国际贸易往来日益频繁，中国在世界经济舞台上发挥着越来越重要的作用。与此同时，进出境动植物疫情日趋复杂，外来有害生物传入的风险及对我国农业生产、生态环境安全和人民身体健康的威胁不断加大，全国口岸每年在进境的动植物、动植物产品和其他检疫物中都发现并截获大量危险性病虫害，动植物检疫工作面临着国际挑战。动植物检疫在世界经济贸易活动中一直占据十分重要的地位，它不仅仅是国际贸易中的国门卫士，而且也是重要的技术保障。一方面动植物检疫最大限度阻止和延缓有害生物的传播蔓延，保护农畜产品的生产安全，从而促进农畜产品贸易的正常进行；另一方面作为《实施卫生与植物卫生措施协定》（Agreement on the Application of Sanitary and Phytosanitary Measures，SPS）基础上唯一可以合理使用的非关税技术措施，动植物检疫广泛被各 WTO 成员应用，设置贸易技术壁垒，保护本国经济利益。为了保护本国的农产品市场，各国政府充分利用检疫来限制其他国家的农产品进口，同时打破国外的技术性贸易壁垒，促进植物检疫工作与世界接轨，将对我国的外贸出口以及国家形象产生深远的影响。

当前，我国处在经济、社会发展的关键时期，进出境动植物检疫工作具有重要意义。我国是农业大国，农产品的安全问题一直备受关注，尤其是随着物质生活的不断提高，人们对于农产品的安全问题越来越关注，而动植物检疫作为农产品安全的重要保护性措施也必然越来越重要。且由于我国的农产品生产的自然条件、生产规模、农业技术等方面存在劣势，在国际市场上缺乏竞争力，动植物检疫体系的完善，显得更为重要和紧迫。但由于外来有害生物具有未知性和不确定性，目前依靠口岸现有技术和设施，根据现有的检疫性有害生物名录和疫病目录进行针对性检疫和除害处理已经不足以防范。为实现科学发展，必须提高动植物检疫管理的有效性。因此，必须建立和完善符合国际标准和发展趋势的国内法规和管理体系，加强风险评估工作，强化进出境口岸检测和处理能力，并最终建立和完善全面科学的检疫体系和工作机制。

一、动物及动物产品检疫现状

（一）我国现行动物检疫法律制度构成

我国进出境动植物检疫的法律体系可分为法律、行政法规和部门规章 3 个层次，包括国家颁布的进出境动植物检疫的专门法律，与动植物检疫有关的其他法律，以及国务院、国务院农业行政主管部门和其他部委、省、自治区发布的动植物检疫行政法规、部门规章、地方法规。还包括我国加入的国际公约，我国与其他国家或地区签订的动植物检疫协定、协议等。

《中华人民共和国进出境动植物检疫法》

1. 法律

（1）《中华人民共和国进出境动植物检疫法》　进出境动物、动物产品的检疫，适用《中华人民共和国进出境动植物检疫法》。这是中国政府对进出境动植物实施检疫的法律基础。1991 年 10 月 30 日第七届全国人民代表大会常务委员会第二十二次会议通过，1992 年 4 月 1 日起施行。它明确了动植物检疫的宗旨、性质、任务，规定了检疫检查程序、检疫处理原则和法律责任。

（2）其他相关法律　包括《中华人民共和国生物安全法》《中华人民共和国农业法》《中华人民共和国渔业法》《中华人民共和国农产品质量安全法》《中华人民共和国畜牧法》《中华人民共和国农产品质量安全法》《中华人民共和国进出口商品检验法》《中华人民共和国食品安全法》和《中华人民共和国动物防疫法》等。

2. 行政法规

包括《中华人民共和国进出境动植物检疫法实施条例》《植物检疫条例》《国务院关于加强食品等产品安全监督管理的特别规定》《中华人民共和国进出口商品检验法实施条例》《中华人民共和国食品安全法实施条例》《重大动物疫情应急条例》《实验动物管理条例》《中华人民共和国濒危野生动植物进出口管理条例》等。

《中华人民共和国进出境动植物检疫法实施条例》

3. 部门规章

《植物检疫条例》

与动物检疫相关的规章包括《供港澳食用陆生动物检验检疫管理办法》（海关总署令第266号，2024年1月22日公布）《进境动植物检疫审批管理办法》《进境动物和动物产品风险分析管理规定》《进境动物遗传物质检疫管理办法》《进出境重大动物疫情应急处置预案》和《进出境农产品和食品质量安全突发事件应急处置预案》等。另外，海关总署还下发了一系列有关动物及动物产品检验检疫的通知、规定、要求及警示通报等现行有效的部门规章，为进出境动物及动物产品检验检疫监管提供了可靠的法律依据。为了防止动物传染病、寄生虫病传入，保护我国畜牧业和渔业生产安全、动物源性食品安全和公共卫生安全，根据《中华人民共和国动物防疫法》和《中华人民共和国进出境动植物检疫法》等法律法规，2020年1月15日，农业农村部会同海关总署组织修订并公布了最新版《中华人民共和国进境动物检疫疫病名录》。

（二）进境动物及其产品管理制度

为保障进境动物及动物产品检验检疫工作的有效运转，海关总署制定了一系列的管理制度，作为进境动物及动物产品检验检疫工作的章程和准则。

涉及进境动物及动物产品管理制度主要包括：风险分析和市场准入制度、检疫审批制度、境外产地预检制度、进境口岸现场检疫及隔离检疫制度、检疫处理制度和风险预警及快速反应管理。

（三）我国出境动物及其产品管理制度

对出境动物及其产品实施了注册登记、日常监管、防疫免疫、疫情监测、残留监控、检验检疫、追溯管理、隔离检疫、运输监管、离境查验等制度，建立了从养殖源头到离境口岸全过程监管工作体系。

二、植物及植物产品检疫现状

（一）植物检疫的重要性

植物检疫一方面可以防止外来危险性生物传入我国，进而对我国的农业生产造成威胁。我国农业生产主要存在生产规模小，生产技术相对落后，产量相对低下等问题，为解决以上问题就需要引进优良的品种，但在引种过程中难免发生由于对引进生物的生长状况不了解，而造成有害物种的入侵，从而对我国的农业生产造成极大的危害。例如，20 世纪 60 年代，我国将水葫芦作为度荒的青饲料引入，后泛滥成灾，致使我国的许多水域鱼类由于缺氧窒息而死亡，渔业生产受到威胁。另一方面，植物检疫可以保障我国的对外贸易信用，避免我国的有害生物传播到国外，对国外的农业生产造成困扰。

植物检疫可以保障农业生产安全，当作物未受到外来物种的竞争影响时，本国的农业作物就会按照正常生长轨道生长。除此之外，农业生产过程中，检疫性有害生物的发生不仅会造成农作物产量的减少，而且会致使农民的收成下降。此外，对检疫性有害生物的防治还可能增加农民的生产支出，使农民农业生产的实际收入减少。植物检疫能够在一定程度上降低农民的这些不必要的损失，从而增加农民的收入。

（二）植物检疫的现状

1. 我国现行的植物检疫法规

在总结检疫工作经验的基础上，我国对发达国家植物检疫作了广泛调研，吸取了国外先进制度和做法。我国陆续制定和公布了一系列有关植物检疫的法规。1982 年 6 月 4 日，国务院发布了《中华人民共和国进出口动植物检疫条例》（外检条例，包括动物检疫和植物检疫）。1983 年 1 月 3 日，国务院发布了《植物检疫条例》（植物内检条例）。1991 年 10 月 30 日，中华人民共和国主席第五十三号令公布了《中华人民共和国进出境动植物检疫法》，于 1992 年 4 月 1 日施行。1992 年 5 月 13 日，国务院修订发布了新的《植物检疫条例》。为了更好地贯彻检疫法规，原农业部、原国家质检总局会同有关部门分别制定了实施细则和一系列配套规定，如《中华人民共和国进境植物检疫危险性病、虫、杂草名录》《中华人民共和国进境植物检疫禁止进境物名单》《对外植物检疫操作规程进出境植物检疫手册》和《中华人民共和国进出境动植物检疫行政处罚实施办法》。农业农村部颁布了《植物检疫条例实施细则（农业部分）》，同时公布了《全国植物检疫对象和应施检疫的植物、植物产品名单》《国外引种检疫审批管理办法》。另外，还制定公布了一系列单项检疫规定，如《进出境装载容器、包装物动植物检疫管理办法》《关于加强进口粮食检疫有关问题的通知》等部门规章。

2007 年 5 月 28 日，农业部发布了由国家质检总局、农业部共同制定的《中华人民共和国进境植物检疫性有害生物名录》。该名录具有以下特点：一是按照国际植物检疫措施标准，将名单更名为《进境植物检疫性有害生物名录》；二是检疫性有害生物种类大幅增加，由原来的 84 种扩大到 7 大类 435 种；三是重点突出，保护面明显扩大，既考虑到粮油、水果等重点作物，又兼顾增加了花卉、牧草、原木、木质包装、棉麻等作物上有害生物的种类；四是增加了有害生物的防范力度，提高了进境植物检疫门槛，有利于防控植物检疫性有害生物跨境传播。

2006 年 3 月 2 日第 617 号农业部令发布了《全国农业植物检疫性有害生物名单》和《应施检疫的植物及植物产品名单》，共包括 44 种有害生物。2004 年国家林业局发布了《全国林业检疫性有害生物名单》，共 19 种有害生物；2005 年 8 月 29 日“农业部国家林业局国家质量监督检验检疫总局公告第 538 号”补充了刺桐姬小蜂为林业检疫性有害生物；2008 年，国家林业局发布 2008 年第 3 号公告，将枣实蝇增列为全国林业检疫性有害生物。2009 年扶桑绵粉蚧、向日葵黑茎病、木薯绵粉蚧、异株苋亚属、地中海白蜗牛、白蜡鞘孢菌等 6 种有害生物先后增补列入名单。

根据《中华人民共和国生物安全法》《植物检疫条例》的规定和风险分析结果，决定将番茄褐色皱果病毒（Tomato Brown Rugose Fruit Virus）增补列入《全国农业植物检疫性有害生物名单》。2024年9月2日修订后的《全国农业植物检疫性有害生物名单》和《应施检疫的植物及植物产品名单》发布施行，全国农业植物检疫性有害生物共计32种。2020年11月4日发布的《全国农业植物检疫性有害生物名单》和《应施检疫的植物及植物产品名单》同时废止。

这些检疫法规是目前我国植物检疫工作的基本法规，也是广大植物检疫人员执法的主要依据。这些检疫法规的发布，使植物检疫工作更有保障，更有利于检疫工作的进一步开展。

2. 国际植物检疫的新规则

我国积极研究相关的国际组织的规定，采取措施与其相适应。WTO关于SPS中规定："缔约方在确定适当的卫生和植物检疫所保护的水平时，必须考虑将对贸易的不利影响降低到最低限度"，SPS提出了植物检疫的透明度、非歧视、等效性等原则，并要求各国植物检疫标准要符合国际标准，植物检疫措施要以有害生物风险分析（Pest Risk Analysis，PRA）为基础，要实施适当保护水平等要求。FAO出台了一系列规定和标准。如：与国际贸易有关的植检原则，外来生物防治物的输入和释放行为守则，PRA准则，建立有害生物非疫区的要求，植物检疫术语，监测指南，出口证书系统，有害生物根除程序指南等，还有些国际标准尚在制定过程中。

3. 关于检疫概念的变化

近年来国际上关于植物检疫的相关概念发生了较大变化，如WTO关于SPS对"非疫区"定义为"经主管当局确认未发生特定虫害或病害的区域"，这就增强了行政管理部门的主观性。WTO新提出了"病虫害低度流行区"的概念，并将非疫区细化为非疫区、非疫产地、非疫生产点。另外，对有害生物分为检疫性有害生物、限定的检疫性有害生物、非限定有害生物等。美国还对检疫性有害生物发生地区划分为保护区、监测区和缓冲区等。这些检疫概念的变化有利于农产品贸易，但增大了植物检疫工作难度。

为了与国际植物检疫保持一致，根据我国的实际情况，我国检验检疫部门也采取了较为灵活和多样化的措施。如在对国外地中海实蝇疫区的认定问题上，过去把存在地中海实蝇的整个国家作为疫区来对待，一律禁止该国水果进入我国。近年，FAO发布了《国际植物检疫措施标准》，对非疫区的概念作了规定："非疫区为经科学证据证明，不存在特定有害生物，并且这状况在适当的地方得到官方持续保持的地区。"根据地中海实蝇的特点，并参考了FAO关于非疫区概念，我国检疫专家提出了关于疫区范围的几项条件：①根据地中海实蝇的生物学特性，地中海实蝇成虫飞翔可能达到的距离是一个基础范围，这里也要考虑到成虫的取食、存活及其生物学因素；②地理环境条件是影响地中海实蝇传播蔓延的重要因素，发生地区的地形、地貌（高山、沙漠、海洋等）都直接影响成虫的扩散能力；③农业生态条件和寄主分布情况是影响传播蔓延的重要因素。还要考虑地中海实蝇发生地区气候条件、移民和外来人口（特别是来自地中海疫区）居住情况、交通运输和贸易往来等。另外，对定殖区域和新侵入区等问题，根据实际情况，确定有所区别的检疫政策。

根据上述新的检疫政策，经过检疫专家考察和论证，我国与某些国家就进口水果检疫问题分别达成了一些协议。如中美两国检疫部门签署了进口美国苹果、樱桃、葡萄的检疫议定书，中智两国检疫部门签署了进口智利部分地区的猕猴桃、苹果、葡萄的检疫议定书，还达成了进口澳大利亚亚塔斯马尼省苹果、进口新西兰苹果、猕猴桃的检疫协议等。这些检疫上新的措施不仅有效地保护了我国水果生产的安全，同时也有效地促进了水果贸易。

第四节　动植物检疫的发展前景

随着经济全球化的进程，越来越多的生物也在环球“旅行”，时空和距离不再是生物入侵的屏障，生物可以通过多种途径迅速传播到世界各地，外来生物入侵对我国农林业生产安全、生物多样性和生态环境构成了严重威胁。我国口岸从进境植物及其植物产品中截获有害生物的量呈大幅增长趋势。

（一）扩大检疫覆盖面，开展多方位的检疫

当前，国际经济合作和科技交流日益频繁，贸易和运输方式呈多样化的趋势，这使得病虫害传播的渠道也越来越复杂。所以，除了需要对植物及其产品实施检疫外，对其他传播媒介也应该给予充分关注。检验检疫部门根据《中华人民共和国进出境动植物检疫法》的规定，扩展了几项新的检疫内容。

对来自疫区的交通运输工具，包括火车、船舶、飞机等，实施植物检疫。这主要对食品舱及交通员工携带的应检物品实施检疫，并进行必要的消毒处理。

对集装箱和木质包装材料实施检疫。这两类都属装运容器性质，本身又具木质材料部分。在实施检疫中发现疫情是相当严重的，各有关口岸多次从集装箱中检出美国白蛾、双钩异翅长蠹、皮蠹类及非洲大蜗牛等危险性害虫。

对装载农产品的船舶进行装运前的检疫。据有的口岸调查出境船舶害虫检出率达 18.5%，所以，装运前船舶检疫可避免出口农产品受到污染。

增强对生物毒素的检测。植物病菌如黄曲霉、镰刀菌、链格孢、交链孢、赤霉菌等可产生对人、畜健康有害的生物毒素，如黄曲霉素、T-2 毒素、雪腐镰刀菌烯醇、玉米赤霉烯酮、串珠镰刀菌素和伏马菌素等。但生物毒素的检测还是一个较薄弱的环节，有关专家正对小麦、玉米、大豆等农产品的生物毒素检测技术和标准等开展研究。

转基因生物和物种资源查验开创了新的领域。国务院赋予海关总署对转基因生物和物种资源建立查验制度的新职能。海关总署加强了对转基因生物的监督管理，完善和建立了进出境转基因产品查验体系、检测标准体系、实验室检测体系。

（二）分子检测技术应用前景广阔

我国在植物检疫性病虫的检测、鉴定中应用分子生物学技术已取得可喜成果。分子生物学检测方法不仅快速、准确、灵敏、自动化程度高、易标准化，而且也解决了如种子上病菌及未显症病害的快速检测与鉴定等许多技术难题，符合植检特点和要求，具有广阔的应用前景。

我国检验检疫系统应用克隆与基因表达、DNA 序列测定、基因探针、PCR、生物芯片等技术对检疫性昆虫、真菌、细菌、病毒、线虫等全面开展研究应用，如对梨火疫病、玉米细菌性枯萎病、番茄环斑病毒、李坏死环斑病毒、小麦印度腥黑穗病、黑麦草腥黑穗病、松材线虫、马铃薯金线虫、白线虫、光肩星天牛、果实蝇、红火蚁等研究建立了相应的分子生物学检测方法。分子检测技术还需深入研究，如检测试剂的标准生产、设备配套等方面还需进一步努力。

另外，为了及时解决口岸上对昆虫检验鉴定上的技术问题，广东、北京、江苏等地海关与相关专家合作，利用互联网传送昆虫图像，进行远程鉴定，该技术已取得突破性进展，正进一

步研究昆虫自动识别系统并开发相应软件。

（三）检疫除害处理技术多样化

长期以来，检疫除害技术主要依靠化学药剂熏蒸处理，方法单一，口岸缺乏专用处理设备。近年来，检疫除害处理技术有较大发展，目前检疫处理除熏蒸处理外，还广泛应用热处理、冷处理、辐照处理、微波处理和防腐处理等技术。针对不同植物产品和疫情，采用相应的处理方法，保障检疫处理的效果。为了提高熏蒸处理效果，开展循环熏蒸技术和真空熏蒸技术的研究，成功地对圆筒仓粮食采用溴甲烷循环熏蒸技术，用溴甲烷、硫酰氟和环氧乙烷的真空熏蒸杀灭进口棉花的谷斑皮蠹、林木种子害虫，并研发了不同体积的真空熏蒸设备以及熏蒸气体浓度检测仪器。溴甲烷具有高效、穿透性强、快速、杀虫谱广等优点，是植物检疫中应用最广泛的重要熏蒸剂，但由于它属于消耗大气臭氧层的物质，国际上已逐步淘汰。我国农业、粮食、检疫部门正在研讨替代的方法，包括对原有熏蒸剂重新评价，改进现行熏蒸剂应用技术以及新型熏蒸剂的研究开发等。

为了配合荔枝进口国的检疫要求，我国开展了荔枝蒸热处理杀虫试验，在果心温度达到45.6℃时，处理105min，然后置于2℃低温下处理40h，不仅能够100%杀虫，满足有关国家植检规定的要求，而且不影响果质，保持鲜荔枝应有的商品价值。另外，用热处理杀灭稻草制品如榻榻米和饲料稻草上的水稻病菌和货物木包装上的天牛害虫等。

辐照处理技术的应用取得较大的发展，除了^{60}Co射线处理果实蝇技术外，近年来新研究了电子束辐照处理的技术，应用前景令人鼓舞。清华大学科技园专家采用3种辐射源，即电子束（EB）射线、^{60}Co射线、X射线对黑穗病的麦穗、病瘿和孢子粉等样品进行辐照处理。试验证明：电离辐照对黑穗病孢子的萌发有抑制和灭活效应。另外，试验证明对粮食中的杂草籽灭活也有成效。辐照处理既能杀虫又能灭菌、杂草灭活，是一种多功能的粮食除害处理方法。另外，由于进口木材体积大，搬运困难，对木材害虫处理一直是技术难题，现在用加速器辐照处理口岸进口整车木材的技术已取得突破。微波加热灭虫处理技术在旅邮检、种子、木质包装检疫处理方面取得积极成效。

植物检疫处理设施有较大改善，除了在进口农产品任务较大的口岸配备了真空、循环熏蒸设备外，在福建莆田、江苏太仓、天津滨海新区等进口木材较多的地区建立原木除害处理区。专家们建议运用电子加速器除害处理系统来处理粮食、木材的病虫害，既方便有效，又环保无污染，国家有关部门正在调研，不久的将来有望在有关口岸装备加速器辐照处理设施。

（四）开展外来有害生物风险分析（PRA）工作，建立完善的风险预警机制和快速反应体系

针对潜在危险生物，发展早期预警系统，建立风险评估体系，提高风险预测能力；针对已入侵生物，发展外来生物生态与经济影响评估体系，构建快速反应机制和体系。

一旦外来生物入侵成功，要彻底根除极为困难，且用于控制蔓延的代价极大。风险评估是对有害生物随植物、植物产品传入、定殖和传播的可能性，以及传入后造成的经济影响的评估；风险管理是针对这些检疫有害生物提出管理措施，为检疫政策提供科学依据。

某种有害生物可能对我国农林生产或生态造成威胁，通过开展PRA工作，确定有害生物的风险程度，配合国家采取相应的检疫措施。

做好PRA工作，实现检验检疫对植物及产品进出口的调控作用，根据SPS，通过PRA分析，建立完善的风险预警机制和快速反应体制。当境外发生重大疫情并可能传入我国时，或在

进境检疫截获重要有害生物，根据初步风险分析，及时发布风险预警通报。在引进外来物种时，除在检疫上把好关外，还应考虑建立外来物种预警制度，如对引进的外来物种先进行小面积培种，确定无害后再推广，即便是推广后也要进行监测跟踪，这样才能积极有效控制外来生物的侵害。加强科技投入，尽快找出外来生物入侵爆发机制，提高对外来入侵物种爆发的预测能力。根据 PRA 寻找检疫风险关键控制点的功能，对发现的疫情，找准有害生物产生风险的关键环节，有针对性地集中力量严格控制，及时治理扑灭。也就是做到早发现、早通报、早扑灭，避免出现不可收拾的局面。

（五）动植物检疫在国家安全与发展战略中的作用将越来越凸显

改革开放以来，伴随着我国对外开放的扩大和经济全球化的发展，出入中国国境的人员、货物量大幅增长，与之相伴进入国境的动植物病虫害和有害物种数量增加，渠道增多，形式多样，有效监管和消除出入国境不安全因素难度越来越大，对我国经济安全、社会安全、生态安全、资源安全等构成严重威胁。作为安全的第一防线，动植物检疫在国家安全与发展战略中的地位和作用将会越来越重要。动植物检疫部门要找准定位，深化检验检疫与非传统安全的理论研究与实践，学习借鉴世界各国成功经验，加强国民动植物检疫安全意识培训，使动植物检疫在我国国家安全及发展战略实施中发挥更大作用，实现保障消费者健康、维护国境安全以及促进贸易便利化相统一的目标。

（六）推进实验室建设，构建实验室检测网络支撑体系，促进动植物检疫发展

动植物检疫具有技术性的特点，它是以检验检测技术为依托的行政执法行为，检测技术手段就是动植物检疫的执法支撑。作为国门的第一道技术防线，构建有中国特色的动植物检疫实验室体系将对更好地履行动植物检疫职能具有重要的实践意义。我国外向型经济和社会的发展对动植物检疫提出了更高的技术需求，基层动植物检疫实验室的主要发展方向就是满足日益多样化的动植物检疫技术需求。按照国家检验检疫部门的规划，我国将建立以国家级重点实验室为龙头，区域中心实验室为骨干，综合性实验室为基础的实验室网络，充分利用智能化和大数据进一步提升动植物检疫技术水平，以达到用准确的实验室检测防止疫病传入传出、化解技术壁垒、控制外来生物入侵、加强物种资源保护、服务地方经济发展和应对突发事件的目标。

思政案例

近代中国进出境动植物检疫起源于清朝末年，1903 年由中东铁路管理局建立的铁路兽医检疫处对来自沙俄的各种肉类食品进行检疫。中国官方最早的动物检验检疫法规是 1927 年制定公布的《毛革肉类出口检查条例》和《毛革肉类出口检查条例实施细则》。当时的发达资本主义国家为了保护本国农牧业不受外来动物疫病和植物病虫害的侵害，连续发布各种禁令和动植物检疫法令法规，对入境动植物产品进行管制。此时，中国生产力发展严重滞后，中国的进出口贸易被外国商人和官僚买办所垄断，动植物检疫的实质是中国农产品被西方列强国家控制，属于被迫关注出口的动植物检验检疫。从抗日战争开始到中华人民共和国成立，是我国动植物检验检疫的至暗时刻。

1949 年后，对外贸易部商品检验局下设置了动植物检疫机构，建立中国统一的动植物检疫制度。1951 年先后制定了《输出输入植物病虫害检验暂行办法》《输出输入植物检疫操作规程》《输出输入植物检疫暂行办法》《输出输入植物应实施检疫种类与检疫对象

名单》和《邮寄输入植物检疫补充规定》等。1957年颁布《中华人民共和国国境卫生检疫条例》。

党的十一届三中全会召开后，先后制定《关于对外植物检疫工作的几项补充规定》和《动物检疫操作规程》。1982年国务院颁布《中华人民共和国进出口动植物检疫条例》。1991年颁布《中华人民共和国进出境动植物检疫法》。2021年《中华人民共和国生物安全法》颁布实施，标志着我国动植物检疫工作全面进入了法制化管理的轨道。至此，我国已建立了相对完整的动植物检疫法律法规体系和规章制度。我国的贸易伙伴由新中国成立初期的几个社会主义国家发展到目前的220多个国家或地区，动植物检疫在国民经济和社会发展中发挥了极其重要的作用。

课程思政育人目标

通过了解我国动植物检疫的起源到目前我国动植物检疫的变化，深刻认识我国从半殖民地半封建社会发展成为中国特色社会主义强国过程中动植物检疫的艰难发展历程，增强爱国热情及投身动植物检疫的使命感。

思考题

1. 有害生物、检疫性有害生物和非检疫性有害生物的主要区别是什么？
2. 简述我国动植物检疫法律制度构成。
3. 我国动植物检疫存在的主要问题有哪些？

CHAPTER 2

第二章

国内外动植物检疫机构及规则

学习目的与要求

1. 掌握国际植物保护公约（IPPC）和世界动物卫生组织（WOAH）的主要职能。
2. 掌握实施卫生和植物卫生措施协定的原则和作用。
3. 掌握我国进出境动植物检疫的机构与功能。
4. 了解美国、日本和澳大利亚的动植物检疫体系。

第一节　我国动植物检疫机构与功能

我国的动植物检疫体系目前由进出境检疫、国内农业检疫及林业检疫三部分组成。进出境动植物检疫由海关总署管理；国内县级以上地方各级植物检疫机构受同级农业或林业行政主管部门领导和上级植物检疫机构指导，实行相结合的管理体制。

《植物检疫条例》规定：国务院农业主管部门、林业主管部门主管全国的植物检疫工作，各省、自治区、直辖市农业主管部门、林业主管部门主管本地区的植物检疫工作。

海关总署统管全国动植物及其产品的进出境检验检疫工作，负责对进出境的动植物、动植物产品和其他检疫物，装载动植物、动植物产品和其他检疫物的装载容器、包装物、铺垫材料，来自动植物疫区的运输工具，进境拆解的废旧船舶，有关法律、行政法规、国际条约规定或者贸易合同约定应当实施进出境动植物检疫的其他货物、物品实施进出境动植物检疫。

农业农村部法规司负责承担农业农村有关法律法规草案及部门规章的起草和执法监督工作。指导农业行政执法体系建设和农业综合执法工作。承担农业行政复议、有关文件合法性审查工作。组织行政应诉、普法宣传工作。

农业农村部畜牧兽医局负责起草畜牧业、饲料业、畜禽屠宰行业、兽医事业发展政策和规划。主要职责包括：监督管理兽医医政、兽药及兽医器械，指导畜禽粪污资源化利用，监督管理畜禽屠宰、饲料及其添加剂、生鲜乳生产收购环节质量安全，组织实施国内动物防疫检疫等工作。

农业农村部种植业管理司负责起草种植业发展政策、规划。主要职责包括：指导种植业结构和布局调整及标准化生产工作，发布农情信息，承担发展节水农业和抗灾救灾相关工作，承担肥料有关监督管理以及农药生产、经营和质量监督管理，指导农药科学合理使用，承担国内和出入境植物检疫、农作物重大病虫害防治有关工作。

国家林业和草原局由自然资源部管理，负责关于林业和草原工作的方针政策和决策部署。主要职责包括：负责林业和草原及其生态保护修复的监督管理，拟订林业和草原及其生态保护修复的政策、规划、标准并组织实施，起草相关法律法规、部门规章草案，组织开展森林、草原、湿地、荒漠和陆生野生动植物资源动态监测与评价等。

第二节　我国进出境动植物检疫机构与功能

新中国成立以来，我国的国家动植物检疫机关几经变迁，1952 年由外贸部商检总局负责对外动植物检疫工作；1964 年动植物检疫工作划归农业部领导；1965 年在全国 27 个口岸设立了动植物检疫所；1982 年国务院正式批准成立国家动植物检疫总所，后更名为国家动植物检疫局；1998 年，根据国务院机构改革方案，原商品检验局、国境卫生检疫局和动植物检疫局合并组建国家出入境检验检疫局；2001 年，国务院决定将原国家质量技术监督局和国家出入境检验检疫局合并，组建国家质量监督检验检疫总局，统管全国动植物及其产品的进出境检验检疫工作。2018 年 3 月，中共中央印发《深化党和国家机构改革方案》，将国家质量监督检验检疫总局的出入境检验检疫管理职责和队伍划入海关总署。

中华人民共和国海关总署是国务院直属机构，为正部级。主要职责是：负责全国海关工作、组织推动口岸“大通关”建设、海关监管工作、进出口关税及其他税费征收管理、出入境卫生检疫、出入境动植物及其产品检验检疫、进出口商品法定检验、海关风险管理、国家进出口货物贸易等海关统计、全国打击走私综合治理工作、制定并组织实施海关科技发展规划以及实验室建设和技术保障规划、海关领域国际合作与交流、垂直管理全国海关、完成党中央国务院交办的其他任务。其中动植物检疫司的主要职责：拟订出入境动植物及其产品检验检疫的工作制度，承担出入境动植物及其产品的检验检疫、监督管理工作，按分工组织实施风险分析和紧急预防措施，承担出入境转基因生物及其产品、生物物种资源的检验检疫工作。

第三节　国际动植物检疫机构及规划

动植物检疫是为了保护本国农林牧渔业的安全生产，免受外来病虫害和其他有害生物的危害，促进贸易的高质量发展，因此，动植物检疫历来受到各国政府和国际贸易组织的重视。在 FAO 的农业委员会中有负责国际植物检疫的官员以及国际植物保护公约（IPPC）；在 WTO 的总协定中，有专门关于动植物检疫的《实施卫生与植物卫生措施协定》（SPS）；在各大洲还有区域性的动植物保护组织和有关规定；各国政府都有专门负责动植物检疫的机构以及有关植物检疫的法规与条例。

（一）植物检疫措施国际标准

植物检疫措施国际标准（International Standards for Phytosanitary Measures，ISPMs）是由FAO下的IPPC秘书处负责制定的，其目的是在植物检疫方面将其作为全球统一的政策和技术支持，使各国采取的检疫措施协调一致，并符合SPS的要求，从而促进国际贸易的发展，避免由于使用不合理的检疫措施而造成对贸易的影响和阻碍。随着植物检疫国际标准的逐步建立，要求各国在制定检疫措施时必须采用已有的国际标准，使制定的检疫措施具有相同的基础和科学依据，从而在更大程度上促进农产品国际自由贸易的发展。

《实施卫生与植物卫生措施协定》（SPS）

1. 与国际贸易有关的植物检疫基本原则

与国际贸易有关的植物检疫原则，是1993年由FAO大会第27届会议批准的，其目的是促进国际植物检疫标准的制定，从而减少或消除使用构成贸易壁垒不合理的检疫措施。其内容包括以下主要原则，分别是主权、必要性、最小影响、调整、透明、一致性、等效性、争议解决、合作、技术权威、风险分析、风险管理、无害虫区、紧急行动和非歧视原则。该原则是国际植物检疫措施标准的参考标准。

2. 建立非疫区的要求

建立非疫区的要求（Requirements for the Establishment of Pest Free Areas）是有害生物监察下的一个标准，在1995年由FAO大会第28届会议批准。该标准描述了建立和使用非疫区的要求，其目的是作为一种从非疫区出口的植物、植物产品和其他限制产品的植物检疫证书的风险管理措施；或为进口国保护其受威胁的非疫区而采取的植物检疫措施提供科学依据。所谓的非疫区（Pest Free Area，PFA）是指一个由科学依据证实没有发生某种有害生物，且这种情况由官方维持的地区。如果特定的条件得到满足后，从出口国国家植物保护组织建立并应用的非疫区中出口植物、植物产品至另一个国家时，无须采取附加的植物检疫措施。因此，某种有害生物在一个地区是否存在可作为针对该种有害生物的植物检疫证书的依据。另一方面，非疫区也为一个地区是否分布某种有害生物提供科学依据，这是PRA所需要的信息。因此，非疫区亦为进口国保护其受威胁地区所采取的检疫措施提供科学依据。与非疫区相对应的就是“疫区”（Quarantine Area），是指由官方划定的发现有检疫性有害生物存在并由官方控制的地区。

3. 调查和监测系统指南

调查和监测系统指南（Guideline for Survey and Monitoring Systems）是有害生物监察下的另一个标准。该标准描述了调查和监测系统的组成，其目的是有害生物检测、为PRA提供资料、建立非疫区和有害生物低度发生区及为有害生物名单的制定提供指导和依据。因此，该标准直接与另两个职务检疫措施国际标准相关，即PRA指南和非疫区的建立。这是一项最基本的工作，确证检疫性有害生物尚未发生、局部发生或低度流行发生。

该标准认为调查和监测系统主要有两种类型，即一般监测和特殊调查。一般监测（General Surveillance）是指通过多种途径收集信息资料，供国家植物保护组织使用。对这类资料的收集，既没有特殊的要求，也没有规定的收集程序。特殊调查是指指定要求得到某些信息资料的收集活动，是一个有目的的行动，用于获得特定信息。所收集的资料在确立和维持非疫区时用于确定有害生物在一个地区、一种寄主或商品上是否存在、分布和流行情况。

4. 有害生物根除项目指南

有害生物根除项目指南是外来有害生物反应下的一个标准。该标准描述了一种有害生物根除项目的组成，旨在为发展一个有害生物的根除项目提供帮助，并当检测到有害生物时采取及时行动；其最终目的是建立非疫区和无有害生物生产区。一般情况下此标准考虑的有害生物均指外来有害生物。

该标准将有害生物根除项目分成两部分，一是决策过程，二是根除过程。决策过程主要是检测并鉴定有害生物及估计其当前和潜在的分布区。检测到一种潜在的检疫性有害生物是决策过程的开始，并由此导致一个根除项目。有害生物的检测一般可通过一般监测和特殊调查来进行。检测到有害生物后，就要对有害生物进行鉴定，鉴定可立即由国家植保组织的官员或专家进行，但最好由一个国际上有名的专家确认。鉴定的方法包括形态学、分类学、生物学试验和化学及遗传分析方法。经过初步调查并收集有关有害生物及商品的产地、有害生物传播途径及分布、有害生物的生物学和潜在经济影响等发生地的资料，为决策者提供一个或多个选择，从而对采取的根除措施进行效益分析。

（二）国际植物检疫规则

法规又称法律规范，由国家制定或认可，是国家强制实施的行为规则。通常包括假定、处理、制裁 3 个部分。假定是指法律规范所要求的或应禁止的行为；处理是指该法规的具体内容，即条例、细则等，要求做什么、不允许做什么等；制裁是指在违反法规时将要引起的法律后果，是法规强制性的具体表现。

植物检疫法规是指为了防止植物危险性有害生物传播蔓延、保护农林牧业的安全生产和生态环境、维护对外贸易信誉、履行国际义务，由国家制定法令，对进出境和国内地区间调运植物、植物产品及其他应检物进行检疫的法律规范总称，包括植物检疫有关的法规、条例、细则、办法和其他单项规定等。

植物检疫法规是开展植物检疫工作的法律依据。为保证贸易及植物检疫工作的正常开展，防止有害生物的传播，国际和各国政府均制定了一系列的法规。例如 FAO/IPPC 和“使全球植物检疫一致的程序”，WTO 的《动植物检疫与卫生措施协议》。各级植物检疫机构和人员都必须熟悉和遵守这些法规，按照制定它的权力机构和法规所起作用的地理范围，可将这些法规分为国际性、国家级法规和地方性法规；按照其内容从形式上可分为综合性法规和单项法规。

1983 年 FAO 印发了《制定植物检疫法规须知》。从目前公布的各国检疫法规来看，植物检疫法规主要包括国际法规与公约、地区性法规与各个国家的法规与条例等。内容包括名称、立法宗旨、检疫范围与检疫程序、术语解释、检疫主管部门及执法机构、禁止或限制进境物、法律责任、生效日期及其他说明。

1. 国际性法规与公约

（1）《国际植物保护公约》（IPPC）　IPPC 是 1951 年 FAO 通过的一个有关植物保护的多边国际协议，1952 年生效。1979 年和 1997 年，FAO 分别对 IPPC 进行了 2 次修改，1999 年在罗马完成。IPPC 由设在粮农组织植物保护处的 IPPC 秘书处负责执行和管理。截至 2024 年 6 月，国际植保公约已有 185 个缔约方，中国于 2005 年加入 IPPC、是第 141 个缔约方。2006 年农业部设立 IPPC 履约办公室，将其确定为我国的官方 IPPC 联络点，国家质量监督检验检疫总局和国家林业局分别负责相关工作。2018 年机构改革后，海关总署承接了国家质量监督检验检疫总局相关工作。

IPPC 的目的是确保全球农业安全，并采取有效措施防止有害生物随植物和植物产品传播和扩散，促进有害生物控制措施。IPPC 为区域和国家植物保护组织提供了一个国际合作、协调一致和技术交流的框架和论坛。由于认识到 IPPC 在植物卫生方面所起的重要作用，WTO/SPS 规定 IPPC 为影响贸易的植物卫生国际标准的制定机构，并在植物卫生领域起着重要的协调一致的作用。

IPPC 的主要任务是加强国际间植物保护的合作、更有效地防治有害生物及防止植物危险性有害生物的传播、统一国际植物检疫证书格式、促进国际植物保护信息交流，是目前有关植物保护领域中参加国家最多、影响最大的一个国际公约。IPPC 虽名曰“植物保护”，但中心内容均为植物检疫。IPPC 包括前言、条款、证书格式附录 3 个方面，其中条款有十五条，分别为第一条缔约宗旨与缔约国的责任；第二条公约应用范围，主要解释植物、植物产品、有害生物、检疫性有害生物等；第三条为补充规定，涉及如何制定与本公约有关的补充规定如特定区域、特定植物与植物产品、特定有害生物、特定的运输方式等并使这些规定生效；第四条主要阐述各缔约国应建立国家植物保护机构，明确其职能，同时各缔约国应将各国植物保护组织工作范围及其变更情况上报 FAO；第五条为植物检疫证书，主要规定植物检疫证书包括的内容；第六条进口检疫要求，涉及缔约国对进口植物、植物产品的限制进口、禁止进口、检疫检查、检疫处理（消毒除害处理、销毁处理、退货处理）的约定，并要求各缔约国公布禁止及限制进境的有害生物名单，要求缔约国所采取的措施应最低限度影响国际贸易；第七条国际合作，要求各缔约国与 FAO 密切情报联系，建立并充分利用有关组织，报告有害生物的发生、分布、传播危害及有效的防治措施的情况；第八条区域性植物保护组织，该条款要求各缔约国加强合作，在适当地区范围内建立地区植物保护组织，发挥他们的协调作用；第九条为争议的解决，着重阐述缔约国间对本公约的解释和适用问题发生争议时的解决办法；第十条声明在 IPPC 生效后，以前签订的相关协议失效，这些协议包括 1881 年 11 月 3 日签订的《国际葡萄根瘤蚜防治公约》、1889 年 4 月 15 日在瑞士伯尔尼签订的《国际葡萄根瘤蚜防治补充公约》、1929 年 4 月 16 日在罗马签订的 IPPC；第十一条适用的领土范围，主要指缔约国声明变更公约适应其领土范围的程序，公约规定在 FAO 总干事接收到申请 30 天后生效；第十二条批准与参加公约组织，主要规定了加入公约组织及其批准的程序；第十三条设计公约的修正，指缔约国要求修正公约议案的提出与修正并生效的程序；第十四条生效，指公约对缔约国的生效条件；第十五条为任何缔约国退出公约组织的程序。

（2）国际植物保护公约秘书处（IPPC 秘书处） 为了更好地在 WTO 和 IPPC 的框架下使全球的植物卫生措施协调一致，1992 年，FAO 在其植物保护处之下设立了 IPPC 秘书处，负责管理与 IPPC 有关的事物，主要包括三方面内容：①制订 ISPMs；②向 IPPC 提供信息，并促进各成员国间的信息交流；③通过 FAO 与各成员国政府和其他组织合作提供技术援助。一般情况下，IPPC 秘书处与区域和国家植物保护组织合作完成上述工作。

植物检疫措施委员会是 IPPC 的管理机构。

植物检疫措施委员会主席团，由选举产生的 7 人组成植物检疫措施委员会的执行机构，负责向 IPPC 秘书处和植物检疫措施委员会提供战略发展方向、开展合作、财务和运作管理的意见。

（3）《实施卫生与植物卫生措施协定》（SPS） 为限制技术性贸易壁垒，促进国际贸易发展，1979 年 3 月在国际贸易和关税总协定（General Agreement on Tariffs and Trade，GATT）第七轮多边谈判东京回合中通过了《关于技术性贸易壁垒协定草案》，并于 1980 年 1 月生效。该草案在 8 轮乌拉圭回合谈判中正式定名为《技术贸易壁垒协议》（Agreement on Technical Barriers to Trade，TBT）。针对 GATT、TBT 对这些技术性贸易壁垒的约束力不够、要求也不够明确，为此乌拉圭回合中许多国家提议制定针对植物检疫的《实施卫生与植物卫生措施协定》（SPS）。该协定对检疫提出了比 GATT、TBT 更为具体、严格的要求。SPS 是所有 WTO 成员国都必须遵守的。总的原则是为促进国家间贸易的发展，保护各成员国动植物健康、减少因动植物检疫对贸易的消极影响。由此建立有关有规则的和有纪律的多边框架，以指导动植物检疫工作。

SPS 规定了各缔约国的基本权利与相应的义务，明确缔约国有权采取保护人类、动植物生命及健康所必需的措施，但这些措施不能对相同条件的国家之间构成不公正的歧视，或变相限制或消极影响国际贸易。SPS 要求缔约国所采取的检验措施应以国际标准、指南或建议为基础，要求缔约国尽可能参加如 IPPC 等相关的国际组织。SPS 要求缔约国坚持非歧视原则，即出口缔约国已经表明其所采取的措施已达到检疫保护水平，进口国应等同接受这些措施；即使这些措施与自己的不同，或不同于其他国家对同样商品所采取的措施。SPS 要求各缔约国采取的检疫措施建立在风险性评估的基础之上；风险性评估考虑的诸因素应包括科学依据、生产方法、检验程序、检测方法、有害生物所存在的非疫区相关生态条件、检疫或其他治疗（扑灭）方法；在确定检疫措施的保护程度时，应考虑相关的经济因素，包括有害生物的传入、传播对生产、销售的潜在危害和损失、进口国进行控制或扑灭的成本，以及以某种方式降低风险的相对成本，此外应该考虑将不利于贸易的影响降低到最小限度。在 SPS 中原则明确了疫区与低度流行区的标准，非疫区应是符合检疫条件的产地（一个国家、一个国家的地区或几个国家组成）；在评估某一产地的疫情时，需要考虑有害生物的流行程度，要考虑有无建立扑灭或控制疫情的措施；此外有关国际组织制定的标准或指南也是考虑的因素之一。在 SPS 中特别强调各缔约国制定的检疫法规及标准应对外公布，并且要求在公布与生效之间有一定时间的间隔；要求各缔约国建立相应的法规、标准咨询点，便于回答其他缔约国提出的问题或向其提供相应的文件。为完成 SPS 规定的各项任务，各缔约国应该建立植物检疫和卫生措施有关的委员会。

2. 区域性的植物保护组织

区域性植物保护组织（The Regional Plant Protection Organizations，RPPOs）在区域范围内负责协调有关 IPPC 的活动，在新修订的 IPPC 中，区域性植物保护组织的作用扩展到与 IPPC 秘书处一起协调工作。国际区域性植物保护是在较大范围的地理区域内若干国家为了防止危险性植物病虫害的传播，根据各自所处的生物地理区域和相互经济往来的情况，自愿组成的植物保护专业组织。各个组织都有自己的章程和规定，它对该区域内成员国有约束力。他们的主要任务是协调成员国间的植物检疫活动、传递植物保护信息、促进区域内国际植物保护的合作。

FAO 区域植物保护组织如下：

（1）亚洲及太平洋地区植物保护委员会（Asian and Pacific Region Plant Protection Commission，APPPC），成立于 1956 年，总部设立在泰国曼谷，其前身是东南亚和太平洋区域植物保护委员会。1983 年在菲律宾召开的 FAO 第 13 届亚洲和太平洋地区植物保护会议上，我国提出申请加入该组织；1990 年 4 月在北京召开的 FAO 第 20 届亚太区域大会上正式批准中国加入为《亚洲和太平洋区域植物保护协定》的成员国。现有成员国 25 个，日本、新加坡和不丹为观察员国。该组织负责协调亚洲和太平洋区域各国植物保护专业方面所出现的各类问题，如疫情通报、防治进展、检疫措施等。

（2）加勒比海区域植物保护委员会（Caribbean Plant Protection Commission，CPPC）于1967年成立，总部设在特立尼达的西班牙港，现有26个成员国。

（3）欧洲和地中海区域植物保护组织（European and Mediterranean Plant Protection Organization，EPPO）成立于1950年，总部设在法国巴黎，目前有成员国51个。EPPO设有一个理事会，是主要的决策部门，由所有成员国的代表组成，每年开一次会，还有一个执行委员会，由7个代表组成，负责组织的管理。理事会和执行委员会均有一个主席一个副主席。其他的重要部门是国家植物保护局和秘书处。EPPO是秘书处和国家植物保护组织的联合体，由秘书处组织来自国家植物保护局的科学家成立工作组和工作小组开展工作，这些科学家并不代表政府而是以个人身份工作。EPPO工作经费是由成员国资助的，目前有两个工作组，一是植物检疫，二是农药管理，它们分担EPPO的工作，所有这些工作都与国家植物保护局的官方活动密切相关。植物检疫工作组下设：植物健康法规工作小组；有害生物危险性分析工作小组；细菌病害工作小组；检疫信息工作小组；观赏植物病原检测证明工作小组；果树病原检测证明工作小组；检疫处理工作小组；实蝇检疫程序工作小组；马铃薯胞囊线虫专门工作小组；Bayoud病害专门工作小组；松材线虫专门工作小组，美洲剑线虫（*Xiphinema americanum*）专门工作小组。

（4）近东植物保护委员会（Near-East Region Plant Protection Commission，NEPPC）成立于1963年，总部设在埃及的开罗，现有11个成员国。

（5）泛非植物检疫理事会（Inter-African Phytosanitary Council，IAPSC）于1956年成立，总部位于喀麦隆的雅温德，现有53个成员国。

（6）南锥体区域植物保护组织（Comite Regional de Sanidad Vegetal Parael Cono Sur，COSAVE），1980年成立，成员国5个。

（7）北美植物保护组织（North American Plant Protection Organization，NAPPO）成立于1976年，共有加拿大、墨西哥和美国3个成员国。其总部设立在美国的马里兰州。

（8）区域国际农业卫生组织（Organism International Regional de Sanidad Agopecuaria，OIRSA）成立于1955年，总部在萨尔瓦多圣萨尔瓦多。现有8个成员国。

（9）太平洋地区植物保护组织（Pacific Plant Protection Organization，PPPO），1995年成立，成员国18个。

（10）卡塔赫拉协定委员会（Comunidad Andina，CA），1969年成立，成员国5个。

这些区域组织的最高权力机构是成员国大会。各组织均设有秘书处，负责本组织的日常工作。如APPPC每两年召开一次全体会议。秘书处均有高级植物保护人员。这些组织定期出版一些专业性刊物，如APPPC的《通讯季刊》、EPPO的《EPPO通报》等。

（三）世界动物卫生组织（WOAH）

1. 概述

1924年，28个国家在法国巴黎成立国际兽疫局（法语：Office international des épizooties，OIE）。2022年更名为世界动物卫生组织（WOAH）。WOAH是一个政府间组织，截至2024年，WOAH拥有183个成员国，其总部设在法国巴黎。2007年，WOAH第75届国际委员会大会通过决议，决定恢复中华人民共和国在WOAH的合法权利与义务。

WOAH的宗旨是改善全球动物和兽医公共卫生以及动物福利状况。主要职能是收集并通报全世界动物疫病的发生发展情况及相应控制措施；促进并协调各成员国加强对动物疫病监测和控制的研究；制定动物及动物产品国际贸易中的动物卫生标准和规则，其标准和规则被 WTO 所采用。同时，WOAH 帮助成员国完善兽医工作制度，提升工作能力，促进动物福利，提供食品安全技术支撑。

2. 组织机构

WOAH 的组织结构主要有以下几个部分。

（1）世界代表大会（前身为国际委员会大会，2009 年 5 月第 77 届全会期间通过决议，改为现名） 最高权力机构，由成员国代表组成，每年 5 月在 WOAH 总部举行全体会议。

（2）理事会 由世界代表大会主席、副主席、上任主席和六位代表组成。主要负责财务管理和总体发展规划等宏观管理工作。

（3）总部 日常工作承办机构（秘书处），由总干事负责，主要职责是贯彻执行世界代表大会决议；承担世界代表大会年度全体会议、委员会会议及技术会议的组织工作等。

（4）专业委员会 主要负责研究动物疾病流行和防控，制定、修订世界动物组织国际标准。现设动物疾病科学委员会、陆生动物卫生标准委员会、水生动物疾病委员会和生物制品标准委员会。

（5）区域委员会 主要负责开展地区合作，协商制订重大动物疫病监测和控制的区域计划。现设非洲、美洲、亚太、欧洲和中东 5 个区域委员会。

（6）区域代表处 主要职责是协调地区内成员国，促进地区动物疾病监测与控制能力的提高。现在非洲、美洲、亚太、欧洲和中东地区设立了 5 个区域代表处。

3. 主要活动及使命

WOAH 的主要活动包括：收集、分析和发布兽医科学信息；开展国际协作，提供专家协助，防控动物疾病；通过发布动物及动物产品国际贸易卫生标准保护国际贸易安全；促进各国改革兽医部门结构和资源，完善兽医服务体系；保证动物源性食品安全，提高动物福利水平。

WOAH 宣称的使命是。

（1）保证动物疾病状态的全世界透明性。

（2）收集、分析和传播兽医科学知识。

（3）提供专业知识并推动动物疾病控制的国际团结。

（4）通过发展动物和动物产品国际贸易的卫生规则，保证国际贸易的卫生安全。

4. 国际标准

WOAH 制定了陆生动物卫生法典、水生动物卫生法典、陆生动物诊断实验和疫苗手册、水生动物诊断实验和疫苗手册。此外，其还提供诸多有关动物疫病防控、动物福利、食品安全方面的指南、建议。

5. 疫病报告制度

WOAH 制定的动物疫病名录收录了对当前国际动物卫生和动物产品国际贸易影响较大的动物（水生、陆生）疫病，并要求各成员国实行“立即报告、月报和年度报告”制度。此外，凡是符合下列 6 项标准的疾病都要在 24h 内立即向 WOAH 报告。

（1）一个国家内新发现的疾病。

（2）以前消灭，但又重新发生的疾病。

（3）一种疾病首次传播给其他易感动物。

（4）一种疾病在一种动物身上出现一种新的症状。

（5）一种疾病的免疫学、流行病学（发病率、死亡率）特征发生变化。

（6）某种疾病首次发生人畜共患（传染给人）。

WOAH 的疫病信息除来自各成员国外，还有一个重要的渠道是 WOAH 参考实验室，参考实验室向 WOAH 报告的信息要经过核实后上报，第三个信息来源是媒体的信息，但这些信息也要经过核实。WOAH 具有动物健康基金，帮助有关国家建立动物疾病监测系统和疫病申报系统。WOAH 依据各国立即报告及后续报告、月报、年报的疾病的数据建立了全球动物疫病早期预警系统，建立了共享的信息系统并与其他组织的信息共享，同时与其他组织一道利用有关数据和专家帮助有关国家控制已经发生的动物传染病。

第四节　主要贸易国家动植物检疫机构与体系

实施强制性的动植物检疫已成为世界各国的普遍制度。近年来国际上对动植物检疫等措施的要求越来越高，这主要涉及国际贸易，总体趋向是减少检疫等对贸易的限制。无论是国际贸易和关税总协定（GATT）还是 FAO 十分关注检疫对贸易的影响，要求各国公开检疫体制、政策。由于各国的地理位置、自然环境、动植物检疫的发展情况不一，纵观世界各国的动植物检疫，可以将动植物检疫分为以下几种类型。

①环境优越型：这些国家具有独特的地理环境，农业生产发达、经济实力强，国内有害生物控制措施得力，对进境动植物检疫要求极高。这些国家包括澳大利亚、新西兰、日本、韩国等。

②发达国家大陆型：虽然与其他国家有较长的边界线，但与之交接的国家也比较发达，疫情比较清楚，因此这些国家间相互的检疫措施较松；但为了保护其发达的农业，对来自其他地区的动植物及其农产品的动植物检疫要求十分严格。这些国家如美国、加拿大。欧共体国家均属于这一类型，在欧共体内，动植物检疫实行统一的动植物检疫原则，要求把有害生物严格控制在发生地及生产过程中。

③发展中国家大陆型：泰国、马来西亚、印度及一些非洲国家属于此类。由于这些国家的农业生产技术不很发达，经济基础较差，对有害生物危害的控制受经济等方面因素的影响。因此这些国家往往采取进出口检疫都较严的动植物检疫措施。

④工商城市型：这些国家其农牧业贫乏，但工业基础好，或属于旅游城市，如新加坡等，它们对进出境的动植物检疫的要求比较宽松。

下面介绍美国、日本和澳大利亚的检疫概况：

一、美国的动植物检疫体系

（一）美国的植物检疫

美国大部分领土位于北美洲中部，自然条件十分优越，国内农业发达，政府高度重视植物检疫工作，其目的不仅是限于因有害生物侵入导致农业减产或绝收，更重要的是防止因农产品减产导致食品及农产品原料价格上扬，人民生活受损失及失去农产品出口市场，影响美国的外贸发展及国民经济的健康发展和社会稳定。

早在1912年，美国就已制定了《植物检疫法》，1944年颁布了《组织法》，1957年在总结过去植物检疫情况的基础上又制定了《联邦植物有害生物法》。在此基础上又制定了许多植物检疫法规。目前，美国的植物检疫在世界上处于领先地位，立法严密是其主要原因。美国农业部动植物检疫局（Animal and Plant Health Inspection Service，APHIS）主管全国的动植物检疫工作，内设10个工作部门，植物检疫处是其中之一；在全美设立了4个区域办公室，分片负责辖区内各州的动植物检疫工作，在国际口岸设立动植物检疫机构。APHIS统一负责全国的动植物检疫和国内有害生物的防治，主要负责宏观计划、制定法规，以及开展生物评价、技术执行规范等研究。

在检疫中，如果遇到技术难题，检疫人员会将样品及初步检疫结果送交中心实验室或有关大学。检疫前，要求货主事先报检，检疫员根据有关规定进行检疫。对进境的农产品，一般以害虫检疫为主，如进口泰国大米，除检查规定的害虫外，还要求每千克大米中带壳的谷粒少于20粒，否则认为带病可能性大，不予进口。对进境的种苗等繁殖材料，除进境前的严格检疫审批外，在进境检疫时严格检查，并要求在相关的隔离圃隔离检疫。APHIS下属的格伦代尔植物引种站具体负责进口种苗的审批及部分检疫任务。法规规定引进的种子一般不超过100粒，苗木6~10株，马铃薯块茎3个。美国十分重视进境船舶食品舱及生活垃圾的检疫，一经发现禁止进境的植物、植物产品立即予以销毁。经检疫发现有害生物的，将在检疫人员的监督下，由专业人员按《检疫处理手册》上的要求进行检疫处理。在旅客检疫方面，一方面要求旅客主动申报，对违章者处5~20美元的处罚；另一方面，普遍采用X光机检查行李，现在一些现场还增添了检疫犬。为提高检疫效率，经常派出检疫人员至国外进行产地检疫。同时，就检验检疫的标准化、国家化方面开展大量的工作，编制各国植物检疫要求汇编，制定植物检疫手册、害虫鉴定手册等，并将有关内容输入计算机便于检验人员使用。

（二）美国动物检验检疫管理体系

1. 美国动物检验检疫机构设置及职能

美国动物检验检疫机构设置分几个层次，依次为：美国农业部（USDA）—动植物检疫局（APHIS）—兽医处（VS）—国家动物进出口中心（NCIE）。APHIS下设9个处（亦称为局）：动物管理处、野生动物处、国际事务处、植物保护检疫处（PPQ）、兽医处（VS）、法规和公共事务处、市场和规划项目业务处（MRP）、机构和专业发展处、政策和项目发展处。APHIS一名副局长主管兽医处的工作，下属3名助理副局长，分别分管地区和田间监控工作、紧急管理措施和疾病诊断、国家动物健康政策和计划（NCIE隶属此部分）三方面工作。

NCIE负责管理和协调全国动物、动物产品和生物制品的进出口，并负责监控边境动物健康状况，具体承担下列职能：负责与外方进行动物和动物产品检疫条款有关谈判和磋商，为进出口提供技术支持，为基层人员提供指导、信息和培训，以确保严格执行进出口法规和管理规定。

2. 美国进出口动物检验检疫法律法规体系

美国在动物及动物产品方面的法规非常详细、具体，并独立成卷为《美国联邦法典》第9卷“动物及动物产品”部分，共收集了近100个动物卫生法规，法规条款达5000余条。美国在动物及动物卫生方面的法律主要有《联邦动物卫生保护法》（AHPA）、《联邦肉类检验法》（FMIA）、《禽肉产品检验法》（PPIA）和《蛋产品检验法》（EPIA）等。为了更好地实施动物卫生检验及监测计划，美国还相应地制定了一系列规章制度，包括各种规程、标准、手册、指令。APHIS和美国农业部食品安全监督服务局（FSIs，农业部下属的机构负责公共健康）等部门根据上述法规，明确制定了每种货物进出不同国家的查验程序，查验项目十分明确和具体，具体执法人员只要了解货物的来源，就能确定检验项目，管理目标非常明确。

通过分析，可以看出美国动物检疫法律法规涵盖面广，涵盖了动物卫生和公共卫生的方方面面，法律法规体系完善，配套性强。而且法律体系层次较为清晰，既包括法律法规，也有法律解释、技术规范和标准。美国的动物检疫法律法规有良好的可操作性，联邦立法和州立法各自独立又相互补充，共同构成了完善的支持兽医管理的法律框架。美国的动物检疫法律法规还有很强的时效性，一旦出现法律空白，农业部将立即制定新的规定进行补充。各州动物疫病防控法律根据其畜牧业和动物卫生状况不同，法律具体规定的内容不尽相同，但结构基本相似，其内容涉及动物及家禽患病后的处理、生物制品的管理和使用、动物检疫、对农业具有危害性的动物处置、动物患有特定疫病后的处理等内容。

二、日本的动植物检疫体系

（一）日本的植物检疫

日本位于亚洲东部、太平洋西部，主要由北海道、本洲、四国和九州四岛及附近岛屿组成。由于农业资源及土地资源的限制，农业在日本国民经济中的地位越来越小，但为保护本国农牧业生产及生态环境，日本政府高度重视植物检疫；同时日本政府十分重视对农业的投入及农产品市场的保护，植物检疫已成为日本保护农产品市场的重要手段之一。

1867年以来，由于日本大量引种，导致许多有害生物传入使农业生产一度遭受严重损失。惨痛的教训唤起政府及人民对植物检疫重要性的认识，从而在1914年日本制定了《输出入植物取缔法》，开始实施植物检疫。1950年制定《植物防疫法》及其实施细则，1976年又经修订并以政令形式颁布现行的检疫法规。日本植物检疫的立法机关是国会，具体的实施条例、检疫操作规程由农林水产省颁布，农蚕园艺局植物防疫课负责实施。总的来说，日本植物检疫可以归纳为具有立法早、法规配套完善，执法严格的特点。

日本的植物检疫机关在明治初期隶属县警察部，后经数次变更，1947年起归农林水产省管辖。植物检疫由日本农林水产省农蚕园艺局植物防疫课负责。在横滨设立调查研究部，负责全国的检疫科研。

根据检疫法的规定，日本禁止进口有害生物，来自疫区的有关寄主植物及其产品、土壤及带土植物禁止入境。进境植物繁殖材料的检验是检疫重点，规定从国外引种必须经农林水产省行政长官的批准，并严格规定数量，进境后必须隔离检疫。对植物产品的检疫，要求也十分严格，经常规定进口港口。在日本各地均有植物检疫专用场地，并有明显的标志，即使在冲绳美军基地也不例外。如设有专门的进口木材的专用港口，可进行水上自然杀虫或常规熏蒸处理。在一些口岸还建立了专门的熏蒸库，用于进境农产品的检疫处理。

检疫部门还在一些检疫性有害生物的扑灭方面做出显著的成绩。如瓜实蝇、桔小实蝇、马铃薯块茎蛾、香蕉穿孔线虫等的扑灭工作。

（二）日本的动物检疫

1. 日本的法律法规体系

1871年，日本发布了防御西伯利亚流行的牛瘟的传入的公告，标志了日本动物检疫的开始。1896年，日本制定了《兽疫预防法》。1922年，在《兽疫预防法》的基础上进行了全面修改，颁布了《家畜传染病预防法》，该法在1948年和1951年进行了两次修订，1997年再次修订时强调了进境检疫程序的计算机化、加强流行病控制的准备工作及进境检疫程序和应具报疾病的检查等内容。1950 年 8 月，日本公布了《狂犬病预防法》，并于 1998 年对该法进行了修订。依照上述法律，日本政府于 1953 年 8 月以政令形式颁布了《家畜传染病预防法施行令》和《狂犬病预防法施行令》，农林水产省于 1951 年 5 月颁布了《家畜传染病预防法施行规则》，厚生省于 1950 年 9 月颁布了《狂犬病预防法施行规则》。依据《狂犬病预防法施行规则》，农林水产省于 1950 年 9 月颁布了《犬的进出口检疫规则》。为了预防动物原性暴发性疾病，日本已开始对除人以外的灵长类动物进行进境检疫，以防止埃伯拉出血热、玛尔堡出血热等病传入日本。

由于不断改善食品安全管理体制结构，日本的食品安全管理体制基本上覆盖到了生产、加工、流通以及消费各个环节。日本政府十分重视发挥法律对社会经济发展的促进作用，陆续颁布一系列法律法规，如《出口检查法》《食品卫生法》《工业标准化法》《出口设计法》《产品责任法》等，通过立法形式建立加强进出口商品检验管理的依据。这些法律明确规定进出口生产、加工、经营、销售单位以及商品检验、海关等执法部门的法律义务和责任，对违法者进行法律制裁。

日本动物检疫的指导原则是《家畜传染病预防法》，以及依据 WOAH 等有关国际机构发表的世界动物疫情通报制定该法的实施细则（即禁止进口的动物及其产地名录），目录内的动物及其制品一律禁止入境。如牛、羊、猪等偶蹄动物，因易感染口蹄疫，日本对其进口十分警惕。

2. 日本动物检疫机构设置及职能

日本动物检疫机构由中央垂直统一领导，分层管理。主管动物检疫业务工作的机构是日本农林水产省消费安全局动物卫生课动物检疫所，其前身为 1947 年设立的动植物检疫所。1951 年，日本颁布了新的进出口动物检疫制度，于次年将动植物检疫所分开单设动物检疫所和植物检疫所，但均属农林水产省领导。日本农林水产省动物检疫所主管动物检疫工作，有关动物检疫法规的制定以及与国外签订有关动物检疫条款等行政管理工作，动物检疫所的总部在横滨市。农林水产省消费安全局的主要职责是保护消费者健康，制定和监督执行农产品类食品商品的标示规格，采取物价对策，保障食品安全，管理农林水产品的生产阶段的安全（农药、肥料、饲料、动物等），防止土壤污染，促进消费者和生产者的安全信息交流。

三、澳大利亚的动植物检疫体系

澳大利亚位于南半球中纬度地带的西南太平洋，四面临海，东濒太平洋的珊瑚海和塔斯曼海，北、西、南三面濒临印度洋，海岸线长达 59740 公里。澳大利亚在南回归线以北的地区属于热带气候，年平均气温 27℃，夏季最高可达 40℃以上。北部沿海地区具有典型的季风气候，大陆其余地区属温带气候，平均气温为 17℃。澳洲是世界上最干旱的大陆，沙漠占其总面积的 1/3，80%的地区年降雨量少于 600mm，50%的土地年降雨量在 300mm 以下。澳大利亚国土面积 768 万余平方公里，人口约 2263. 8 万，是世界人口密度最低的国家之一。澳大利亚农牧业用地占全部国土面积的 59%，农牧业非常发达，在国民经济中占有重要位置，曾被称为“骑在羊背上的国家”，是世界上最大的羊毛和牛肉出口国。主要农作物包括小麦、大麦、油籽、棉花、蔗糖、水果等。澳大利亚也是世界上生物多样性最为丰富的国家之一，为保护本国的生态环境，澳大利亚高度重视对进出口动植物及其产品的检验检疫工作，被公认为是全球动植物检验检疫措施最严格的国家之一，其检验检疫体系已成为其他国家农产品市场准入的障碍。各国在与澳大利亚谈判自由贸易协议时，进口产品的检验检疫制度成为最难谈判的领域之一。

1. 检验检疫管理体制和机构

澳大利亚农林渔业部（Australian Government Department of Agriculture，Fisheries and Forestry，DAFF）统一管理检疫工作，其所属的检疫检验局（Australian Quarantine and Inspection Service，AQIS）统一负责进出境人员、动植物及其产品、食品、交通工具、邮包、行李的检疫和检验管理工作，并制定进出境动植物及其产品的检疫政策及出口食品的检验政策。但 AQIS 不负责卫生检疫政策的具体制定，卫生检疫政策由卫生部制定，由农林部和 AQIS 组织实施，制定食品标准和进口食品检疫政策由澳大利亚国家食品局（NFA）负责。澳大利亚农林渔业部有 3 个部门直接参与进出口检验检疫工作。一是澳大利亚生物安全局，主要负责进口风险分析、现行检疫政策回顾、技术市场准入协商、进入国际生物安全政策和标准等。二是产品完善和动植物健康司（PIAPH），主要负责澳大利亚境内和入境后的动植物健康问题，应急反应系统，农用化学品和兽用化学品及其残留管制，与有关国际组织的协调并参与国际标准的制定，负责总兽医官、总植保官办公室工作等。三是澳大利亚检疫检验局，负责边境风险管理，尽量减少外来虫害和疾病进入澳洲。同时，进行进出口检疫和资格验证，维持澳洲动物、植物及人类良好的健康状况，保障商品顺利出口到海外市场。这三大机构通力协作，以确保澳大利亚动植物的健康安全。

2. 法律法规标准体系

澳大利亚涉及进出境动植物及其产品的主要检验检疫法律有三部。一是 1908 年颁布的《检疫法》和其相关《检疫（一般）条例》《检疫（动物）条例》《检疫（植物）条例》；二是 1982 年颁布的《出口管制法》，规范了对出口肉、加工食品、野味和其他动植物及产品、食品的检验检疫工作、加工质量要求，出口许可证管理、标签管理等；三是 1992 年颁布的《进口食品管制法》，是进口食品检验工作的指导规范。

3. 科学技术支持体系

澳大利亚农林渔业部成立了澳大利亚农业经济与资源经济局（Australian Bureau of Agricultural and Resource Economics and Sciences，ABARES），主要是通过研究、分析以及收集数据提供澳大利亚国内农村与资源产业的政策分析与商品预测的重要机构，提供国内自然资源与矿产资源方面的信息以及相关的国家政策。此外，还成立了生物安全服务组织（Biosecurity Services Group），该组织整合了 AQIS、澳大利亚生物安全（Biosecurity Australia）等部门的功能，提供生物安全和高质量食品生产等方面的国际技术服务以及对专业人员和技术员进行培训。

4. 风险分析体系

澳大利亚规定动植物产品在进入澳洲市场前要由澳大利亚农业部生物安全局决定是否进行进口风险分析（Import Risk Assessment，IRA）。进口风险分析主要评估该产品进入澳洲以后可能造成的病虫危害，并且让希望出口产品到澳大利亚的利益方了解澳洲作出是否允许进口决定的依据。进口风险分析的依据是 AQIS 于 1998 年制定的“进口风险分析手册”。根据该手册，大部分进口的动植物产品可由生物安全局作出快速评估，不需要正式的 IRA 分析，只有对较重要的产品才按正式程序进行审查。技术难度较小的产品按例行程序进行审查，技术难度大的产品则要进行非例行程序审查。其中个人/公司/行业组织都可提出进口申请，由生物安全局决定是否启动 IRA 程序。进口风险分析报告的草案公布后，一般会给予有关利益方充分的时间（一般为 60 天）提出申诉。IRA 的最终报告将通知 WTO 并由 AQIS 负责执行。

5. 预警应急体系

澳大利亚生物安全服务组织制定了相应的预警应急措施以使得澳大利亚农业、渔业和林业遭受害虫、病害以及污染物最小化的破坏，同时也不断改进措施以提高农场动植物的安全健康。这些应急反应措施包括澳大利亚兽医应急计划、植物有害生物应急反应措施、澳大利亚水生有害生物应急计划、澳大利亚水生兽医应急计划、澳大利亚植物有害生物应急反应计划等，并编制了相应的应急手册和应对防范措施。

6. 检疫监测监管体系

澳大利亚对引种检疫十分严格，凡进口种畜、种禽、精液、胚胎、种子、苗木等繁殖材料，须事先申请办理检疫许可，进境后在指定隔离场、圃作隔离检疫，制定了严格的检测监管体系。

第五节　双边动植物检疫卫生要求的制定和执行

双边动植物检疫条约是在特定历史时期签订的条约，成为签订双方进行动植物及动植物产品贸易时必须遵循的准则，对防止有害生物传出传入，保护签约国农业生产安全和经济安全发挥了积极作用，有力地促进了我国同其他国家的动植物检疫领域的交流与合作。

（一）动植物检疫条约的主要形式和任务

按照条约在签署级别、规定内容及约束力等方面的区别，我国签订的动植物检疫条约大致可以分为 5 种形式。

1. 动植物检疫协定

动植物检疫协定如与智利、巴西、荷兰、罗马尼亚、泰国、埃及、南非等国签订的动植物检疫合作协定或动植物检疫和动植物保护协定、中美农业合作协议等。它属于政府间行政方面的协定，一般不针对具体的动植物及动植物产品。协定中主要规定进出境动植物检疫工作应共同遵循的原则，以避免因检疫原则、规定不统一而发生纠纷；规定相互通报动植物疫情，以便于采取及时有效的防范措施；明确两国政府主管部门间建立联系，解决在实施协定中出现的问题，开展管理、技术等全方位合作与交流活动等。

动植物检疫协定一般不列明具体检疫要求，只是对动植物检疫证书的签发，以及运输工具、包装、铺垫材料的检疫处理和禁止土壤进境等作出一般性规定。

2. 动植物检疫议定书

动植物检疫议定书如美国华盛顿州甜樱桃、加利福尼亚州鲜食葡萄、亚利桑那州柑橘输华检疫要求的议定书，加拿大马铃薯种薯输华植物卫生条件的议定书，中国对美国出口梨植物检疫议定书等。它是双边动植物检疫主管部门就进口或出口某种动植物、动植物产品或其他检疫物的具体检疫项目、检疫方法、判定标准以及双边检疫部门的责任和义务等方面达成的技术性协议。其内容主要包括指定输出货物所来自的限定区域，输出国官方进行必要的有害生物的综合防治，货物的外包装必须有符合要求的标识，货物的运输条件，发现检疫性有害生物后的处理程序，入境口岸及双方关注的有害生物名单等。

3. 动植物检疫工作计划

动植物检疫工作计划如美国华盛顿州甜樱桃、加利福尼亚州鲜食葡萄、亚利桑那州柑橘输华的工作计划。它是依据某种植物产品议定书对双方责任、法定行为、装运要求、进境口岸检疫及项目启动等内容的细化。

4. 动植物检疫备忘录

动植物检疫备忘录如新西兰普伦提湾猕猴桃输华备忘录等。它是双方在各自的检疫过程中遇到的某些检疫问题而进行磋商、达成一致的文本记录。

5. 动植物检疫会谈纪要

动植物检疫会谈纪要如中国海关总署和埃及农业代表团会谈纪要等。主要记录双方动植物检疫主管部门就有关检疫问题交换意见，举行会谈的情况。

（二）动植物检疫条约分析

早期签订的条约主要集中在前社会主义国家，以开展双边植物病虫害防治的植物协定为主，内容较为空泛，操作性较差。近几年来，签订的多以某禁止进境物检疫解禁的议定书为主。同时，1997 年以后签订的双边检疫协定更多地采用了动植物检疫的国际标准。如有害生物、检疫性有害生物、限定的非检疫性有害生物、疫区等。

在签署级别上动植物检疫协定由国家动植物检疫主管部门负责对外谈判和拟定中方草案，由国务院委派全权代表签字。而动植物检疫议定书、工作计划、备忘录等则由双边动植物检疫主管部门签署。

条约的约束力不一样。检疫协定、议定书要明显高于其他条约，并已作为缔约双方开展动植物检疫交流合作和贸易性进出口所共同遵守的原则。

动植物检疫条约中关于对动植物检疫工作的一般性及特别规定是动植物检疫部门开展检疫工作的依据。合理运用条约形式，对解决特定时期农产品贸易的技术问题，促进出口，调控进口，保护农业生产和经济安全具有极其重要的意义。

思政案例

世界动物卫生组织（WOAH）制定的《陆生动物卫生法典》不仅是各国/地区开展动物疫病防控工作应遵循的国际标准，也是世界贸易组织（WTO）指定的动物及动物产品国际贸易必须遵循的准则。《陆生动物卫生法典》的改动直接影响动物及其产品国际贸易执行，其制修订导向决定动物及其产品国际贸易发展趋势。

我国参与了 2021 年版《陆生动物卫生法典》制修订工作，对于促进行业了解熟悉动物相关国际贸易规则，加强兽医国际合作具有重要作用。但是我国在 WOAH 标准制修订工作中依然存在参与多、主导少、话语权不高、企业关注低等问题。如何更好地制定和运用 WOAH 国际规则，提升国内动物卫生及检验检疫工作水平，促进国际合作，保障畜牧兽医行业高质量发展，成为兽医工作亟待解决的问题。

课程思政育人目标

通过了解 WOAH 在修制订《陆生动物卫生法典》等国际标准的重要性以及我国在 WOAH 标准制修订工作中存在参与多、主导少、话语权不高等问题，充分认识我国在国际动植物检验行业的国际地位，增强投身检验检疫事业的使命感。

思考题

1. 我国动植物检疫的机构与功能有哪些？
2. 国际植物保护公约（IPPC）和世界动物卫生组织（WOAH）的主要职能是什么？
3. 实施卫生和植物卫生措施协定的原则和作用是什么？

CHAPTER 3

第三章 进出境动物检疫对象和范围

学习目的与要求

1. 掌握进出境动物检疫对象。
2. 掌握进出境动物检疫范围。

第一节 进出境动物检疫对象

所谓进出境动物检疫对象，是指禁止进出境的动物传染病和寄生虫病病原的种类。对进出境的动物、动物产品和其他检疫物实施检疫，主要是防止其带有检疫对象进出国境。《中华人民共和国进出境动植物检疫法》之所以要规定检疫对象，是从动物传染病和寄生虫病的实际情况考虑的。目前世界上发现的动物传染病和寄生虫病病原几百种，对一种具体的动物、动物产品来说，可能带有的动物传染病和寄生虫病病原也有许多种。实施检疫时，不可能对每一种可能带有的动物传染病和寄生虫病病原都进行检疫。如果这样做，要花费大量的人力、物力和时间，既难以行得通，也没有这个必要。因此，就要根据各种动物传染病和寄生虫病病原的危害程度、分布情况，由国家对检疫对象作出规定。

除了由国家规定检疫对象之外，两国政府之间签订的动物检疫方面的双边协定，以及贸易合同中，也可以对检疫对象作出规定。

一、法律规定的动物检疫对象

《中华人民共和国进出境动植物检疫法》第一条对检疫对象作了原则规定，即动物传染病、寄生虫病。

（一）进境动物检疫对象

进境的检疫对象，究竟包括哪些具体的动物传染病和寄生虫病，不少国家在法律中作出了具体规定，我国法律一般不对这些具体问题作出规定。

为防止动物传染病、寄生虫病传入，保护我国畜牧业和渔业生产和公共卫生安全，根据《中华人民共和国进出境动植物检疫法》和《中华人民共和国动物防疫法》规定，新中国成立以来共公布了六部动物检疫对象名录，即：1979 年名录，包括 27 种；1982 年名录，包括 75

种；1986年名录，包括86种；1992年名录，包括97种；2012年名录，包括206种；2020年，农业农村部会同海关总署组织修订并公布了最新版《中华人民共和国进境动物检疫疫病名录》，包括211种。该名录根据动物疫病危害程度将我国进境动物检疫疫病分为三类，其中一类传染病、寄生虫病16种，具有危害严重、传播迅速、难以扑灭和根除，可造成严重的经济社会或公共卫生后果的特点，二类和其他传染病、寄生虫病分别有154种和41种。按照易感动物种类细分为人畜共患病、牛病、马病、猪病、禽病、羊病、水生动物病、蜂病和其他动物病。

《中华人民共和国进境动物检疫疫病名录》

进境动物检疫对象还包括《中华人民共和国禁止携带、邮寄进境的动植物及其产品名录》中的内容，该名录由农业部和国家质量监督检验检疫总局于2012年1712号公告联合发布。2021年10月20日，中华人民共和国农业农村部和中华人民共和国海关总署联合发布第470号公告《中华人民共和国禁止携带、寄递进境的动植物及其产品和其他检疫物名录》（以下简称《名录》）。农业农村部和海关总署在风险评估的基础上，对《名录》实施动态调整。新《名录》变化主要体现在四方面：

（1）国门生物安全口岸防控更加精准　增加了部分风险较高动植物产品和其他检疫物，例如鲜切花、兽用生物制品等。豁免了部分风险可接受、可忽略的动植物产品和其他检疫物，如“干制，熟制，发酵后制成的食用酱汁类水生动物产品”和“经加工处理且无血污、肌肉和脂肪等的蛋壳类、蹄（爪）骨角类、贝壳类、甲壳类等工艺品”。

（2）归类更加清晰、科学　如将水生动物产品单列，将有机栽培介质归类为“其他检疫物类”。

（3）相关术语表述更加规范　如将“邮寄”修改为“寄递”，契合《中华人民共和国邮政法》的统一用语；将“奶及奶制品”修改为“乳及乳制品”；将“罐头装燕窝”修改为“经商业无菌处理的罐头装燕窝”，与专业术语和相关国家标准用语一致。

（4）与其他法律法规有效衔接　备注新增了“3. 法律、行政法规、部门规章对禁止携带、寄递进境的动植物及其产品和其他检疫物另有规定的，按相关规定办理。”

（二）出境动物检疫对象

关于出境的检疫对象，由于输出国家和地区的情况不同，因此，不可能授权相关部门制定一个统一的出境动物检疫对象名录。实际上是根据不同国家和地区的不同要求，分别在外贸合同中规定，或者根据已签订的两国间的双边议定办理。

（三）人畜共患病

所谓人畜共患病，是指人和脊椎动物间相互感染的疾病。主要在动物群中散布流行，因直接接触或由分泌物、排泄物、病畜产品、昆虫等间接传给人。例如炭疽病、狂犬病、布鲁氏菌病、猪丹毒、鼠疫、血吸虫病等。

有些人畜共患病，属于《中华人民共和国进出境动植物检疫法》和《中华人民共和国国境卫生检疫法》共同的检疫对象，如狂犬病、炭疽病等。但是并不存在检疫上的交叉问题，因为《中华人民共和国传染病防治法》已经作了相关规定，同人畜共患传染病有关的家畜家禽和野生动物，由农业农村部门实施检疫。

二、双边协定中规定的检疫对象

我国同一些国家签订了动物检疫的协定。有些协定中规定了检疫对象。双边协定中规定的检疫对象种类，一般少于签约国家规定的检疫对象种类。协定双方如何具体确定进出境动植物的检疫对象，主要应遵循以下原则：

（1）双边协定优于国内法，凡双边协定中规定的检疫对象，即使国内法中没有规定为检疫对象，仍须作为检疫对象实施检疫。

（2）协定一方国家规定为检疫对象，但双边协定中没有被规定为检疫对象的，不能作为双方动植物进出境的检疫对象；但是，协定中规定有相互尊重对方国家的法律规定的除外。

（3）双边协定中另一方国家未规定动植物检疫对象的，中国向该国家出口检疫物时，适用双边协定中规定的检疫对象。

三、外贸合同中约定的检疫对象

由于各国的情况很不相同，因此，出境检疫对象不可能由国家公布统一名录，除了在双边协定中规定检疫对象外，也可以在外贸合同中对检疫对象作出约定。

第二节　进出境动物检疫范围

《中华人民共和国进出境动植物检疫法》（以下简称《进出境动植物检疫法》）第二条对检疫范围作了原则规定：进出境的动植物、动植物产品和其他检疫物，装载动植物、动植物产品和其他检疫物的装载容器、包装物，以及来自动植物疫区的运输工具，依照本法规定实施检疫。

一、“进出境”的范围和方式

（一）“进出境”的含义

“进出境”的“境”有两层含义，即“国境”和“关境”。关境可能大于国境，如欧盟各国有各自的国境，但是同一个关境；关境可能小于国境，如香港、澳门和台湾，与内地（或大陆）是同一个国家若干个不同的海关管理区（或称关税区）。在一般情况下，关境等同于国境。《进出境动植物检疫法》中的“境”，具有国境和关境的双重含义，香港、澳门、台湾长期与大陆分开管理，动植物疫情分布不尽一致，对台贸易、对港澳贸易的检疫极有必要，这是关境检疫，进入保税区的货物，虽然海关视为未通过关境不征税，但实际上货物已跨入国境，仍在应检疫之列。

香港、澳门、台湾都是中国不可分割的领土，由于历史的原因，现在实行的是资本主义制度。在这种情况下，不同的关税区将要维持较长时间。也就是说，在今后很长的时间里，从大陆输入港、澳、台的检疫物，或者从港、澳、台输入大陆的检疫物，实施检疫都适用《进出境动植物检疫法》，而不适于国内的检疫法规。

（二）进出境的方式

检疫物进出境的方式主要有以下 4 种。

（1）贸易性进出口，包括：进出口贸易、转口贸易、补偿贸易、边境小额贸易、来料加工、外商投资企业或外国独资企业进口原料等。

（2）非贸易进出口，包括：援助、捐赠、交换、展品、样品等。

（3）携带进出境，包括：旅客、机组人员、列车人员等携带的自用品，外交人员、领事人员携带的用品。

（4）邮寄进出境，以及进入第三国或地区的检疫物通过中国国境。

二、依法施检的货物、物品、装载容器、包装物和运输工具

根据《进出境动植物检疫法》以及其他有关规定，依法实施进出境动物检疫的范围，包括以下 3 个方面。

（1）进出口的货物、物品和携带、邮寄的物品，包括：①动物；②动物产品；③其他检疫物。

（2）装载容器和包装物，包括：①装载进出境动物、动物产品和其他检疫物的装载容器；②装载进出境动物、动物产品和其他检疫物的包装物；③装载过境动物的装载容器；④装载过境动物产品和其他检疫物的包装。

（3）运输工具，包括：①来自动物疫区的船舶、飞机、火车；②进境供拆船用的废旧船舶；③装载出境动物、动物产品和其他检疫物的运输工具；④装载过境动物、动物产品和其他检疫物的运输工具。

三、对动物、动物产品和其他检疫物实施检疫

对动物、动物产品和其他检疫物实施检疫，是《进出境动植物检疫法》规定的检疫的主要内容。

（一）对动物实施检疫

对动物实施检疫的范围包括：①通过贸易、科技合作、赠送、援助等方式进出口的动物；②旅客携带和邮寄进境的动物；③过境动物。

根据《进出境动植物检疫法》第四十六条第（一）项的规定，动物是指饲养、野生的活动物，如畜、禽、兽、蛇、龟、鱼、虾、蟹、贝、蚕、蜂等。农业农村部又进一步将动物分为 7 类：①家畜，如牛、羊、猪等；②家禽，如鸡、鸭、鹅等；③饲养小动物，如猫、兔等；④野生动物，如蛇、虎、豹等；⑤野生禽鸟，如天鹅、杜鹃等；⑥水生动物，如鱼、虾、蟹、贝等；⑦其他动物，如蚕、蜂等。

根据检疫管理的不同，动物又可分为大中动物和小动物。大中动物是指：黄牛、水牛、牦牛、马、骡、驴、骆驼、象、斑马、猪、绵羊、山羊、鹿、狮、虎、豹、狐狸等。小动物是指狗、兔、禽类（鸡、鸭、鹅、鸽等）、鸟类、水生动物（鱼、虾、蟹等）以及蜂、蚕等其他动物。

进出境的动物，主要是家畜和家禽。旅客携带的动物，主要是猫、狗等伴侣动物和金鱼等观赏动物。邮寄的动物，主要是蜂、蚕等动物。过境动物，主要是演艺动物、竞技动物和展览观赏动物。

（二）对动物产品和其他检疫物实施检疫

1. 对动物产品实施检疫

对动物产品实施检疫的范围包括：通过贸易、科技合作、赠送、援助等方式进出口的动物产品、旅客携带和邮寄进境的动物产品。

根据《进出境动植物检疫法》第四十六条第（二）项的规定，动物产品是指来源于动物

未经加工或者虽经加工但仍有可能传播疫病的产品，如生皮张、毛类、肉类、脏器、油脂、动物水产品、奶制品、蛋类、血液、精液、胚胎、骨、蹄、角等。可以进一步将其分为11类：①胚胎、精液、受精卵；②肉类、脏器类，脏器包括心、肝、肺、肠衣等；③动物水产品类，如鱼、虾、蟹等；④鬃毛类，如羊毛、猪鬃等；⑤皮张类，如牛皮、兔皮等；⑥蹄、骨、角类，如牛蹄、虎骨、鹿角、象牙等；⑦脂肪、奶制品类，如奶粉、工业用油脂；⑧动物性药材，如鹿茸、蛇胆等；⑨肉制品类，如火腿、香肠等；⑩蛋类，如鲜蛋、皮蛋等；⑪其他类，如蜂蜜、鱼粉、骨粉等。

进出口较多的动物产品，主要是肉类、动物水产品，旅客携带较多的是皮张类、毛类和肉制品类。

2. 对其他检疫物实施检疫

《进出境动植物检疫法》第四十六条第（五）项规定，其他检疫物是指动物疫苗、血清、诊断液、动植物性废弃货物等。根据农业农村部的规定，动植物性废弃物包括：垫舱木、芦苇、草帘、竹篓、麻袋、纸等废旧植物性包装物、有机肥料等。

实践证明，上述的其他检疫物，能够传播多种动物传染病和寄生虫病，必须实施检疫。

（三）对装载容器、包装物和运输工具实施检疫

1. 对装载容器、包装物实施检疫

装载容器是指可多次使用用于装载进出境货物的容器，如集装箱、笼、筐等。集装箱是应用广泛的装载容器。集装箱为一种容器，指具有一定规格和强度的专为周转使用的大型货箱，它具有包装物和运输工具的双重属性。根据《国际标准化组织104技术委员会》的规定，集装箱应具有如下条件：①具有耐久性，其坚固强度足以反复使用；②为便于商品运送而专门设计，在一种或多种运输方式中运输时无需中途换装；③具有便于装卸和搬运的装置，特别便于从一种运输方式转移到另一种运输方式；④设计时应注意到便于货物的装卸；⑤内容积为$1m^3$或$1m^3$以上。

集装箱运输比散装运输优越，货物可在输出国的仓库装入集装箱，直接运到输入国的仓库，无须改装，节约人力、费用，缩短运输时间。绝大多数的动物产品都采用了集装箱运输。

我国检验检疫机构多次从澳大利羊毛和巴西干蚕茧中检获白腹皮蠹和拟白腹皮蠹；在秘鲁鱼粉中检出沙门氏菌等；在澳大利亚羊毛中发现曼陀罗、苏丹草等30余种杂草籽。此外，还多次发现集装箱箱体带泥土和农产品残留物现象。

2. 对运输工具实施检疫

根据《进出境动植物检疫法》的规定，对运输工具检疫的范围包括：①来自动植物疫区的船舶、飞机、火车；②进境供拆船用的废旧船舶：③装载出境的动植物、动植物产品和其他检疫物的运输工具，装载过境的动植物、动植物产品和其他检疫物的运输工具。

（1）对来自动植物疫区的运输工具实施检疫　《进出境动植物检疫法》第三十四条规定，来自动植物疫区的船舶、飞机、火车，由口岸动植物检疫机关检疫。

所谓动植物疫区，是动植物疫情流行，并能通过运输工具将动物传染病和寄生虫病传入我国的国家和地区。来自动植物疫区的运输工具，是指本航次或本车次的始发地或途经地是《进出境动植物检疫法》所称的动植物疫区的船舶、飞机、火车，包括装载动植物、动植物产品和其他检疫物的船舶、飞机、火车和装载非动植物、动植物产品和其他检疫物的船舶、飞机、火车。来自动植物疫区的汽车和其他车辆，不实施检疫，只进行防疫消毒。为什么不规定对来自

非疫区的船舶、飞机、火车实施检疫，主要是因为动植物疫区是根据动物传染病和寄生虫病的实际情况划定的，只要对来自动植物疫区的运输工具实施检疫，就可以防止动物传染病和寄生虫病传入我国。

船舶检疫的具体范围是：船舶的储藏室、冷库、厨房；船舶、飞机的食品舱；火车的库房、餐车。这些场所一般储藏有粮食、肉类、蔬菜、水果等动植物产品。据调查，90%以上的船舶食品舱带有生猪肉和肉制品，有些是来自口蹄疫和非洲猪瘟疫区的。此外，还可以根据实际情况对货舱壁、夹缝、船舷板、车厢壁以及船舶和火车的动植物废弃物的存放地进行检疫。

（2）对出境运输工具实施检疫　《进出境动植物检疫法》第三十七条规定，装载出境的动植物、动植物产品和其他检疫物的运输工具，应当符合动植物检疫防疫的规定。

装载出境的动物、动物产品和其他检疫物的运输工具，有些是专门运载检疫物的，有些是曾经运载过检疫物的，因此，本身可能带有动物传染病和寄生虫病。如果在这样的运输工具上装运动物、动物产品和其他检疫物，就可能在运输过程中发生交叉感染。抵达输入国口岸时，很可能不符合检疫要求，甚至发生拒收或者销毁的情况。因此，装载动物、动物产品和其他检疫物的运输工具，应当符合动物检疫的规定。

思政案例

进境动物检疫对象包括动物传染病和寄生虫病。《中华人民共和国进出境动植物检疫法》规定，依法实施进出境动物检疫的范围包括：进出口的货物、物品和携带、邮寄的物品；装载容器和包装物；运输工具。

根据《中华人民共和国生物安全法》《中华人民共和国动物防疫法》《中华人民共和国进出境动植物检疫法》《中华人民共和国种子法》等法律法规，2021年10月农业农村部会同海关总署对《中华人民共和国禁止携带、邮寄进境的动植物及其产品名录》（原农业部、国家质量监督检验检疫总局公告第1712号）进行了修订完善，形成了新的《中华人民共和国禁止携带、寄递进境的动植物及其产品和其他检疫物名录》（农业农村部、海关总署第470号公告）。

课程思政育人目标

通过学习“我国相关法律法规及其对进出境动物检疫对象和范围的规定”，明确我国进出境动物检疫的法律依据，充分理解检验检疫法治思维及社会主义核心价值观。

思考题

1. 进出境动物检疫对象是什么？它包括哪些具体内容。
2. 进出境动物检疫范围有哪些？

CHAPTER 4

第四章 进出境动植物检疫风险分析和风险预警

学习目的与要求

1. 掌握进出境动植物检疫风险预警和快速反应主要措施。
2. 掌握进境动植物检疫风险分析原则。
3. 了解进境动物检疫风险分析过程。

风险管理的方法起源于企业管理领域，企业风险管理实践推动了风险管理理论的研究，风险管理随即以学科的形式发展起来。20 世纪 70 年代，风险管理开始应用于公共管理领域，目前逐步为各国行政机关所借鉴。目前理论界对风险管理的通用定义大致如下：各单位通过风险识别、风险分析和风险评价，在此基础上优化组合各种风险应对技术，对风险实施有效的控制并妥善处理风险带来的损失后果，期望达到以最小的成本获得最大安全保障的目标。

SPS 虽然肯定检疫，但为促进贸易，突破了“零风险”的传统概念，要求承担可接受的风险。根据 SPS 精神，风险分析是在贸易利益和检疫风险之间寻找一种平衡的有效措施。它通过对动植物疫病传入、暴露、发生可能性、对社会经济环境的影响、检疫措施的种类和有效性分析，可以明确风险来自哪里，风险有多大，是否在可以接受的范围内，怎样降低风险，以决定动物及其产品能否进口及应采取什么检疫措施。这是提高检疫科学性、有效性的重要措施，是检疫决策的科学依据和重要支持工具。风险分析也是确保进口动物和动物产品安全、市场准入谈判和保护国内市场的有效武器，是解决国际检疫争端的科学基础。

第一节 进出境动植物检疫风险预警和快速反应

2001 年 9 月 25 日国家质量监督检验检疫总局令第 1 号公布《出入境检验检疫风险预警及快速反应管理规定》，2018 年 4 月 28 日海关总署令第 238 号《海关总署关于修改部分规章的决定》对该规定进行了修正。

《出入境检验检疫风险预警及快速反应管理规定》

为保护农林牧渔业生产和人体健康，促进我国经济和对外贸易的发展，根据《中华人民共和国进出境动植物检疫法》《中华人民共和

《出入境动植物检验检疫风险预警及快速反应管理规定实施细则》

国进出境动植物检疫法实施条例》和《出入境检验检疫风险预警及快速反应管理规定》的规定，国家质量监督检验检疫总局于2002年3月发布实施了《出入境动植物检验检疫风险预警及快速反应管理规定实施细则》（以下简称《细则》），规定对出入境动植物、动植物产品和其他应检物携带的可能对农林牧渔业生产、人体健康和生态环境造成危害的病虫害、有害生物及有毒有害的物质实施风险预警。

根据《细则》，“风险预警”是指为使农林牧渔业生产和人体健康免受出入境动植物、动植物产品及其他应检物中可能存在的风险而采取的预防性安全保障措施。

（一）风险预警信息收集

风险预警信息是指与动植物传染病、寄生虫病，植物病、虫、杂草和其他有害生物，化学物质残留、重金属、放射性物质、生物毒素等有毒有害物质（以下简称“病虫害和有毒有害物质”）有关的信息及检验检疫管理中发现的可能引起危害的相关信息，主要包括：进出境检验检疫中检出的、境内外发生的病虫害和有毒有害物质；截获非法入境的动植物及其产品等违规事件；出口产品被输入方检出病虫害或有毒有害物质；输入国或地区对进口动植物及其产品采取新的检验检疫政策；与动植物检验检疫有关的可造成经济、社会和生态方面危害的信息。

风险预警信息的收集渠道包括：各直属海关；世界贸易组织（WTO）、联合国粮农组织（FAO）、世界动物卫生组织（WOAH）、世界卫生组织（World Health Organization，WHO）、食品法典委员会（Codex Alimentarius Commission，CAC）等国际组织；区域性组织、各国或地区政府；国内外社会团体、企业、消费者；国内外学术刊物、文献资料、国际交流、互联网和广播电视等新闻媒体；其他与动植物及其产品有关的各种渠道。

风险预警信息收集、整理、汇总、筛选和审核工作由海关总署负责组织和协调，各直属海关和有关部门负责收集风险预警信息，对风险预警信息进行初步整理和分析，提出建议，上报海关总署。重大的或突发的风险预警信息应在24h内上报海关总署；其他风险预警信息可在一周内上报动植物检疫司。鼓励任何单位或个人将获得的信息向海关总署动植物检疫司或各地海关报告。

（二）风险警示通报

海关总署根据收集到的风险预警信息，发布风险警示通报。风险警示通报的对象包括：相关国家或地区的检验检疫主管部门，驻华使馆；各直属海关；国内外相关部门和生产、经营厂商，社会公众及消费者。

风险警示通报的方式包括：以海关总署的名义向相关国家或地区的政府、驻华使领馆或其检验检疫主管部门发出照会；以海关总署动植物检疫主管部门领导的名义致函相关国家或地区动植物检验检疫部门的负责人；以海关总署的名义向有关直属海关发出通知；以海关总署的名义向国内公众和消费者发出警示通报；以海关总署的名义向国内外相关部门，生产、加工、存放、销售及进出口单位发出警示通报。

风险警示通报的内容包括：要求输出国家或地区官方检验检疫部门采取相应的风险管理措施，保证输往中国的动植物、动植物产品或其他应检物符合中国的检验检疫要求；对有关进境动植物、动植物产品或其他应检物加大抽样比例；制定或采用新的检验检疫标准；加强后期监管，限定使用用途或目的地；对境外生产、加工、存放单位的条件进行审核，对不符合条件的取消其对华出口资格。

（三）紧急预防措施

当境外发生重大的动植物疫情或有毒有害物质污染事件，并可能传入我国时，采取紧急控制措施，发布禁止入境公告，必要时，封锁有关口岸。对已入境的上款动植物及其产品，立即跟踪调查，加强监测和监管工作，并视情况采取封存、退回、销毁或无害化处理等措施；在有关科学依据不充分的情况下，可根据对已有信息的分析，采取临时性紧急控制措施。当确认动植物疫情或有毒有害物质随进境动植物及其产品传入的风险被消除时，解除禁令、取消限制。

（四）风险分析

海关总署根据收集到的风险预警信息，组织有关专家，开展风险分析工作。风险分析依据有关国际组织制定的准则和中国风险分析程序进行。进境动植物及其产品的风险分析分别依据《进境动物和动物产品风险分析管理规定》和《进境植物和植物产品风险分析管理规定》进行。海关总署根据风险分析的结果，提出风险管理措施，并下发执行。

第二节　进境动植物检疫风险分析

为规范进境动物和动物产品风险分析工作，防范动物疫病传入风险，保障农牧渔业生产，保护人体健康和生态环境，国家质量监督检验检疫总局于2002年12月31日以总局令第40号公布了《进境动物和动物产品风险分析管理规定》，明确要求对进境动物和动物产品进行风险分析，该规定适用于进境动物、动物产品、动物遗传物质、动物源性饲料、生物制品和动物病理材料的风险分析，并于2003年2月1日起施行。海关总署于2018年对该规定进行了修正［《海关总署关于修改部分规章的决定》的令（海关总署第238号令）］。2024年2月6日农业农村部畜牧兽医局发布《进境动物及其产品风险分析技术规范》。

《进境动物和动物产品风险分析管理规定》

《进境动物及其产品风险分析技术规范》

根据《进境动物和动物产品风险分析管理规定》，“风险分析”是指危害因素确定、风险评估、风险管理和风险交流的过程。动物和动物产品风险分析，包括对进境动物、动物产品、动物遗传物质、动物源性饲料、生物制品和动物病理材料的风险分析。应遵循以下原则：

（1）以科学为依据；

（2）执行或者参考有关国际标准、准则和建议；

（3）透明、公开和非歧视原则；

（4）不对国际贸易构成变相限制。

风险分析过程应当包括危害因素确定、风险评估、风险管理和风险交流。风险分析应当形成书面报告。报告内容应当包括风险分析的背景、方法、程序、结论和管理措施等。

（一）危害因素确定

对进境动物、动物产品、动物遗传物质、动物源性饲料、生物制品和动物病理材料应当进行危害因素确定。

危害因素主要指：

（1）《中华人民共和国进境动物检疫疫病名录》所列动物传染病、寄生虫病病原体；

（2）国外新发现并对农牧渔业生产和人体健康有危害或潜在危害的动物传染病、寄生虫病病原体；

（3）列入国家控制或者消灭计划的动物传染病、寄生虫病病原体；

（4）对农牧渔业生产、人体健康和生态环境可能造成危害或者负面影响的有毒有害物质和生物活性物质。

经确定进境动物、动物产品、动物遗传物质、动物源性饲料、生物制品和动物病理材料不存在危害因素的，不再进行风险评估。

（二）风险评估

风险评估是指对病原体、有毒有害物质传入、扩散的可能性及其造成危害的评估。进境动物、动物产品、动物遗传物质、动物源性饲料、生物制品和动物病理材料存在危害因素的，启动风险评估程序。根据需要，对输出国家或者地区的动物卫生和公共卫生体系进行评估。动物卫生和公共卫生体系的评估以书面问卷调查的方式进行，必要时可以进行实地考察。风险评估采用定性、定量或者两者相结合的分析方法。结果用风险的高、中、低等类似的等级指标来描述的风险评估是定性风险评估；结果用风险发生的概率估计来表达的评估就是定量风险评估；介于二者之间的是半定量风险评估。

风险评估过程包括传入评估、发生评估、后果评估和风险预测。

1. 传入评估

（1）生物学因素　如动物种类、年龄、品种，病原感染部位，免疫、试验、处理和检疫技术的应用。

（2）国家因素　如疫病流行率，动物卫生和公共卫生体系，危害因素的监控计划和区域化措施。

（3）商品因素　如进境数量，减少污染的措施，加工过程的影响，贮藏和运输的影响。

传入评估证明危害因素没有传入风险的，风险评估结束。

2. 发生评估

（1）生物学因素　如易感动物、病原性质等。

（2）国家因素　如传播媒介，人和动物数量，文化和习俗，地理、气候和环境特征。

（3）商品因素　如进境商品种类、数量和用途，生产加工方式，废弃物的处理。

发生评估证明危害因素在我国境内不造成危害的，风险评估结束。

3. 后果评估

（1）直接后果　如动物感染、发病和造成的损失，以及对公共卫生的影响等。

（2）间接后果　如危害因素检测和控制费用，补偿费用，潜在的贸易损失，对环境的不利影响。

4. 风险预测

对传入评估、发生评估和后果评估的内容综合分析，对危害发生作出风险预测。

（三）风险管理

当境外发生重大疫情和有毒有害物质污染事件时，海关总署根据我国进出境动植物检疫法律法规，并参照国际标准、准则和建议，采取应急措施，禁止从发生国家或者地区输入相关动物、动物产品、动物遗传物质、动物源性饲料、生物制品和动物病理材料。根据风险评估的结果，确定与我国适当保护水平相一致的风险管理措施。风险管理措施应当有效、可行。

进境动物的风险管理措施包括产地选择、时间选择、隔离检疫、预防免疫、实验室检测、目的地或者使用地限制和禁止进境等。

进境动物产品、动物遗传物质、动物源性饲料、生物制品和动物病理材料的风险管理包括产地选择，产品选择，生产、加工、存放、运输方法及条件控制，生产、加工、存放企业的注册登记，目的地或者使用地限制，实验室检测和禁止进境等方面的措施。

（四）风险交流

风险交流应当贯穿于风险分析的全过程。风险交流包括收集与危害和风险有关的信息和意见，讨论风险评估的方法、结果和风险管理措施。政府机构、生产经营单位、消费团体等可了解风险分析过程中的详细情况，可提供意见和建议。对有关风险分析的建议和意见应当组织审查并反馈。

对于植物和植物产品，国家质量监督检验检疫总局于 2002 年 12 月 31 日以总局令第 40 号公布了《进境植物和植物产品风险分析管理规定》，明确要求对进境植物、植物产品和其他检疫物传带检疫性有害生物的风险分析。海关总署于 2018 年对该规定进行了修正［《海关总署关于修改部分规章的决定》的令（海关总署第 238 号令）］。

相关有害生物的风险分析参见 GB/T 20879—2007《进出境植物和植物产品有害生物风险分析技术要求》。

《进境植物和植物产品风险分析管理规定》

GB/T 20879—2007《进出境植物和植物产品有害生物风险分析技术要求》

思政案例

密花豚草（Ambrosia Confertiflora）是一种原产墨西哥和美国的多年生杂草，后入侵到多个国家，给当地的农业、生态、畜牧业等带来了严重危害。2018 年欧洲和地中海国家植物保护组织将其列入 A2 类检疫性有害生物名单。豚草属杂草已经被列入我国进境植物检疫性有害生物名录。有害生物风险分析（PRA）表明，密花豚草极有可能通过国际贸易而进入我国，且密花豚草传入我国的风险等级为高度危险。目前密花豚草的分布国家如美国、墨西哥、澳大利亚与我国贸易来往极其频繁，且与我国贸易往来较频繁的巴西、阿根廷和欧盟等，都具有密花豚草的高度和中度适生区域，说明从这些国家或地区进口货物均有将密花豚草引入我国的风险。

海关应该提高对该杂草的风险意识，做好风险预警，提高对外来入侵生物的知识储备和公众对有害生物的防范意识，提高对密花豚草的检疫鉴定水平和鉴定能力，防止密花豚草进入我国，保护我国的农业、林业以及生态安全。

课程思政育人目标

通过学习密花豚草的分布、生物入侵危害以及进入我国的风险等级，明确植物检疫风险分析和风险预警等基础科研的重要性，理解“进出境动物检疫风险分析和风险预警”的作用以及党的二十大精神所提出“科技强国、人才强国”的重要意义。

思考题

1. 进出境动植物检疫风险预警和快速反应主要措施有哪些？
2. 进境动物检疫风险分析过程有哪些？
3. 进境动植物检疫风险分析原则是什么？

CHAPTER 5

第五章 进境动物及动物产品检疫

学习目的与要求

1. 掌握进境动物及动物产品检疫主要制度。
2. 掌握进境动物及动物产品检验检疫主要工作程序。
3. 了解进境展览、演艺、竞技动物指定隔离检疫场基本要求。

第一节 概述

进境动物及动物产品检验检疫是指检验检疫机构按照《中华人民共和国进出境动植物检疫法》及其实施条例和其他相关规定对进境动物进行检验检疫。分为3个方面的工作：进境陆生动物、进境水生动物和进境动物产品检验检疫。对每批进境动物具体检验检疫的内容应按照我国与输出国所签订的双边动物检疫议定书（协议、合作备忘录）和《中华人民共和国进境动植物检疫许可证》（以下简称《进境动植物检疫许可证》）列明的要求及贸易双方签订的贸易合同或信用证订明的检验检疫要求执行，但不排除对其他可疑症状传染病的检疫。

进境动物检验检疫主要包括：境外预检、进境检疫许可、进境检疫准备、口岸检疫、进境动物隔离检疫（实验室检测和不合格处置）、指定加工监管、合规性核查。进境动物产品检验检疫主要包括：检疫准入、境外预检、指定监管场地、口岸检疫、指定存放加工、安全风险监控及疫病监测、合规性核查等，从产品生产的源头、加工到进境全过程实施检疫监督管理。

第二节 进境动物及动物产品检疫主要制度

一、检疫准入制度

检疫准入制度是指进出境动物检疫主管部门根据中国法律、法规、规章以及国内外动物疫情疫病和有毒有害物质风险分析结果，结合对拟向中国出口农产品的国家或地区的质量安全管理体系的有效性评估情况，准许某类产品进入中国市场的相关程序。检疫准入制度是 WTO/SPS 的重要措施，也是中国进境动物及其产品检疫把关的第一道关，对于严把国门、严防疫情和不合格产品传入，提高进境农产品质量安全水平，服务对外贸易健康发展等具有重要意义。检疫准入制度通常包含准入评估、确定检验检疫卫生条件和要求、境外企业注册和境内企业注册等 4 个方面的程序和内容。

（一）准入评估

首次向中国输出某种动物及其产品和其他检疫物或者向中国提出解除禁止进境物申请的国家或地区，应当由其官方动植物检疫部门向中国海关总署提出书面申请，并提供开展风险分析的必要技术资料。中国海关总署收到申请后，应组织专家根据 OIE、CAC 的有关规定，遵循以科学为依据，透明、公开、非歧视以及对贸易影响最小的原则，并执行或者参考有关国际标准、准则和建议，开展风险分析。

通过书面问卷调查或实地考察的方式，详细了解拟输出国动物检验检疫法律法规体系、机构组织形式及其职能、防疫体系及预防措施、质量安全管理体系、安全卫生控制体系、残留监控体系、疫病发生和疫情监测体系及其运行状况、检疫技术水平和发展动态，以及动物及其产品的生产方式等情况，并了解拟输出产品的名称、种类、用途、进口商、出口商等信息。同时，采用定性、定量或者两者结合的方法，对输入国动物卫生和公共卫生体系以及潜在危害因素的传入评估、发生评估和后果评估进行综合分析，并对危害发生作出风险预测；或者对可能携带的植物有害生物进行确定，并对潜在检疫性有害生物传入和扩散的可能性以及潜在影响进行评估，以确定需要关注的检疫性有害生物名单。根据风险评估的结果，确定与中国适当保护水平相一致的、有效可行的风险管理措施。

（二）确定检验检疫卫生条件和要求

在风险分析的基础上，中国与输出国家或地区就动植物及其产品的检疫卫生条件和要求进行协商，协商一致后双方签署检疫议定书或确认检疫证书内容和格式，作为开展进境动物及其产品检验检疫工作的依据。海关总署也将向各直属海关通报允许进口的国家或地区的检疫准入信息，包括允许该农产品进境的国家和地区议定书、检疫要求、检疫卫生证书模板、印章印模等，有的进境产品还需要通报国外签证官的签字笔迹。

（三）境外企业注册

根据《中华人民共和国进出境动植物检疫法实施条例》第十七条规定，“国家对向中国输出动植物产品的国外生产、加工和存放单位实行注册登记制度”，中国依法对高风险动物及其产品的境外生产加工企业实施注册登记制度，进境动物及其产品必须来自注册登记的境外生产企业。

境外生产企业应当符合输出国家或地区法律法规和标准的相关要求，并达到与中国有关法律法规和标准的等效要求，经输出国家或地区主管部门审查合格后向中国海关总署推荐。中国海关总署对输出国官方提交的推荐材料进行审查，审查合格的，经与输出国家或地区主管部门协商后，中国海关总署结合官方监管体系考核，对生产加工企业进行注册检查。对检查不符合要求的企业，不予注册登记，并将原因向输出国家或地区主管部门通报；对抽查符合要求的及未被抽查的其他推荐企业，予以注册登记，并在中国海关总署官方网站上公布。对已获准向中国输出相应产品的国家或地区及其获得境外注册登记资格的企业，中国海关总署应派出专家到输出国家或地区对其生产安全监管体系进行回顾性审查，并对申请延期的境外生产企业进行抽查，对抽查符合要求的及未被抽查的其他境外生产企业，延长注册登记有效期。

（四）境内企业注册

海关总署就加强进境动物及其产品后续监管，对部分进境动物及其产品的境内生产经营企业实际注册登记或指定管理提出了明确要求，对进境动物肉类、脏器、肠衣、原毛（含羽毛）、原皮、生的骨、角、蹄、蚕苗、水产品和动物源性中药材等实行生产、加工和存放企业定点管理；对进口肉类产品、水产品收货人实施备案管理。只有经海关总署或各直属海关按照相关程序考核合格并公布的境内生产经营企业，才能生产、加工和存放上述进境动物及其产品。

为进一步规范进境动植物检疫准入制度，根据我国进出境动植物检疫法及其实施条例的有关规定，海关总署陆续出台了一系列检疫准入相关的部门规章，主要包括：《进境动物和动物产品风险分析管理规定》《进境动植物检疫审批管理办法》《进境动物遗传物质检疫管理办法》《进出口饲料和饲料添加剂检验检疫监督管理办法》《进出口水产品检验检疫监督管理办法》《进出口肉类产品检验检疫监督管理办法》《进出口食品安全管理办法》等。

进境动植物检疫审批管理办法

二、检疫审批制度

进境动植物检疫审批制度是国家动植物检疫主管部门依据《中华人民共和国进出境动植物检疫法》及其实施条例的有关规定，按照 PRA 结果，对部分风险较高的拟输华动植物及其产品进行审查，最终决定是否批准其进境的过程。检疫审批是动植物检疫的法定程序之一，是在进境动植物及其产品和其他检疫物在入境之前实施的一种预防性动植物检疫措施。

检疫审批的目的是保护国内农、林、牧、渔业的生产安全，降低外来有害生物随进境动植物及其动植物产品和其他检疫物传入我国的风险，也是世界各国普遍采用的通行做法。

（一）检疫审批的依据

（1）《中华人民共和国进出境动植物检疫法》及其实施条例；

（2）中国与输出国签订的双边检疫协定（含协定、备忘录、检疫议定书）；

（3）输出国家或地区的动物疫情情况。

（二）进境动物及其产品检疫审批范围

（1）活动物（指饲养、野生的活动物如畜、禽、兽、蛇、龟、虾、蟹、贝、鱼、蚕、蜂等）及动物繁殖材料（胚胎、精液、受精卵、种蛋及其他动物遗传物质）。

（2）非食用性动物产品。

在海关总署网站上发布的“进境非食用动物产品风险级别及检疫监管措施清单”对非食用动物产品进行了风险分级，即进境非食用动物产品的检疫风险按照高低分为Ⅰ级、Ⅱ级、Ⅲ级、Ⅳ级 4 个风险级别，并分别采取从严到松的检疫监管措施。

Ⅰ级风险：输出国家或地区监管体系评估，境外生产加工存放企业注册登记；进境前须办理《进境动植物检疫许可证》；进境时查验检疫证书并实施检验检疫；进境后在指定企业存放、加工并接受检验检疫监督。如原皮、原毛，未经加工或经初级加工的动物内脏、组织和消化液等。

Ⅱ级风险：输出国家或地区监管体系评估，境外生产加工存放企业注册登记；进境前须办理《进境动植物检疫许可证》；进境时查验检疫证书并实施检验检疫。如两栖和爬行类动物原皮，羊毛脂，未经加工或经初级加工的水产品及虾壳、蟹壳、蚌壳等水生动物副产品等。

Ⅲ级风险：输出国家或地区监管体系评估，境外生产加工存放企业注册登记；进境时查验检疫证书并实施检验检疫。如洗净毛、绒，水洗羽毛羽绒，两栖类和爬行类动物油脂，鱼类的皮、鳞、油脂等。

Ⅳ级风险：进境时实施检疫。如已鞣制动物皮毛、已脱脂或染色的装饰羽毛羽线、炭化毛、已梳毛、毛条等。

（3）特许审批。

动物病原体（含菌种、毒种等）以及其他有害生物，动物疫情流行国家和地区有关动物、动物产品和其他检疫物，动物尸体，土壤。

（4）过境检疫审批。

过境检疫审批包括过境的动物、动物产品和农业转基因产品的检疫审批。要求货主或者其代理人必须事先向海关总署提出申请，提交输出国家或地区政府动物检疫机关签发的检疫证书及输入国家或地区政府动物检疫机关签发的入境许可证，并说明拟过境的路线等。

此外，检疫审批的范围还包括食用性动物产品（动物源性食品）等。

（三）检疫审批的权限

海关总署是入境动物、动物产品检疫审批的管理和最终做出批准的机关，负责制定、修改、解释检疫审批的有关规定。直属海关负责对企业提交的检疫审批的申请进行初审和批准上报工作。

（四）检疫审批的一般程序

货主或其代理人应在对外签订贸易合同或协议前，向海关总署申请并取得《进境动植物检疫许可证》。与外方签订贸易合同或协议时，应订明相关检验检疫要求。申请办理进境动植物检疫审批的单位应为直接对外签约单位，并具有进境动物产品的经营权。

同一申请单位对同一输出国家或地区、同一货物品种、同一加工、使用单位，一次只能申请办理一份《进境动植物检疫许可证》。同一申请单位第二次申请《进境动植物检疫许可证》时，应当按照有关规定随附上一次《进境动植物检疫许可证》（含核销表），以及注册登记企业所在地检验检疫机构出具的对注册登记企业生产加工及仓储能力的考核报告。检疫许可证的有效期为6个月或一次有效。

1. 申请

除特许审批外，申请单位均应按海关总署的相关要求申办电子密钥，并在所在地直属海关注册；检疫审批采用网上申请形式。在申请前，必须充分了解输出国家或地区的动物疫情，确定进境口岸、目的地及贸易方式、用途等。

2. 检疫审批所需材料

申请单位与注册登记企业一致的，申请单位需向受理机构提交《进境动植物检疫许可证申请表》、申请单位法人资格证明（复印件）等材料。

申请单位与注册登记企业不一致的，申请单位需向受理机构提交《进境动植物检疫许可证申请表》、申请单位法人资格证明（复印件）、与注册登记企业签订的委托加工合同/协议等材料。

同一申请单位第二次申请时，应当按照有关规定随附上一次《进境动植物检疫许可证》

（含核销表），以及注册登记企业所在地检验检疫机构出具的对注册登记企业生产加工及仓储能力的考核报告。

3. 审核批准

直属海关对申请单位检疫审批申请进行初审，其内容包括：

（1）申请单位提交的材料是否齐全，所填《进境动植物检疫许可证申请表》内容是否正确，注意进境动物产品的名称和HS编码必须明确；

（2）输出和途经国家或者地区有无相关的动物疫情；

（3）是否符合中国有关动物检疫法律法规和部门规章的规定；

（4）是否符合中国与输出国家或者地区签订的双边检疫协定（包括检疫协议、议定书、备忘录等）；

（5）进境后需要对生产、加工过程实施检疫监管的动物产品，审查其运输、生产、加工、存放及处理等环节是否符合检疫防疫及监管条件，根据生产、加工企业的加工能力核定其进境数量；

（6）可以核销的进境动物产品，应当按照有关规定审核其上一次审批的《进境动植物检疫许可证》的使用、核销情况；

（7）同一申请单位对同一品种、同一输出国家或者地区、同一加工、使用单位一次只能办理一份《进境动植物检疫许可证》；

（8）如果海关总署或初审机构需要对拟进境动物产品做进一步了解，可对提供的样品进行检测或进行风险分析。

受理申请的海关总署或经授权的直属海关在承诺时限内完成初审工作。初审合格的，提交海关总署，由海关总署对提交的《进境动植物检疫许可证申请表》进行审核，做出许可或不予许可的决定，并在网上签发《进境动植物检疫许可证》或《进境动植物检疫许可证未获批准通知单》。初审机构负责打印和发放《检疫许可证》或《进境动植物检疫许可证未获批准通知单》。初审不合格的，初审机构不予提交海关总署审批。

（五）检疫审批的重新办理

在办理检疫审批手续后，有下列情况之一的，货主或其代理人应当重新申请办理检疫审批手续：

（1）变更入境动物产品的品种或者数量；

（2）变更输出国家或地区；

（3）变更入境口岸；

（4）变更加工、使用、存放单位；

（5）检疫许可证的使用数量已核销完；

（6）超过检疫许可证有效期。

（六）《进境动植物检疫许可证》的中止、失效、废止、吊销

（1）超过使用有效期，《进境动植物检疫许可证》自行失效；

（2）输出国家或地区一旦发生疫情，拟入境的动物及其产品已在规定的禁止入境物名录的，《进境动植物检疫许可证》自行失效；

（3）《进境动植物检疫许可证》在有效期内准许多次使用，由入境口岸检验检疫机构负责核销，使用完后废止；

（4）申请单位违反有关检疫规定，发证机关有权中止《进境动植物检疫许可证》的使用，情节严重的吊销《进境动植物检疫许可证》。

（七）进境动物和动物遗传物质的检疫审批

1. 申请

货主或其代理人网上提交《进境动植物检疫许可证》的申请。

（1）申请进境猪、牛、羊等大中动物时，申请单位需向直属海关提交海关总署签发的《进出境动物隔离检疫场许可证》。凡需使用国家隔离场的应提前3个月到海关总署办理预定手续。

（2）申请进境禽类、兔等其他动物时，必须提供《进出境动物指定隔离检疫场许可证》。《进出境动物指定隔离检疫场许可证》有效期为6个月，只允许用于一批动物的隔离检疫。

（3）申请进境动物遗传物质时，必须提供直属海关对企业登记备案的批准文件。

检验检疫机构可根据检疫需要，要求货主或其代理人提供其他的相关文件。

2. 检疫审批的受理、审核和上报

直属海关接到网上申请和随附申报材料后，进行初审。对申报材料和网上申请信息进行审查、确认，对申报不符合要求的，通知申请单位进行修改和补充；对国家依法发布禁止有关检疫物进境的公告或者禁令后列入禁止进境物名录的予以否决。对初审合格的，上报海关总署审批。

（八）进境动物产品的检疫审批

1. 申请

货主或其代理人网上提交《进境动植物检疫许可证申请表》。申请单位还应提供下列随附材料。

（1）经正式批准的具有动物产品进口经营权的有关文件。

（2）入境动物产品属来料、进料加工复出口的，必要时需提供海关核发的“进料加工登记手册”或出口合同或出口报关凭证。

（3）申请I级风险非食用动物产品时，申请单位必须提供与经海关批准注册登记的入境动物产品加工、使用、存放单位签订的加工、使用或销售、存放协议或合同。

（4）申请进境动物源性饲料时，申请企业必须提供：①与用于存放该批货物的仓储单位签订的仓储协议；②农业农村部颁发的“饲料登记许可证”复印件；③进口混合性动物饲料、饲料添加剂，还须提供饲料成分中动物蛋白源自何种动物的有关说明。

（5）对申请用于饲料添加剂来自疯牛病疫区国家的化工合成产品（如蛋氨酸、胱氨酸等），申请企业必须提供农业农村部颁发的“饲料登记许可证”复印件和不含动物蛋白的成分说明。

（6）办理退运货物审批，须提供详细的退货原因说明，及出口时的检疫证书、通关单等详细资料。

（7）申请进境转基因产品时，必须提供农业农村部转基因产品“临时证明”或标识。

（8）对蓝湿（干）皮、已鞣制皮毛、洗净羽绒、洗净毛、碳化毛、毛条等已经加工处理，动物卫生、公共卫生风险较低的非食用动物产品（C类），不需要办理检疫许可证审批。

检验检疫机构可根据检验检疫需要，要求货主或其代理人提供进境动物产品的加工工艺或组成成分、输出国对输出的动物产品的检疫项目、检验检疫方法和标准等其他相关文件。

2. 检疫审批的初审

直属海关接到网上申请和随附申报材料后，进行初审。对申报材料和网上申请信息进行审查、确认，对申报不符合要求的，通知申请单位进行修改和补充；对国家依法发布禁止有关检疫物进境的公告或者禁令后列入禁止进境物名录的予以否决。对初审合格的，上报海关总署审批。有特别规定的应审核相应的文件材料或证明。

（九）特许审批

特许审批的具体程序如下。

1. 书面申请

因科学研究等特殊需要要求引进动物病原体等禁止进境物的单位，应至少提前 15 天向海关总署提出书面申请。

2. 特许审批的随附材料

（1）申请单位科研立项申请报告及主管部门下达课题的批件。

（2）使用单位所具备的防疫条件和拟采取的防止动物病原体扩散措施的书面材料。

（3）所在地检验检疫机构出具的对使用单位的防疫条件和措施的考核意见。

3. 批准

海关总署审核同意后，书面作出特许审批的许可。

三、境外预检制度

境外预检是根据双边动物检疫议定书、备忘录等要求，结合进境动物及其产品的检疫工作需要，中国派出检疫官员到输出动植物及其产品的国家或地区配合实施出口前的检验检疫工作。进境动植物境外预检是进境动物检疫工作中一项非常重要的措施和手段，对防止动物疫病传入，保护我国畜牧业生产安全和生态安全起到了积极有效的作用。该制度的实施对了解和掌握国外动物检疫制度与防疫体系建设，学习国外先进的动物检疫技术手段、设施和经验提供了条件和机会，对促进中国动物检疫制度建设、优化检验检疫工作体系起到了积极作用。同时为中外双方动物检疫准入谈判、制修订双边检疫协议提供了及时、准确和详尽的参考资料。

（一）境外预检的历史和实践

进境动物检疫境外预检制度至少自 20 世纪 80 年代初即已建立，是进口动物检疫的基本环节之一。国务院于 1996 年颁布的《中华人民共和国进出境动植物检疫法实施条例》第二十九条规定："国家动植物检疫局根据检疫需要，并经输出动植物、动植物产品国家或者地区政府有关机关同意，可以派检疫人员进行预检、监装或者产地疫情调查。"中国与输出国家或者地区签订的有关动物检疫双边（多边）协定中均明确规定，中方派出官方兽医对高检疫风险的活动物、遗传物质（如动物精液、动物胚胎和家禽种蛋等）等实施输出前的检疫，对动物遗传物质生产中心进行考核注册。

出入境检验检疫部门开展境外预检是法律赋予的职责，是维护国家安全的必要措施，也是检验检疫部门主动作为、关口前移的具体体现。

境外预检工作可以"御疫于国门之外"，最大程度地减少抵达中国国境的进口动物携带疫情的风险和可能性，防止动物疫病、疫情传入，保护我国畜牧业、渔业生产和生物安全。众多的案例表明，向我国输出动物和动物产品的国外官方常主观忽略或无视隔离议定书的相关规定，甚至敷衍了事，而国外出口商则为了其自身利益常弄虚作假，意图蒙混过关，国外官方和企业的行为和结论并不能完全采信，需要中方通过派出预检兽医的方式实施有效的监督。2011年，我方预检兽医在澳大利亚执行进口种牛产地预检任务时就发现，出口商通过更改农场名称的做法，将来源于蓝舌病黑名单农场的197头牛引入隔离场，澳大利亚检验检疫局官员在明知出口商存在不合规操作的情况下，仍然为该农场出具了农场合格资质证明。该行为严重违反《中华人民共和国国家质量监督检验检疫总局和澳大利亚农渔林业部关于中国从澳大利亚输入牛的检疫和卫生条件要求议定书》中关于“如发现蓝舌病阳性牛，则该牛所在农场的所有牛都不能对华出口”之规定。经我方预检兽医严正交涉，最后来自黑名单农场的197头牛被全部淘汰，原国家质量监督检验检疫总局对违规出口商发出了黄牌警告。

境外预检工作也是减少进口商损失的需要。根据通常的商业约定，进口动物入境跨过船舷之后再检出阳性，其损失全部由中国进口商承担。以2013年为例，全年通过境外预检淘汰不合格动物25024头，占候选动物总数量的20.89%，货值7500万美元。这些不合格动物进境不但将严重威胁我国畜牧业生产，还会给进口商带来重大损失。

（二）境外预检的主要制度设计

国家质量监督检验检疫总局于2004年4月1日颁布实施了《进境动物预检人员管理办法》，对境外预检工作进行了全面的规范。

海关总署统一管理进境动物预检人员的派出，对预检人员资质做出严格规定。预检人员必须政治合格，业务过硬，外语过关，身体健康。业务条件方面要求获得兽医专业本科及以上学历，从事进出境动物检疫工作至少3年；具有一定的兽医临床经验，熟悉动物检疫实验室工作，能够独立地完成有关动物疾病诊断试验；熟悉进出境动植物检疫法等法规及进境动物检疫程序，具有国际贸易的一般常识。外语条件方面要求掌握相应的国家或地区的语言，或能用第三国语言在输出国开展业务工作，具有胜任工作所需的听、说、读、写能力，能熟练阅读、翻译外文专业资料。身体条件方面要求身体健康，能在外独立生活，年龄不超过50岁。

在国外执行动物产地预检任务时，预检兽医对外代表中国检验检疫机构，按照双边动检协议的要求，配合派往国家或地区政府动物检疫机关执行双边动检协议；落实议定书中每一项规定，确保向中国输出的动物或繁殖材料符合动检协议的规定，同时，学习并了解派往国家或地区的动物疫病流行情况，动物检验检疫机构组织形式及其职能，动物疫病防疫体系及预防措施，检疫技术水平和发展动态等情况。

预检兽医在输出国家或者地区执行预检任务的工作内容主要有八项：

一是到达输出国或地区后，首先与输出国或地区官方主管部门联系，按照动检协议内容商订检疫计划，在计划中落实动检协议有关规定；

二是向输出国或地区官方机构了解或查阅输出国或地区的动物疫情，确认输出国家或地区的动物疫情符合动检协议规定；

三是了解和查阅输出动物、动物遗传物质所在地区和农场的动物疫情，确认输出地区和农场符合动检协议对农场动物疫情的规定；

四是参与农场检疫，确认农场免疫和检疫项目、方法、标准、检验检疫结果符合动检协议要求，只有经农场检疫合格的动物方允许进入动物隔离场；

五是确认动物隔离场，动物隔离场必须经输出国或者地区官方检疫机构认可，符合动物隔离检疫要求，使用前经过严格消毒处理；

六是落实动物隔离检疫期间的检验检疫项目，了解实验室检测情况，动物寄生虫的驱除处理，做好动物装运前的临床检查；

七是落实动物的运输路线、运输要求（包括从隔离场至离境口岸的运输过程），以及应由输出国或者地区提供的检疫试剂准备情况；

八是确认输出国或者地区动物卫生证书内容是否反映了动检协议规定要求。派出人员可根据情况对输出动物实施监装。

预检兽医在外工作期间应保持与海关总署的联系，及时汇报工作进展，未经海关总署同意，严禁派出人员在境外从事与预检工作内容无关的其他活动。严禁在未经请示同意的情况下，擅自对外做出违背动检协议规定的决定或承诺。在外工作期间，对工作中遇到的问题，应按照动检协议的规定，与输出国或地区有关方面协商解决；对协商不能解决的问题应及时向海关总署请示。对于涉及重大原则的问题必须立即向海关总署请示：

一是输出国或地区政府动物检疫机构对双边协议有不同解释，影响该协定的正常执行；

二是输出国或地区不能完全按照双边动检协议执行，需要更改、补充或者取消动检协议内容；

三是发生不可预见的事件、无法按原计划完成检疫任务，需要提前回国或者延长在外检疫时间；

四是输出国或地区发生重大动物疫情；

五是需要更改运输路线、运输方式；

六是对检疫结果的判定有分歧，不能取得一致意见；

七是其他协商不能解决的问题。

预检兽医在动物入境前向动物隔离检疫所在地直属检验检疫局通报境外的检疫情况，做好境外检疫和入境后检疫的衔接工作，并协助完成动物入境后的检疫工作。

预检兽医回国后，应到海关总署全面汇报在外执行检疫任务的情况，并提交出境预检书面报告。派出人员还应将在外执行检疫任务过程中收集到的资料进行整理分类，向海关总署提供所收集资料的目录。海关总署根据动物检疫人员在外执行检疫任务的情况，对出境检疫人员做出考核评价意见。

（三）境外预检模式的改革创新

境外预检制度是我国法律法规赋予检验检疫部门的法定职责，也是国际惯例。无论是从制度本身设计的理念、科学性、国际化，还是从实际工作中的可操作性、验证效果、各方评价而言，境外预检制度都是一种行政管理成本小、社会和经济效益大的管理模式。近年来，为贯彻国务院“稳增长，促改革，调结构，惠民生”的要求，海关总署主动改革境外预检工作模式，陆续向澳大利亚、新西兰、乌拉圭、智利等主要动物输出国派遣常驻（一般为 3 个月）的预检兽医工作组，预检组负责派驻期间所在国所有输华动物的预检工作。与以往每批进口动物派出 2 名兽医赴境外预检的传统模式相比，预检兽医工作组模式提高了工作效率，确保了工作效果，降低了贸易成本，实现了贸易便利化，最大程度满足了国内产业大量引种的需求，得到了各利益相关方的肯定。

四、指定口岸（监管场地）制度

2019 年，根据《中华人民共和国海关法》《中华人民共和国进出境动植物检疫法》及其实施条例、《中华人民共和国进出口商品检验法》及其实施条例、《中华人民共和国食品安全法》

《海关指定监管场地管理规范》

及其实施条例等法律、法规的相关规定，海关总署制定了《海关指定监管场地管理规范》，将指定入境口岸纳入海关监管作业场所（场地）管理，有关名称简称为“指定监管场所”。

指定监管场地是指符合海关监管作业场所（场地）的设置规范，满足动物疫病疫情防控需要，对特定进境高风险动物及其产品实施查验、检验、检疫的监管作业场地（以下简称“指定监管场地”）。不同的动物及其产品对指定监管场地的要求各不相同，目前包括以下类型：进境肉类指定监管场地；进境冰鲜水产品指定监管场地；进境食用水生动物指定监管场地；进境动物隔离检疫场；其他进境高风险动植物及其产品指定监管场地。

地方政府根据口岸发展需要，组织开展指定监管场地设立的可行性评估和立项，并统筹规划和组织建设。地方政府经评估，认为具备设立条件的，形成立项申请，函商直属海关提出立项评估意见。直属海关组织专家组进行初审评估，经评估任务符合海关相关规定要求的，函报海关总署。经评估认为不符合海关相关规定要求的，向地方政府书面反馈意见。海关总署对直属海关的立项评审意见进行复审。

直属海关口岸监管部门负责牵头组织验收组开展指定监管场地的预验收工作。验收组应当由海关系统内场所管理、动植物检疫、食品安全专家或骨干构成。海关总署口岸监管司根据直属海关预验收情况，组织验收组开展验收工作；也可视情况委托直属海关开展验收工作。

五、口岸检疫制度

口岸查验制度是以动植物检疫法律法规制度为依据，对进出境法定检疫物进行证书核查、货证查对和抽样送检的官方行为，是在货物抵达国境时采取的阻止疫情疫病传入的强制性行政措施。其作用在于尽最大的可能把疫情疫病和不合格产品拒之于国门之外。口岸查验制度是中国动植物检疫体系的重要组成部分，是中国落实动植物检疫法律法规及各种管理制度的基本手段。

纵观我进出境动植物检疫发展史，口岸查验是从中国进出境动植物检疫产生之日就已开展的工作，伴随着动植物检验检疫工作的开展，口岸查验制度也在不断地发展和完善。中国加入WTO后，外贸经济快速发展，进出境动植物查验体系在以下两个方面发生了明显变化：一是查验形式的变化。在传统的检疫查验基础上，出现了集中查验、虚拟口岸查验。在管理方式上，从原来一般口岸检验检疫机构查验货物为主，逐渐变为口岸所在地和内地检验检疫机构联合执法。二是查验内容的变化。“三检合一”以后，进出口产品检验检疫实行统一归口管理，对进出境动植物产品实施检疫的同时也实施检验，包括品质检验、有毒有害物质检验等。此外，检测的技术手段也有了很大的发展，引入了无线射频识别、GPS 定位、X 光机等辅助设备，丰富了现场查验手段，提高了查验有效性。

但是，无论口岸查验的形式和内容如何变化，口岸查验制度始终包括现场检疫查验、抽送样品及实验室检测 3 个核心环节。根据查验对象的不同，口岸查验分为货物检疫查验、旅客携带物检疫查验、邮寄物检疫查验、交通运输工具检疫查验、动植物性包装铺垫材料检疫查验和其他检疫物检疫查验等，其中旅客携带物和邮寄物检疫查验制度另作介绍，现主要阐述以货物检疫为主的口岸查验制度。

（一）现场检疫查验

现场检疫查验是指进出境应检物抵达口岸时，检疫官员依法登船、登车、登机或到货物停放地现场进行动植物检疫查验。现场检疫查验的货物种类繁多，根据口岸类型（陆路口岸、海港口岸、空港口岸），检疫形式（进境检疫和过境检疫）的不同而略有差异，其主要内容包括以下几个方面。

一是核对证单，核查报检单、贸易合同、信用证、发票和输出国家或地区政府动植物检疫机构出具的检疫证书等单证；依法应办理检疫审批手续的，还须核查并核销《进境动植物检疫许可证》。根据单证核查的情况并结合中国动植物检疫规定及输出国家或地区疫情发生情况，确定查验方案。

二是核查货证是否相符。检查所提供的单证材料与货物是否相符，核对集装箱和封识与所附单证是否一致，核对单证与货物的名称、数（重）量、产地、包装、唛头是否相符。

三是对进境动植物及其产品和其他应检物品，以其包装的全部或有代表性的样品进行现场检查。对进境动物，检查有无疫病的临床症状，发现疑似患有传染或者已死亡的动物时，在货主或者押运人的配合下查明情况，立即处理；对动物产品，检查有无腐败变质现象，容器、包装是否完好。对易滋生植物害虫或者混藏杂草种的动物产品，同时实施植物检疫符合要求的，允许卸离运输工具发现散包，容器破裂的，由货主或者其代理人负责整理完好，方可卸离运输工具；对来自动物传染病疫区或者易带动物传染病和寄生虫病病原体并用作动物饲料的植物产品，同时实施动物检疫。发现病虫害并有扩散可能时，及时对该批货物、运输工具及装卸现场采取必要的防疫措施。对动植物性包装物、铺垫材料，检查是否携带病虫害、混藏杂草种子、沾带土壤。对其他检疫物，检查包装是否完整及是否被病虫害污染。发现破损或者被病虫害污染时，作除害处理。

（二）抽送样品

抽采样品应具有代表性，按照有关抽采样的国家标准或行业标准，以及进口货物的种类和数量制定抽采样计划并实施抽采样。必要时要结合动物疫病的生物学特性实施针对性抽采样。对动物产品，一般在上、中、下 3 个不同层次和同一层次的 5 个不同点随机采取；种用大、中动物逐头采取血样，必要时可采取粪便、黏膜分泌物等样品。在抽采样品过程中必须注意防止污染，以确保检疫结果的准确性。

各类动物产品抽取的样品，主要根据相关产品的国家标准、海关总署有关规定、双边议定书以及海关总署发布的警示通报、动植物检疫许可证要求和《进出口食用农产品和饲料安全风险监控计划》的相关规定，确定实验室检测项目，送实验室检测。

（三）实验室检测

经现场检疫查验，将现场检查发现的有害生物、带有症状的样品和其他需做进一步检测的样品送实验室检测。实验室根据委托的检验、鉴定项目，按照相关检测技术标准，采用临床诊断、病原分离培养、动物实验、免疫学方法、分子生物学等技术，进行检验和鉴定。

实验室检测为现场检疫查验提供了必要的技术支持。实验室检测鉴定结果是对进出口货物作准予进出境或检疫处理的重要依据。

《中华人民共和国进出境动植物检疫法》及其实施条例对进境动物检疫口岸查验作了明确规定。在此基础上，海关总署按照进出境动植物及其产品的特征和相关检验检疫要求，按产品类别制定了进境活动物、水生动物饲料等一系列部门规章、操作程序和工作手册。在查验工具配备、重点检查对象、现场抽样方法和数量、取样送检要求、检疫结果评定、检疫处理等各个方面明确了现场检疫查验的工作要求，构建了较为完善的口岸查验闭环管理体系。同时，“三检合一”以来，海关总署陆续推广应用了进境动植物许可证审批系统、电子证书核查系统、口岸自动抽采样系统、实验室远程鉴定系统、专家有害生物信息系统、数字动植检等信息业务系统，进一步提高了口岸查验的科学性、针对性和有效性。

六、隔离检疫制度

隔离检疫制度是将进境动植物限定在指定的隔离场内饲养或种植，在其饲养或生长期间进行检疫、观察、检测和处理的一项强制性措施，是有效控制高风险的动植物传染病、寄生虫病和有害生物传入，保护农业生产安全、生态安全的法定检疫行政行为。

20 世纪 80 年代初，国家为发展畜牧业，大批量引进优良奶牛、动物胚胎和精液，为加强进境动物和植物检疫，国务院发布《中华人民共和国进出口动植物检疫条例》，以立法形式对进境动植物采取隔离检疫的强制性措施，隔离检疫制度框架基本形成，并且随着业务发展，隔离检疫制度不断健全完善。

（一）隔离检疫场

隔离检疫场是指专用于进境动物隔离检疫的场所，包括由海关总署设立的动物隔离检疫场所（以下简称“国家隔离场”）和由各直属海关指定的动物隔离场所（以下简称“指定隔离场”）进境种用大中动物应报经海关总署批准在国家隔离场隔离检疫；当国家隔离场不能满足需求，需报经海关总署批准在指定隔离场隔离检疫；其他进境动物的，应当在直属海关指定的动物隔离检疫场所隔离检疫。海关总署在广州、上海、天津、北京建立了 4 个国家隔离场。

申请使用指定动物隔离场的，使用人应当在办理《进境动植物检疫许可证》前，向所在地直属海关提交申请和相关材料。直属海关和海关总署依次按照规定程序对隔离场使用申请及材料进行审核，并对申请使用的隔离场组织实地考核。

（二）隔离检疫

动物进场前，海关实地核查隔离场设施和环境卫生条件，保证动物进入隔离场前 10 天，所有场地、设施、工具必须保持清洁，并采用海关认可的有效方法进行不少于 3 次的消毒处理。同时，监督使用人提前准备供动物隔离期间使用的充足的饲草、饲料和垫料。所有饲草、饲料和垫料需在海关的监督下，实施熏蒸消毒处理。

经入境口岸现场检疫合格的进境动物方可运往隔离场进行隔离检疫。进境种用大中动物隔离检疫期为 45 天，其他动物隔离检疫期为 30 天，热带海水观赏鱼 14 天。海关对隔离场实行监督管理。重点监督和检查隔离场动物饲养、防疫等措施的落实，对进境种用大中动物在隔离检疫期间实行 24h 驻场监管。隔离检疫期间，海关按照海关总署的相关规定对进口动物进行必要的免疫和预防性治疗，隔离场使用人在征得海关同意下方可对患病动物进行治疗。

（三）采样送检

检验检疫机构负责隔离检疫期间样品的采集、送检和保存工作。隔离动物样品采集工作在动物进入隔离场后 7 天内完成。检验检疫机构按照海关总署的有关规定，对动物进行临床观察和实验室项目的检测，根据检验检疫结果出具相关的单证，实验室检疫不合格的，应当尽快将有关情况通知隔离场使用人并对阳性动物依法及时进行处理。

（四）应急处理

隔离检疫期间，隔离场内发生重大动物疫情的，检疫人员应当按照《进出境重大动物疫情应急处置预案》处理。发现疑似患病或者死亡的动物，应当立即报告所在地隶属海关，并立即采取下列措施：将疑似患病动物移入患病动物隔离舍（室、池），由专人负责饲养管理；对疑似患病和死亡动物停留过的场所和接触过的用具、物品进行消毒处理；禁止自行处置（包括解剖、转移、急宰等）患病和死亡动物；死亡动物应当按照规定作无害化处理。

（五）后续监管

隔离检疫结束后，在海关的监督下，隔离场使用人对动物的粪便、垫料及污物、污水进行无害化处理确保符合防疫要求后，方可运出隔离场；并按要求对隔离场场地、设施和器具进行消毒处理。在完成种用大中动物隔离检疫工作后承担隔离检疫任务的直属海关应当在 2 周内将检疫情况书面上报海关总署。隔离场使用人及隔离场所在地检验检疫机构应当按照规定记录动物流向和《隔离场检验检疫监管手册》，档案保存期至少 5 年。

七、检疫处理制度

检疫处理是指对不符合我国进出境检疫要求或输入国家（地区）检疫要求的进出境动植物及其产品和其他检疫物采取的强制性处理措施，目的是将疫情疫病可能的传播和/或扩散途径予以阻断。广义的检疫处理措施通常包括扑杀、销毁、退回、截留、隔离、封存、禁止出入境和技术性检疫处理。狭义的检疫处理通常指在规定的场所内按处理标准采用化学的、物理的或生物的技术性手段进行除害处理的过程。海关对从事熏蒸、消毒、热处理、冷处理、辐照处理、微波处理等的出入境检疫处理单位实施核准管理。未经核准，有关单位不得从事或者超范围从事出入境检疫处理工作。

根据货物、物品及其携带的动植物疫情疫病种类等不同情况，采取适当的检疫处理方式和方法，以达到有效、经济、安全的目的。动物及动物产品检疫处理包括除害、扑杀、销毁、退回、截留、封存等。

《出入境检疫处理单位和人员管理办法》中第三条明确了“出入境检疫处理”是指利用生物、物理、化学的方法，对出入境货物、交通工具、集装箱及其他检疫对象采取的消除疫情疫病风险或者潜在危害，防止人类传染病传播、动植物病虫害传入传出的措施。“出入境检疫处理单位”是指经直属海关核准从事出入境检疫处理工作的单位。“出入境检疫处理人员”（以下简称“检疫处理人员”）是指经直属海关核准，在检疫处理单位从事出入境检疫处理工作的人员。第五条中指出出入境检疫处理按照实施方式和技术要求，分为 A 类、B 类、C 类、D 类、E 类、F 类和 G 类。《出入境检疫处理单位和人员管理办法》还规定了检疫处理单位申请条件、检疫处理人员要求和监督管理等要求。

国家质量监督检验检疫总局关于发布《出入境检疫处理管理工作规定》的公告（2017 年第 115 号）对检疫处理过程、现场监督检查、年度监督检查等都做出了详细的规定，并附有动植物检疫处理指征、卫生检疫处理指征、检疫处理操作技术规范目录、各种检疫对象的处理方式、检疫处理工作记录基本内容、高风险检疫处理业务内容等。

八、疫情疫病监测制度

疫情疫病监测是指通过技术手段对某种动物疫病或植物有害生物的发生、发展、变化进行系统、完整、连续的调查，并分析疫情疫病流行趋势的工作。疫情疫病监测可分为专项监测和广谱监测。专项监测是指针对特定种类疫情疫病的监测，如水生动物疫病，检疫性实蝇等。广谱监测是指在一定的时间和区域内开展疫情疫病调查，以便及时掌握并扑灭可能传入的外来疫情疫病，如林木害虫等。

《中华人民共和国进出境动植物检疫法实施条例》第五十六条规定：口岸动植物检疫机关可以根据需要，在机场、港口、车站、仓库、加工厂、农场等生产、加工、存放进出境动植物、动植物产品和其他检疫物的场所实施动植物疫情监测，有关单位应当配合。未经口岸动植物检疫机关许可，不得移动或者损坏动植物疫情监测器具。

海关总署每年组织编制《国门生物安全监测方案（动物检疫部分）》和年度监测计划，严防动物疫病传入，维护国门生物安全。

第三节　进境展览、演艺、竞技动物检疫

进境展览、演艺、竞技动物是指进境展览、演艺、竞技等用途，而后须复出境的动物。根据入境展览、演艺、竞技动物检疫风险，将其分为两类：第一类是来华演艺动物入境为唯一演出目的地或全程以空运方式抵达唯一演出目的地，参加演艺活动后直接空运出境，且在中国停留时间不超过 15 天（含 15 天）。采取随到随检测，检后即演，全程监管的管理模式。第二类是除第一类之外的各种情况。如来华演艺动物入境口岸不是唯一演出目的地，或在中国停留时间超过 15 天等。采取隔离场隔离，全程押运的管理模式。主要流程包括：进境许可、检疫准备、现场检疫、隔离检疫、运输监管、出境检疫、不合格处置。

进境演艺、竞技、展览及伴侣动物指定隔离检疫场基本要求（国家质量监督检验检疫总局公告 2009 年第 116 号附件）如下。

（1）具有完善的动物饲养管理、卫生防疫等管理制度。

（2）配备兽医专业技术人员。

（3）须远离相应的动物饲养场、屠宰加工厂、兽医院、交通主干道及动物交易市场等场所。

（4）四周须有与外界环境隔离的设施，并有醒目的警示标志，入口须设有消毒池（垫）。

（5）具备与申请进境演艺、竞技、展览及伴侣动物种类和数量相适应的饲养条件和隔离舍，具有安全的防逃逸装置。

（6）设有污水和粪便集中消毒处理的场所。

（7）有专用捕捉、固定动物所需场地和设施。

（8）场内应有必要的供水、电、保温及通风等设施，水质符合国家饮用水标准。

（9）配备供存放和运输样品、死亡动物的设备。

（10）有供检验检疫人员工作和休息的场所，并配备电话、电脑等必要的办公设备。

入境演艺动物出境时，出境口岸海关应核对数量和核查演出期间检疫监督管理情况，并根据所去国家（地区）的检疫要求实施检疫，根据需要出具相应的检疫证书。

思政案例

2018年8月3日，中国确诊首例非洲猪瘟疫情。2019年1月29日海关总署农业农村部发布2019年第25号（关于防止蒙古国非洲猪瘟传入我国的公告）公告。2019年3月6日海关总署农业农村部发布2019年第42号（关于防止越南非洲猪瘟传入我国的公告）公告。2019年4月26日海关总署农业农村部发布2019年第73号（关于防止柬埔寨非洲猪瘟传入我国的公告）公告。

我国生猪养殖业占畜牧业总产值的比重约50%，猪肉消费占肉类消费60%以上。不到一年时间，非洲猪瘟重创养猪业。国内发病猪场死亡数量和发病猪场扑杀数量难以计数，直接导致大多数养猪企业亏损。为防止疫情传播，相关部门禁止生猪、种猪跨省运输，严重影响了生猪市场及人们生活。

非洲猪瘟作为全球养猪业的“头号杀手”，因无疫苗和有效防治药物，给养猪业带来了极大的损失和影响。2019年5月非洲猪瘟疫苗已经取得了阶段性成果，该疫苗是由哈尔滨兽医研究所自主研发并创制了非洲猪瘟候选疫苗，该疫苗具有良好的生物安全性和免疫保护效果。

课程思政育人目标

通过分析“非洲猪瘟”疫情的发生和发展，以及对我国畜牧业的严重影响，充分认识进境动物及动物产品检疫对保障我国畜牧业安全体系的重要作用，严防外来疫情，增进民生福祉。

同时通过学习我国学者开发出“非洲猪瘟”疫苗的感人事迹，增强科学强国的文化自信。

思考题

1. 进境动物及动物产品检疫主要制度有哪些？
2. 进境动物及动物产品检验检疫主要工作程序是什么？
3. 进境展览、演艺、竞技动物指定隔离检疫场基本要求有哪些？

CHAPTER 6

第六章 出境动物及动物产品检疫

学习目的与要求

1. 掌握出境动物及动物产品检疫主要制度。
2. 掌握供港澳食用陆生动物检疫管理办法的主要内容。
3. 了解出境动物安全风险监控的主要内容。

第一节　出境动物检疫

为适应中国出境动物对外贸易的迅速发展和应对国外技术性贸易措施，海关总署逐步健全和完善了出境动物检验检疫管理制度体系。现行的出境动物检验检疫管理制度包括注册登记、企业分类管理、出口查验制度、安全风险监控等制度。这些制度规定了出口生产企业、经营企业在出口生产及贸易等环节的责任，明确了出境动物检验检疫单位自身的职责，对进一步提升出口动物质量安全水平，增强国际市场竞争力，促进贸易健康发展，以及满足新形势下出口动物检验检疫及监管实际需求提供了法制保障。

出境动物检验检疫依据《中华人民共和国进出境动植物检疫法》及其实施条例和相关法律法规对出境动物实施的检验检疫。具体检验检疫的内容应按照我国与输入国家和地区所签订的双边动物检疫议定书（协议、合作备忘录）、我国的有关检验检疫规定及贸易双方签订的贸易合同或信用证订明的检验检疫要求确定。

一、注册登记制度

注册登记制度是指对出境的动物养殖场的资质、安全卫生防疫条件和质量管理体系进行考核确认，并对其实施监督管理的一项具体行政执法行为。其目的是从源头控制出口动物质量安全，破解国外贸易性技术壁垒，维护国家利益和形象，提高农产品在国际市场的竞争力。

二、分类管理制度

分类管理制度是以企业分类和产品风险分级为基础实施的出口企业及产品差别化检验检疫监管措施。分类管理的核心是运用风险分析原理，对出口产品进行风险分级，并以企业的生产规模、对产品质量控制能力和诚信程度等要素，对企业进行分类。对不同企业和不同产品采用不同出口抽查比例和监管方案，实施差别化管理，以引导企业树立产品质量安全主体责任和诚信经营意识，促进企业提升能力，诚实守信，自我完善，促进通关便利化。

三、出口查验制度

出口查验制度是海关对经产地检验检疫合格后的出口动物，在出境口岸依法实施现场查验并进行合格评价的检验检疫管理制度。旨在保证出口动物安全质量，防止动物疫情疫病的传出和扩散，维护正常的出口贸易秩序。

《进出境动植物检疫实施条例》规定出口动物由产地和口岸动植物检疫机关落实检疫，并签发检疫证书。货物运至出境口岸时，口岸动植物检疫机关查证、换证或重验后出证，这是首次明确要在出境口岸执行出口查验的具体内容。后来国家出台了《出境货物口岸查验规定》，明确指出，对出口货物实行产地检验检疫、口岸查验放行制度，旨在保证出口货物检验检疫工作质量，缓解口岸工作压力，节省通关时间。2010 年海关总署对《中华人民共和国海关进出口货物查验管理办法》进行了修订（海关总署令第 138 号）。

口岸查验制度是出口检验检疫把关最后一个环节，具体包括申报、现场查验、检疫处理、出证与放行等一系列检验检疫工作程序。

（一）申报

经生产加工地、启运地检验检疫合格的出境货物，货主或者其代理人应当在有效期内向出境海关口岸申报查验。

（二）现场查验

海关口岸对出口动物实施口岸查验和放行。口岸查验包括验证放行和核查货证两种方式。实施验证放行的，由检务人员逐批核查相关单证的真实性和有效性，相关单证真实有效的，直接予以验证放行。实施核查货证的，海关口岸派人对出口货物进行现场核查。主要核查检验检疫封识是否完好，是否与《出境货物换证凭单》一致；货物唛头、标志、批次编号等包装标记是否完好，是否与《出境货物换证凭单》一致；货物外包装是否完好。核查符合要求的，予以放行。出口活动物必须逐批核查货证。

（三）检疫处理

出境货物经核查货证不符合要求的，作相应的检疫处理。货物加施检验检疫封识不符合要求的，依照检验检疫封识管理规定处理；货物外包装标记不符合要求的，依照检验检疫有关规定处理，或者依照《出入境检验检疫报检规定》重新报检；出现非疫病死亡动物的，责令发货人整理。经整理符合检验检疫要求的，给予放行。

（四）出证与放行

出境动物经核查货证符合要求，临床检查合格的，施检部门填写出境货物查验记录，送检务部门签发《出境货物通关单》。

四、安全风险监控

安全风险监控是通过抽取反映进出口食用农产品和饲料安全风险因素及其变化规律的样品，按规定的方法对风险项目进行监测，系统和持续地收集监测数据及相关信息，为全面评价进出口农产品安全水平和变化趋势提供科学依据。监控物质包括农兽药残留、重金属、真菌毒素、致病微生物、转基因等。目前，我国对进出境食用陆生动物、食用水生动物、饲料及饲料添加剂等实施安全风险监控。

监控范围包括：出境（内地供港澳）食用活猪、活牛、活禽和进境食用陆生动物（屠宰肉牛、马、驴、羊等）；进出境食用水生动物。

采样范围：供港澳活猪注册饲养场、活牛注册育肥/中转场、活羊注册中转场、活禽注册饲养场、深圳清水河中转仓、进境食用陆生动物隔离场和屠宰场、出境食用水生动物养殖场、中转场和进境食用水生动物指定检疫场所。

监控物质包括我国及主要贸易国家/地区禁止或限制在动物中使用的兽药及其他影响动物和人体健康的农药、重金属、环境污染物等有毒有害物质。

直属海关结合辖区养殖场、中转场日常监管、出口监管情况，根据总署年度《出境食用水生动物安全风险监控技术推荐表》，在具体风险分析基础上，制订各辖区安全风险监控实施方案。对供应香港、输往台湾和出口新加坡的淡水螃蟹，出口前按照报检批批检测二噁英及二噁英样多氯联苯；对输往其他国家（地区）的淡水螃蟹，将二噁英及二噁英样多氯联苯作为一般监控物质，每个养殖场每年度监测一次。

第二节　供港澳食用活动物检疫

20 世纪 60 年代初，为改变港澳地区鲜活农产品长期依赖国外进口的困境，保障港澳地区生活物资的足量稳定供应，经周恩来总理亲自批准，由当时的铁道部、外贸部联合开辟供应港澳市场鲜活商品的快运列车，简称“三趟快车”，从内地源源不断调运鲜活商品供应港澳，举全国之力，保障港澳市场农副产品的长期稳定供应。随着高速公路运输的发展，2007 年底火车运输供港活畜的模式完全被公路运输取代，但是中央政府对供港澳鲜活商品的重视和支持却是一以贯之，并且已成为一项基本国策。目前，内地仍是港澳地区食用活动物的主要来源地，以 2013 年为例，内地供港澳活猪 167 万头，活牛 2.2 万头，活鸡 794 万只，总货值 5.2 亿美元，占到了港澳两地消费市场供应量的 90%。

一、供港澳食用活动物检疫取得的成就

自 1962 年“三趟快车”开通以来，特别是 1997 年香港回归后，内地检验检疫部门始终认真履行作为供港澳活动物检验检疫监管部门的职责，认真落实中央战略部署，坚持把关与服务相结合，坚持自身能力提高与各有关部门协作相结合，积极探索，不断完善，建立了一系列行之有效的供港澳活动物检验检疫质量安全监管长效机制，经受住了各种突发事件的考验，保障了港澳市场活动物的质量安全和稳定持续供应，有力地维护了港澳地区社会稳定和市场繁荣，得到党中央、国务院充分肯定，也获得港澳社会的普遍认可。2012 年 6 月 21 日，时任香港食物与卫生局局长周一岳先生表示，三十多年来，内地供港食品农产品的安全率达到了 99.999%，这在全世界都是很难得的。

（一）出台了系列法规和技术性标准

实施了注册登记、日常监管、防疫免疫、疫情监测、残留监控、检验检疫、溯源管理、隔

离检疫、运输监管、离境查验等制度，建立了从养殖源头到离境口岸全过程监管体系，全面规范了供港澳活动物检验检疫和监管工作，使供港澳活动物检验检疫和监督管理逐步步入了制度化、规范化、科学化的轨道，有效保证了供港澳活动物的健康安全和正常供应。

海关总署于 2024 年 1 月 22 日公布了《供港澳食用陆生动物检验检疫管理办法》（海关总署令第 266 号，以下简称《管理办法》），自 2024 年 3 月 1 日起施行。

《供港澳食用陆生动物检验检疫管理办法》

1999 年 11 月 24 日国家出入境检验检疫局令第 4 号发布、根据 2018 年 4 月 28 日海关总署令第 238 号、2018 年 5 月 29 日海关总署令第 240 号修改的《供港澳活牛检验检疫管理办法》，1999 年 11 月 24 日国家出入境检验检疫局令第 3 号发布、根据 2018 年 4 月 28 日海关总署令第 238 号、2018 年 5 月 29 日海关总署令第 240 号修改的《供港澳活羊检验检疫管理办法》，2000 年 11 月 14 日国家出入境检验检疫局令第 27 号发布、根据 2018 年 4 月 28 日海关总署令第 238 号、2018 年 5 月 29 日海关总署令第 240 号修改的《供港澳活猪检验检疫管理办法》，2000 年 11 月 14 日国家出入境检验检疫局令第 26 号发布、根据 2018 年 4 月 28 日海关总署令第 238 号、2018 年 5 月 29 日海关总署令第 240 号修改的《供港澳活禽检验检疫管理办法》同时废止。

（二）建立了检疫和安全风险监控机制

1997 年人感染禽流感事件发生后，内地检验检疫部门一直坚持对供港澳活禽实施 H5N1 禽流感批批检测，对口蹄疫、猪瘟等疫病实施疫情定期监控。1998 年香港“猪肺汤”中毒事件发生后，又在全国供港澳活动物中实施了“瘦肉精”等“8+37”（即 8 种禁用药物、37 种限用药物）药物残留监控。近几年，海关总署又引入风险管理理念，建立了供港澳食用动物安全风险监控计划，根据不同动物养殖方式、药残风险程度高低，通过科学分析确定重点监控和一般监控项目，明确监控范围和频率，针对性地对供港澳活动物疫病、药物残留、有害元素残留等实施风险监控。时至今日，供港澳活动物以疫病疫情监测、安全风险监控、出口前重点项目检测三位一体的质量管理机制已基本形成。

（三）形成了协同把关工作机制

一直以来，内地海关密切与有关部门的沟通合作，努力维护供港澳活动物的正常供应和质量安全。一是不断加强与港澳有关部门就供港澳农产品检验检疫和质量安全合作，完善了法律法规、标准、信息等领域的沟通磋商机制，健全了每年一度的“粤港澳深珠五地会议”和联络员制度，加强了两地专家的技术交流和管理人员的对话、互访，开创了两地合作的新局面；二是与内地商务部门建立了良好的合作关系，2006 年双方签署合作备忘录，共同实施“供港澳农产品检贸合作机制”，加强了政策协调、信息通报和突发事件应对方面的合作，沟通联系渠道稳定畅通，协同保供作用更加明显，保证了港澳市场活动物的正常供应；三是进一步加强了与农业、海关、边防、公安、港澳办等部门的合作，在疫情防控、风险预警、打击走私、提高通关效率等方面始终保持密切的协作关系；四是海关内部口岸与产地之间的合作越来越紧密，工作配合越来越默契，系统把关作用越来越有效。

（四）探索应用了电子化管理

随着国家实施“大通关”战略以来，海关总署主动适应形势需要，大胆探索创新，采取了一系列措施优化通关环境，加快通关速度，降低企业成本，大力推进电子监管系统工程。各地海关也在海关总署的统一部署下，在电子化监管方面进行了大胆的尝试。如近年来，相关直属海关先后在供港澳活禽电子监管系统建设、视频监控系统应用研究、供港澳食用动物电子耳标开发应用、RFID 溯源技术系统研究、二维码标识技术应用研究等方面进行了积极的探索研究，并积累了丰富的实践经验。

（五）成功应对了各类突发事件

海关总署通过发布《进出境重大动物疫情应急处置预案》和《进出口农产品和食品质量安全突发事件应急处置预案》，进一步完善突发事件应对机制，进一步提高对复杂局面的应对能力。在供港澳活动物检验检疫方面，过去几年，先后妥善应对了高致病性禽流感、口蹄疫、猪链球菌病、猪甲型 H1N1 流感、“非洲猪瘟”和孔雀石绿等一系列重大动物疫病疫情和食品安全突发事件，避免了负面影响，把外贸的损失降至最小。特别是面对全球爆发的高致病性禽流感，消费者谈鸡色变，内地活禽供港澳受阻的不利情况，面对 2008 年春节期间发生的南方“冰冻灾害”，活动物供港澳出现困难从而引起广泛关注的复杂局面，内地检验检疫部门在处置突发事件方面，始终站在最前沿，积极应对，主动作为，妥善处置，一次又一次化解了危机，保证了港澳市场供应，维护了港澳特区稳定。

二、供港澳食用陆生动物检验检疫管理办法

（一）注册登记

海关对供港澳食用陆生动物饲养场（以下简称“饲养场”）实行注册登记管理。注册登记以饲养场为单位，一场一证，注册登记编号应专场专用。饲养场未经注册登记的，其饲养的食用陆生动物不得供应香港、澳门特别行政区。

注册登记饲养场场址（迁址除外）、经营主体类型、单位名称、法定代表人或者负责人变更的以及因改扩建引起注册登记条件发生变化的，应当在变更后 30 日内向所在地海关申请办理变更手续，并提交相关材料。

注册登记饲养场迁址的，应当向新址所在地海关重新申请办理注册登记手续。海关应当注销原址注册登记，收回原饲养场注册登记证书。

饲养场注册登记有效期 5 年。饲养场注册登记有效期届满需要延续的，应当在有效期届满 30 日前向所在地海关申请办理延续手续。

海关总署统一公布注册登记饲养场名单。

（二）检验检疫

注册登记饲养场应当在供港澳食用陆生动物装运 7 日前向所在地海关报送供港澳计划。供港澳食用陆生动物装运前应当进行隔离检疫。供港澳活牛、活羊、活猪隔离检疫期不少于 7 日，供港澳活禽隔离检疫期不少于 5 日。

注册登记饲养场应当在装运 3 日前向所在地海关申请启运地检验检疫。特殊情况下，经海关同意，可以临时申请启运地检验检疫。

必要时，海关可以对供港澳食用陆生动物采集样品进行检测。

所在地海关对经隔离检疫合格的供港澳食用陆生动物实施装运前检查、监督装载，对运输工具加施封识。

装运前检查包括确认供港澳食用陆生动物来自注册登记的饲养场、核定供港澳食用陆生动物数量、检查供港澳食用陆生动物检疫标志加施情况、确认无任何动物疫病症状和伤残情况、

确认运输工具及装载器具符合动物卫生要求等。

经所在地海关检验检疫合格的供港澳食用陆生动物，由海关总署授权的兽医官签发动物卫生证书。

动物卫生证书自签发之日起生效，有效期不超过 14 日，具体时限要求由海关总署另行制定。

供港澳食用陆生动物运抵出境口岸或者接驳场地时，海关实施离境检验检疫。

海关审核动物检疫标志、货主或者其代理人提交的动物卫生证书等单证，并对动物实施临床检查，符合海关监管要求的供港澳食用陆生动物，准予出境。海关工作人员应当在动物卫生证书上加签实际供港澳食用陆生动物数量、出境日期等信息，签字确认并加盖海关印章。

无符合要求的动物检疫标志、无有效的动物卫生证书或者经临床检查不合格的供港澳食用陆生动物，不准出境。

货主或者其代理人出口供港澳食用陆生动物时应当依法向海关如实申报。

供港澳食用陆生动物需要由香港、澳门的运输工具在出境地接驳出境的，应当在符合海关监管要求的场地进行。

注册登记饲养场、货主或者其代理人应当做好运输工具及装载器具的清洗消毒工作。装运供港澳食用陆生动物的回空运输工具入境时应当清洗干净，并在海关的监督下作防疫消毒处理。

（三）监督管理

注册登记饲养场应当依法开展饲养活动，落实动物防疫制度，如实记录动物饲养情况，保证供港澳食用陆生动物符合国家有关法律法规、强制性标准，具体要求由海关总署另行制定。

注册登记饲养场改扩建的，应当事前向海关报告改扩建计划以及动物防疫措施。

改扩建期间，饲养的供港澳食用陆生动物不得供应香港、澳门特别行政区，但不影响动物防疫条件并经海关同意的除外。

海关对注册登记饲养场实施动物疫病监测、药物残留和其他有毒有害物质监控。

海关可以根据需要采集样品开展监测监控。

海关对注册登记饲养场的饲养管理和动物防疫情况、动物健康状况等进行监督检查。监督检查包括日常监督检查和年度监督检查。

海关根据注册登记饲养场的管理情况和信息化应用水平，对注册登记饲养场实行分类管理。

从事供港澳食用陆生动物饲养、运输、中转、贸易等活动的单位和个人，发现动物染疫或者疑似染疫的，应当立即按要求向海关报告，并迅速采取隔离等控制措施，防止动物疫情扩散。海关按照法律法规以及国家有关规定进行处置。注册登记饲养场应当配合海关或者其他有关部门查明原因，并按照有关规定进行整改。整改结果经海关认可的，方可恢复向香港、澳门特别行政区供应其饲养的动物。

第三节　出境动物产品检疫

现行的出境动物产品检疫监管，包括注册登记、分类管理、安全风险监控及疫病监测、出口申报前监管、口岸查验、合规性核查等，这些制度对进一步提升出口动物产品质量安全水平，增强出口农产品国国际市场竞争力，促进农产品贸易健康发展，以及满足新形势下出境动物产品检疫监管实际需求提供了法制保障。

一、注册登记

（一）非食用动物产品

输入国家或者地区要求中国对向其输出非食用动物产品生产、加工、存放企业（以下简称“出境生产加工企业”）注册登记的、海关总署对出境生产加工企业实行注册登记。

申请注册登记的出境生产加工企业应当符合进境国家或者地区的法律法规有关规定，并遵守下列要求：

一是建立并维持进境国家或者地区有关法律法规规定的注册登记要求；

二是按照建立的兽医卫生防疫制度组织生产；

三是按照建立的合格原料供应商评价制度组织生产；

四是建立并维护企业档案，确保原料、产品可追溯；

五是如实填写《出境非食用动物产品生产、加工、存放注册登记企业监管手册》；

六是符合中国其他法律法规规定的要求。

出境非食用动物产品生产加工企业的注册登记是行政许可行为，除涉及技术性要求外，须按照行政许可法规定的程序和时限办理。

（二）饲用动物产品

海关总署对出口动物源性饲料和饲料添加剂的生产企业实行注册登记制度，出口动物源性饲料和饲料添加剂应当来自注册登记的出口生产企业。

拟生产出口饲用动物产品的企业可向所在地直属海关申请注册登记，注册登记企业名单由海关总署统一公布。

进口国家或者地区要求提供注册登记的出口生产企业名单的、由直属海关审查合格后，上报海关总署，海关总署组织进行抽查评估后，统一向进口国家或地区主管部门推荐并办理有关手续。

（三）动物源性生物材料

出境的动物源性生物材料应来自注册登记的企业。

申请注册登记的企业应满足：生产、加工、存放单位应当具备独立法人资格；企业生产、加工设施的选址和布局符合动物卫生防疫要求，有必要的防疫设施；有完善的工作管理制度、动物卫生防疫制度；有相应的生产、防疫记录等。

二、分类管理

按照《关于在出口动植物及其产品、食品领域全面推行分类管理的指导意见》《出境食用陆生动物检验检疫分类管理实施方案》《出口饲料和饲料添加剂生产企业“一厂一品一案”指导意见》《进出口水产品检验检疫监督管理办法》，对出口动物产品企业实施分类管理。

（一）分类管理理念

传统的检疫监管模式是对企业出口报检的货物实施批批查验，查验合格后才能放行出口。但是，自我国加入 WTO 后，农产品出口量大幅增长，一线检疫人员数量有限，无法满足快速通关和贸易便利化的需求。为适应新形势，海关总署提出以风险管理为核心，通过风险分析，在企业自我风险管理的基础上，构建以生产加工过程中的风险监控为主要手段，特殊情况下（海关总署警示通报、进口国命令检查、特定企业发生出口退货等）实施出口前抽查为辅助措施的检疫监管模式。即在产品分级、企业分类基础上，对不同类别企业的不同风险等级产品实施不同的监管措施（信用管理+企业自检自控+官方监控）。也就是说，这个制度是在按检疫风险大小对非食用动物产品进行分级的基础上，进一步按照生产能力、管理水平、信誉度高低等对生产加工存放企业进行分类，最后用交叉法，确定对某类企业生产某级风险产品的检疫监管力度（监管的次数、频率、范围等）。原则是高风险严密监管，低风险松监管。

（二）风险分级

根据出境动物产品的特性、贸易国别、质量历史状况、安全风险监控结果以及日常检疫要求和实际监管情况等因素基础上，对不同类别的出境动物产品进行风险评估，根据评估结果，一般将产品风险从高到低进行分级。

（三）企业分类

根据企业质量管理制度、风险管理计划建立和运行情况，以及企业遵纪守法、诚实守信、生产管理、出口产品质量记录等开展企业分类评定工作，将企业分为不同类别。

（四）监管分层

监管分层是在企业对出口产品实施质量控制、海关实施安全卫生疫病控制的基础上，按照产品风险和企业分类情况，海关对企业出口产品在查验比例、定期监管次数、合格评定方式上等采取区别化监管措施，从而增强检疫监管针对性、科学性，提高检疫监管的工作质量和效率；节约检疫监管资源、降低运营企业成本。

出口动物产品分类管理在实际工作中，也有较好的效果：

一是解决外贸形势新常态与原有监管模式之间的矛盾；

二是贯彻落实中央全面深化改革、转变政府职能要求；

三是与国际规则接轨，提升农产品国际竞争力；

四是体现企业作为产品质量第一责任人，实现自我管控。

三、安全风险监控和疫病监测

海关总署制定食用农产品及饲料、食品、化妆品安全风险监控/国门生物安全监测计划，对出口食用农产品及饲料、食品、中药材和化妆品开展安全风险监控/监测，直属海关根据计划负责组织实施。风险监控/监测计划通过风险作业系统统一下达指令。风险监控/监测结果应及时录入动植物检疫信息资源共享服务平台、进出口食品化妆品抽样检验和风险监测不合格信息管理系统。

输入国家（地区）或双边议定书有疫情疫病监测要求的，各级海关及时通报地方农业、畜牧、渔业、林草部门，协助制定监测计划，由相关部门实施监测并提供数据。总署对重要疫情疫病制定监测计划的，各级海关按要求开展监测工作。

四、出口申报前监管

按照海关总署《出口申报前监管实施方案》的部署要求，按照优化流程、整合职能、简化手续、促进便利的原则，通过出口检疫作业与通关作业的有机衔接与融合，有效缩短通关流程、压缩通关时间。

一是将原出口货物的报检、检验检疫、签证等作业转化为出口申报前监管，并形成电子底账。

二是将出口货物检疫的申报要素纳入报关申报内容，报关时可调用电子底账数据，企业无须二次录入。

三是将出口货物的口岸查验纳入通关作业流程，实现一次查验、一次放行。

五、检疫查验

受理申报后，产地海关按照下列规定实施现场检疫：

一是核对货证：核对单证与货物的名称、数（重）量、生产日期、批号、包装、唛头、出境生产企业名称或者注册登记号等是否相符。

二是抽样：根据相应标准、输入国家或者地区的要求进行抽样，出具《抽/采样凭证》。对需要进行实验室检疫的产品，按照相关规定，抽样送实验室检测。

三是感官检查：包装、容器是否完好，外观、色泽、组织状态、黏度、气味、异物、异色及其他相关项目。

出境口岸海关按照相关规定查验，重点核查货证是否相符。查验不合格的，不予放行。产地海关与出境口岸海关应当及时交流信息。在检疫过程中发现重大安全卫生问题的，应当采取相应措施，并及时上报海关总署。

六、不合格处置

出境动物产品经检验检疫合格的，海关出具检疫证书。检疫不合格的，经有效方法处理并重新检疫合格的，可以按照规定出具相关单证，准予出境；无有效方法处理或者虽经处理重新检疫仍不合格的，不予出境，并出具《出境货物不合格通知单》。

七、合规性核查

目前，出境非食用动物产品和出口饲料和饲料添加剂注册登记生产、加工、存放企业纳入了“多查合一”事项。

（一）非食用动物产品

海关对辖区内注册登记的出境非食用动物产品企业实施日常监督管理，内容包括：兽医卫生防疫制度的执行情况；自检自控体系运行，包括原辅料、成品自检自控情况、生产加工过程控制、原料及成品出入库及生产、加工的记录等；涉及安全卫生的其他有关内容；《出境非食用动物产品生产、加工、存放注册登记企业监管手册》填写情况。

取得注册登记的出境生产加工企业应当遵守下列规定：有效运行自检自控体系；按照输入国家或者地区的标准或者合同要求生产出境产品；按照海关认可的兽医卫生防疫制度开展卫生防疫工作；企业档案维护，包括出入库、生产加工、防疫消毒、废弃物检疫处理等记录，记录档案至少保留 2 年；如实填写《出境非食用动物产品生产、加工、存放注册登记企业监管手册》。

（二）饲用动物产品

海关对出境饲用动物产品企业实施核查，内容包括：核查厂区环境卫生情况、质量控制体系的运行情况、防疫制度执行情况、质量安全自检自控情况、监管手册记录情况。

思政案例

多年来，每天都有大批来自内地的鲜活农产品经海关监管后输往港澳，丰富着港澳居民的“菜篮子”。拱北海关力促供港澳鲜活农产品安全稳定供应，2023年该关共检疫监管供港澳食用水生动物、水果、蔬菜等鲜活农产品19.4万吨。

2023年11月，拱北海关与澳门市政署签署《关于建立供澳食用水生动物“检疫前推，合作监管”模式合作备忘录》，对供澳食用水生动物创新实施“检疫前推，合作监管”模式，通过开展珠澳两地食用水生动物监管要求融合、监管资源整合和监管程序再造，订立一个标准，源头一同监管，实施一次查验，将供澳食用水生动物的检疫监管由口岸前推至产地，大幅压缩口岸查验时间，进一步提升粤澳两地农产品市场互联互通水平。这项举措预计每年能够为约6000吨供澳食用水生动物提供通关便利，占内地总供应量的75%。此外，该关深化鲜活农产品“绿色通道”机制，在属地和口岸均实现24h预约申报和查验，实现即报即审、随到随检，推广属地查检系统“云签发”模式，快速办理出口检疫证单。

课程思政育人目标

通过学习拱北海关所实施的一系列便利检疫及通关措施，充分理解祖国为促进港澳繁荣发展的举措，坚定“大陆和港澳台”同为一家人的信念。

思考题

1. 出境动物及动物产品检疫主要制度有哪些？
2. 简述供港澳食用陆生动物检疫管理的主要办法。
3. 出境动物安全风险监控的主要内容和作用是什么？

CHAPTER 7

第七章 进境植物及植物产品检疫

学习目的与要求

1. 掌握进境植物及植物产品检疫主要制度。
2. 掌握进境植物及植物产品检疫依据及入境条件。
3. 了解装载容器和包装物检疫监管要点。

第一节 概述

外来有害生物随植物、植物产品和其他检疫物的传播给人类留下了不少的历史教训。

1845年发生在爱尔兰的马铃薯晚疫病大流行，就是突出的一例。马铃薯原产于南美洲，由于品质优良，十分适合人们食用。19世纪30年代，它被大量引进到欧洲和北美，并很快成为人们的主食。特别是在爱尔兰，马铃薯更是大量种植，几乎成为当地唯一的粮食作物。晚疫病病原也发生在南美洲，它可以在马铃薯块茎上过冬，一遇上适宜气候，马上就生成大量的菌丝体，造成马铃薯腐烂，同时生成孢子再次侵染。引种初期，尽管晚疫病造成马铃薯几度减产，但由于人们对发病原因一无所知，也就归于天命，虽也撒些草木灰加以防治，但终不能解决问题。1845年，在爱尔兰，从马铃薯出苗后就遇上了连雨天，正是适合晚疫病菌繁殖的气候条件，马铃薯的叶子全长上了一层白霜，没等到收获，马铃薯就全部枯死了。当年爱尔兰人由于缺少其他粮食，超百万人因饥饿而死。欧洲其他国家当年也是晚疫病重发年，但由于没造成绝产，并且对马铃薯的依赖不如爱尔兰人大，状况稍好。

棉红铃虫也曾造成另一个大悲剧。它是世界六大害虫之一，最先于19世纪末在印度被发现。它通过棉花贸易于1903年和1913年先后传入埃及和墨西哥，1917年由墨西哥传入美国。1911—1935年，许多国家从埃及引种长绒棉种子，使得棉红铃虫迅速扩散和蔓延。到1940年，该害虫已侵入到全世界79个种棉国家中的71个，其中包括我国。棉红铃虫普遍造成棉花减产1/5~1/4，中美洲一些国家减产更达1/3~1/2。埃及棉花产量由原来的每公顷570kg，1916年已降到390kg，在1904—1920年，年平均损失棉花一半以上；同时因品质下降造成价格下跌的损失，更无法计算。

甘薯是人们喜欢种植的作物，既可作粮食食用，又可作工业原料，原产于美洲。甘薯黑斑病在亚洲首先经引种传到日本。日本育成的“冲绳一号”薯种，是一个易感甘薯黑斑病的薯种。日本在侵华战争期间，把这个品种向我国东北地区推广，并随着日军向我国华北等地的侵占，甘薯黑斑病也随之向全国扩散，造成大面积减产。新中国建立后，政府对甘薯黑斑病的防治十分重视，曾将其列为全国十大病害之一，通过逐渐改换其他品种，疫情有所减轻，但至今仍无法根除。该病在20世纪60年代，全国估计每年损失鲜薯仍在500万吨以上。甘薯黑斑病菌不但造成减产，还能刺激甘薯产生对人畜有毒的物质，人畜食后引起中毒，严重时中毒死亡，从而造成更大损失。

一些有毒杂草如毒麦、假高粱、豚草、阿米草、曼陀罗在超量的情况下，也会造成严重的人畜中毒后果。

外来有害生物给我国造成巨大损失。专家估计，我国20世纪70年代发生在林业上的检疫性有害生物有美国白蛾、松材线虫和松突圆蚧等，其损失远远超过了大兴安岭1987年发生的森林火灾；我国为控制其扩展蔓延，每年投放大量资金。与此同时，为防治外来有害生物而大量使用农药，可能引起的环境污染以及对有益昆虫——害虫天敌的伤害会形成恶性循环。按照自然界的规律，动植物（包括昆虫、微生物等所有生物种类）在一定的地理范围内保持生态平衡，但一旦有外来有害生物种类被人为地传到新的地理区域，特别是对于现代化的农场，那里集中种植数量巨大的植物群体，由于新的寄主作物缺乏抗性，加之当地又没有外来有害生物的天敌，其结果会形成毁灭性的疫情流行灾害。据环保部门评估，我国每年由于外来有害生物造成的损失超过1000亿元。

为避免和防范外来有害生物传入危害，只有采取强制性的法律手段即检疫措施来实现。据资料记载，法国里昂地区在1660年首先制定了铲除小檗并禁止其传入以防止小麦秆锈病的法令，这是最早的植物检疫相关法令。法国基于引种美国葡萄枝条导致葡萄根瘤蚜蔓延，使大面积的葡萄园被毁的惨痛事实，于1872年颁布了禁止从国外输入葡萄枝条的法令。1873年俄国加以仿效。到了19世纪末和20世纪初，运用法律手段来保护本国农牧业生产，使其免受外来有害生物的危害，已为众多国家所采用和接受。

农产品的生产安全成为世界各个国家密切关注的问题。植物检疫作为预防性植物保护措施已被世界各国政府所重视和运用，并将植物检疫作为世界农产品贸易中不可缺少的必要手段。《实施卫生与植物卫生措施协定》（SPS）明确要求所有参加国的动植物检疫部门保证其动植物检疫从技术到执法管理要符合国际标准，处理的措施开放透明；不应该妨碍贸易，搞非关税壁垒。一个国家在入境检疫方面的法制管理及技术水平，反映其经济技术的水平，也反映其国家的政治地位。

第二节 进境植物及植物产品检疫范围

对通过贸易、科技合作、赠送、援助、交换、携带、邮寄等各种方式入境的植物、植物产品和其他检疫物都应实施植物检疫。

一、植物检疫范围

“植物”是指栽培植物、野生植物及其种子、种苗及其他繁殖材料等，包括所有栽培、野生的可供繁殖的植物全株或者部分，如植株、苗木（含试管苗）、果实、种子、砧木、接穗、插条、叶片、芽体、块茎、球茎、鳞茎、花粉、细胞培养材料等。为了避免和广义的植物检疫混淆，通常将这部分检疫物统称为种子、苗木（以下简称“种苗”）。判断入境物属“植物”还是“植物产品”的范畴，一是根据用途，例如玉米籽粒，生产加工使用的以植物产品对待，种用的以种子对待；二是根据形态，例如观赏植物，虽然没有繁殖的目的，但以活体入境并在之后的使用过程中，仍以活体植物的形态存在，所以归在“植物”的范畴内。

种苗是重要生产资料，也是有害生物远距离传播的主要途径之一。与植物产品相比，它传播有害生物的种类多、数量大、概率高。因为种苗本来就是有害生物的自然传播载体，有完善的传播机制，人为传播只不过延长了传播距离。而且种苗入境后大部分直接进入田间，便于有害生物侵染下一代植物并蔓延。种苗传播和其他传播方式，例如气流传播、昆虫介体传播和土壤传播等相互配合，危险性更大。据测定，某些种传细菌、霜霉菌和锈菌的种子带菌率低至0.001%，就足以在一个生长季节内酿成病害流行。因此，种苗的检疫具有特殊的重要性，有些国家规定种苗传带特定病原物的允许量为“0”。

因世界性的种苗资源交流和引进，使得原来局限于一定地区的某些检疫性有害生物得以随同引种而扩展传播的教训，无论是国内还是国外都曾有过不少先例。例如，我国20世纪60年代大批引进罗马尼亚双杂交玉米种子，由于直接用于大田生产从而引起玉米小斑病在华北地区严重危害，有的地区甚至绝产。

种苗传带有害生物的优势和造成巨大的潜在危险，使其理所当然地成为检疫工作的重点，对其检疫和监管要比植物产品严格得多。表现在：入境前需要检疫审批，控制入境种苗种类、数量、产地等；要求必须有输出国官方出具的植物检疫证书，有的还需要随附附加声明；需要在指定口岸入境等；检疫严格，除现场检疫和实验室检疫外，大多还要进行期限不一的隔离检疫；检疫处理严格，种苗上有害生物允许阈值低，同一种有害生物出现在种苗上，处理措施要比出现在植物产品上严格得多。

二、植物产品检疫范围

植物产品是指来源于植物未经加工或者虽经加工但仍有可能传播有害生物的产品。

植物产品包括：粮谷类（含粮食加工品）、豆类（含各种豆粉）、木材类（含各种木制品、垫木、木箱）、竹藤柳草类、饲料类、棉花类、麻类（含麻的加工品）、油籽类、烟草类、茶叶和其他饮料原料类、糖和制糖原料类、水果类、干果类、蔬菜类（含速冻、盐渍蔬菜和食用菌）、干菜类、植物性调料类、药材类等。

三、其他检疫物

其他检疫物包括植物性有机肥料、栽培介质、植物性废弃物、土壤和其他可能传带植物有害生物的检疫物。

对易滋生植物害虫或者混藏杂草种子的动物产品如动物皮、毛、骨、粉，装载植物、植物产品和其他检疫物的装载容器、包装物、铺垫材料，来自动植物疫区的运输工具，进境拆解的废旧船舶，有关法律、行政法规、国际条约规定或者贸易合同约定应当实施植物检疫的其他货物、物品，也应实施植物检疫。

第三节　进境植物及植物产品检疫依据及入境条件

一、检疫依据

出入境检验检疫机关依据下列内容实施入境植物检疫：

(1) 我国法律法规、标准规定的要求；

(2) 我国政府与一些国家政府间签订的植物检疫和植物保护双边协定、协议、备忘录等规定的要求；

(3)《进境动植物检疫许可证》《检疫审批单》等所列要求；

(4) 贸易合同中订明的检疫要求。

二、入境条件

（一）植物入境条件

(1) 提供输出国官方出具的《植物检疫书》和农林业主管部门签发的入境种苗《检疫审批单》；

(2) 不带有我国规定的植物检疫性有害生物；

(3) 不带有有关协定、协议、备忘录或贸易合同中规定的有害生物；

(4) 不带有土壤等禁止进境物。

（二）植物产品入境条件

(1) 提供输出国官方出具的《植物检疫书》，一些产品需提供《进境动植物检疫许可证》；

(2) 不带有我国规定的植物检疫性有害生物；

(3) 不带有有关协定、协议、备忘录或贸易合同中规定的有害生物；

(4) 不带有土壤等禁止进境物。

第四节　进境植物检疫基本制度

一、检疫准入制度

我国对首次输华的农产品包括植物及其产品实施检疫准入制度。只有准入的农产品才能输华。检疫准入的程序包括：

(1) 输出国官方检疫主管部门根据贸易需求，向海关总署（以下简称“中方”）提出书面申请，并说明拟出口具体农产品的名称、种类、用途、进口商信息、出口商信息。

(2) 中方根据申请，向输出国提交一份涉及进行该种农产品进口风险分析资料的调查问卷，请输出国答复。

（3）在收到输出国就调查问卷的答复后，中方组织有关专家进行风险分析；在风险分析过程中，如需要，中方将请输出国再补充有关资料；在对以上资料评估的基础上，中方将考虑是否派出专家组赴输出国进行实地考察。

（4）在风险分析工作完成后，中方将考虑是否提出从该国进口该种农产品的检疫议定书草案或入境检验检疫卫生要求，双方就此进行协商。

（5）在双方就议定书或入境检验检疫卫生要求达成一致意见后，按照议定书或卫生要求的规定开展该种农产品的贸易。

二、检疫审批制度

我国规定植物种子、种苗及其他繁殖材料和一些植物产品在进境前必须获得检疫审批。未经检疫审批的货物不允许入境。检疫审批分为一般审批和特许审批。

三、产地检疫或境外预检制度

产地检疫或境外预检是指由输入国国家植物保护机构对输出国进行的检查。检查内容包括：生产制度、检疫处理、查验程序、植物检疫管理、认可程序、检测程序和有害生物监测。经过产地检疫或境外预检的货物，入境时常常只需履行最简化的手续。

我国目前实施产地检疫或境外预检的植物及产品有水果、粮食、饲料、烟叶、种苗等。

四、指定入境口岸制度

指定入境口岸是国际植物保护公约（IPPC）认可、可以采取的植物检疫措施。但是设定方应提供限制的理由，并且选择的口岸不妨碍国际贸易。指定入境口岸主要是为了能对这些植物及植物产品进行安全彻底的检查。并非所有入境口岸都适合作为植物与植物产品的入境口岸。一般入境口岸需要具备必需资源以进行植物与植物产品检查以及管理有害生物，包括存放样品及标本的存储室、实验室、对受感染材料等进行销毁或消毒的车辆等。在资源、财力或物力有限的情况下，指定有限数量的入境口岸能够使国家主管部门集中有限的可利用资源，从而更好地执行检查任务。

我国目前对进境水果、种苗、粮食等实施了指定口岸制度。指定口岸须具备专业人员、实验室检测条件和能力、口岸设施设备条件以及检疫防疫相关制度等，并经考核批准公布。

五、符合性核查制度

进境时的符合性核查有三项基本内容，即文件核查、货物完整性核查、植物检疫查验和检测。核查的目的是确定它们是否符合植物检疫法规的规定；核查植物检疫措施在防止检疫性有害生物和限定的非检疫性有害生物传入方面是否有效；发现潜在检疫性有害生物或未预计会随该商品一起传入的检疫性有害生物。符合性核查应尽可能与涉及进境管理的其他机构如海关合作实施，以尽量减少对贸易往来的干扰和对易腐烂产品的影响。

符合性核查包括查验、抽样、实验室检测等。

六、隔离检疫制度

隔离检疫是一种在隔离的环境条件下，对入境后的货物实施的检疫；是利用具有阻止有害生物移动特性的天然屏障，防止有害生物污染或再次感染的风险管理措施。隔离检疫圃是实施入境后检疫的一个重要环节。

隔离检疫圃的一般要求包括：应考虑植物生物学、检疫性有害生物的生物学和可能携带检疫性有害生物的任何媒介的生物学，尤其是其传播和蔓延方式。检疫隔离中成功扣押植物货物，需要防止任何相关检疫性有害生物逃逸，并防止隔离检疫圃以外地区的生物进入圃内或将检疫性有害生物传播到圃外。

隔离检疫圃的具体要求包括：检疫圃可由一个或几个大田、网室、玻璃温室、实验室等设施构成。检疫圃所用设施应根据输入的植物种类及其可能带入的检疫性有害生物决定。国家植物保护机构在确定检疫圃的要求时应考虑所有相关事项如地点、物理和操作要求、废物处理设施、有无对检疫性有害生物进行检测、诊断和处理的适当系统，确保通过检查和审核维持适当程度的隔离。

我国规定，进境植物种子、种苗及其繁殖材料需根据其传带检疫性有害生物的高中低风险，在国家隔离检疫圃、专业隔离检疫圃和地方隔离检疫圃中进行隔离检疫。经隔离检疫的种苗，未被发现检疫性有害生物的才能从检疫圃放行；如被发现检疫性有害生物，则应加以处理或去除有害生物，或销毁。销毁方式包括化学销毁、焚化、高压蒸汽销毁等。

七、监测调查制度

监测是国际植物检疫的一项具体操作措施，是国家官方植物保护组织的一项法定职责；也是一种有效的预防机制。IPPC 鼓励政府对有害生物定期进行监测。通过监测获得的信息可用于确定某一区域、寄主或商品中是否具有、分布或不存在有害生物。

监测制度主要有两大类，即一般性监测和特定调查。一般性监测是从存在的许多来源中收集与一个地区有关的特定有害生物的信息，并提供给国家植物保护机构使用的过程。特定调查是在一定时期内，国家植物保护机构为获取一个地区的特定地点有关的有害生物信息而采取的行动，包括有害生物调查、商品或寄主调查、针对性抽样和随机抽样三类内容。

对有害生物的具体监测调查，可以提供有害生物发生的可靠信息。通过对监测和其他信息的追溯，可以发现有害生物的暴发情况。

我国每年会制定外来有害生物监测计划，对检疫性实蝇、有害杂草、舞毒蛾、苹果蠹蛾、马铃薯甲虫、斑翅果蝇、林木害虫、油菜茎基溃疡病菌、向日葵黑茎病菌等进行监测。

八、违规处理及通报制度

紧急行动是国际植物检疫的操作原则，是指在遇到新的或未预料的植物检疫情况时，迅速采取的植物检疫行动。紧急措施的执行应当是临时性的，应尽快通过 PRA 或其他类似审查来评价是否继续采取这些措施，从而确保有技术理由继续采取这些措施。

需采取紧急行动的违规情况包括：未遵守植物检疫要求；被检出检疫性有害生物；文件不符合要求，包括没有植物检疫证书、无法核实植物检疫证书上的修改和涂抹、植物检疫证书信息严重缺失、假冒植物检疫证书；禁止货物；货物中含有禁止物品（如土壤）；无按规定进行处理的证据；多次发生旅客携带或邮寄少量非商业性禁止物品。

采取何种行动因情况而异，应当是与所识别的风险相称的、所需采取的最小行动。行政失误，如植物检疫证书不完整，可以通过与输出国国家植物保护机构联络予以解决；对于其他违规情况，可以采取扣留、处理、销毁、转运等行动。

进口国在入境货物中发现明显违反植物检疫要求的事件，要尽快向输出国通报违规情况和对入境货物采取的紧急行动，不论货物是否需要植物检疫证书。通报应说明违规的性质，使输出国可以进行调查并做出必要的纠正。进口国可要求输出国报告这类调查的结果。通报的目的只应是促进国际合作，预防限定性有害生物的输入和扩散，帮助调查违规原因，防止违规事件再次发生。

通报的信息应包括通报编号、日期、进口国和输出国国家植物保护机构的名称、货物名称和首次行动日期、采取行动的理由、关于违规和紧急行动性质的信息和采取的植物检疫措施。

第五节　进境植物产品检疫

一、检疫准入

检疫准入制度是指海关根据中国法律法规，及国内外植物疫情疫病和安全卫生风险评估结果，结合对拟向中国出口农产品的国家（地区）的官方监管体系的有效性评估，做出是否准许某个国家和地区某类产品进入中国市场检疫要求的制度。如某一国家（地区）官方植物检疫部门向中国提出解禁申请或首次向中国输出某种高风险植物产品和其他检疫物（如水果、粮食、烟草等）时，需要启动检疫准入程序。检疫准入制度是 WTO/SPS 的重要措施，通常包括问卷调查、风险评估、体系考核、确定要求等内容。

海关总署通过向拟对华出口国家官方主管部门发放调查问卷的方式，详细了解拟输出国植物检疫法律法规体系、质量安全管理体系、有害生物和疫病监测体系建立及运行状况。根据调查问卷答卷，对输出国官方监管体系有效性进行评估，评估过程中可要求出口国或地区提供补充信息。在风险评估的基础上，如有必要，将组织专家赴输出国对官方监管体系进行考核，验证其监管体系运行的有效性。在风险评估、体系考核的基础上，海关总署与输出国家（地区）官方主管部门就植物产品检疫卫生条件和要求进行协商，并通过签署检疫议定书的方式对相关条件和要求予以确认。检疫议定书是开展进境植物检疫工作的重要依据。

二、注册登记

注册登记是指对境外植物产品的种植、养殖以及生产、加工、存放单位的资质、防疫条件、质量管理体系进行考核确认，并实施监督管理的一项准入制度。其目的是督促输出国官方和出口商切实履行义务，建立健全质量安全和疫情疫病防控体系，从源头上消除质量安全和疫情疫病风险。根据《中华人民共和国进出境动植物检疫法实施条例》第十七条规定，“国家对向中国输出植物产品的国外生产、加工和存放单位实行注册登记制度”，进境植物及其产品必须来自注册登记的境外生产企业。境外生产企业应当符合输出国家（地区）法律法规和标准的相关要求，并达到与中国有关法律法规和标准的等效要求，经输出国家（地区）主管部门审查合格后向海关总署推荐。海关总署对输出国官方提交的推荐材料进行审查，审查合格的，经输出国家（地区）主管部门协商后，结合官方监管体系考核，对生产加工企业进行注册检查。对抽查符合要求的及未被抽查的其他推荐企业，予以注册登记，并在海关总署官方网站公布。对检查不符合要求的企业，不予注册登记，并将原因向输出国家（地区）主管部门通报。登记有效期届满的注册企业，须进行延期注册。

三、境外预检

境外预检是指根据双边植物检疫议定书、备忘录等的要求，结合进境植物及其产品检疫工作需要，派出检疫官员到输出植物及其产品的国家（地区）配合实施输出前的检疫工作。它是进境植物检疫工作中一项非常重要的措施和手段，使得监管职责得到有效延伸。

境外预检一般在双边议定书中明确。目前，实施境外预检的植物产品范围，如烟叶等。

为做好境外预检工作，事先应与输出国家（地区）官方主管部门联系，商订预检计划，了解输出国家（地区），尤其是输出植物及其产品所在地和农场的植物疫情，参与农场检疫或产品抽查检验，掌握实验室检测情况等；对预检过程中发现的问题，应按照检疫议定书的规定及时与输出国家（地区）有关方面协商解决，最后确认出口检疫证书内容，以全面反映议定书规定要求。

境外预检应始终注重维护双边议定书的严肃性、权威性。出现重要情况，如输出国家（地区）政府动植物检疫机构对双边议定书有不同解释，影响正常执行；输出国家（地区）不能完全按照检疫议定书执行，需要更改、补充或者取消检疫议定书内容；输出国家（地区）发生重大植物疫情疫病；对检疫结果的判定有分歧，不能取得一致意见等，应及时向海关总署动植司请示。

四、检疫审批

检疫审批是指对准备输入中国境内的植物及其产品进行审查，最终决定是否批准其进境的过程，并通过签发许可证的形式明确检疫要求。依照《中华人民共和国行政许可法》《中华人民共和国进出境动植物检疫法》及其实施条例有关规定，根据风险分析结果，对部分风险较高的拟输华植物及其产品实施检疫审批制度。进口商应在签订贸易合同前办理检疫许可证，以便出口商了解中国官方要求并执行，因此，检疫审批也是一种预防性的检疫控制措施。国家质量监督检验检疫总局 2002 年第 2 号公告，明确了检疫审批的范围，其中包括部分植物及其产品（如果蔬类、烟草类、粮谷类等）。围绕简政放权的要求，海关总署和原国家质量监督检验检疫总局陆续简化或取消了部分产品的审批，并部分下放检疫审批权限。如海关总署 2018 年第 51 号公告取消部分产品进境植物检疫审批。

办理检疫审批包括申请、审查、批准、变更及终止等环节。并满足一定条件：

一是输出国家或者地区无重大动植物疫情；

二是符合中国有关动植物检疫法律、法规、规章的规定；

三是符合中国与输出国家或者地区签订的有关双边检疫协定（含检疫议定书、备忘录等）。

五、指定监管场地

海关指定监管场地是指符合海关监管作业场所（场地）的设置规范，满足植物疫病疫情防控需要，指定对进境高风险植物及其产品实施查验、检验、检疫的特定监管场地。进境植物产品相关的主要是进境粮食指定监管场地、进境水果指定监管场地、进境原木指定监管场地等。

（一）通用建设要求

对通用指定监管场地而言，建设条件一般都包括两方面内容。

一是场地建设。具体要求如：场所封闭；卡口设置；仓库或场地设施配置及标识设置；查验场地设置和设备、人员配备；根据海关监管需要，大型集装箱/车辆检查设备、辐射探测设备等所需的场地和设施。航空运输类场所的非侵入式检查设备、自动传输分拣设备配置；暂不予放行货物的仓库或者场地；地面平整、硬化、无病媒生物滋生地，场地及周围环境的鼠类防控；设置检疫处理区和食品、动植物及其产品专门区域；提供技术用房及配套设施和具备网络通信、取暖降温、休息卫生等条件的海关备勤、办公场所；信息化管理系统；建立符合海关网络安全要求的机房或机柜，并且建立满足海关对运输工具登临检查、货物查验、场所（场地）巡查等工作要求的无线网络。

二是监控摄像头设置。具体安装位置如：泊位（水路类）、指定检疫廊桥/指定检疫机位（航空类）；堆场、仓库/筒仓（储存散装物料的仓库）、暂不予放行货物仓库/场地、装卸场地（公路类、航空类）；卡口、围网（墙）；船员专用通道（水路类）；施解封区域（航空类除外）、检疫处理区、超期货物存放区；登轮/登临检疫处理及检查区（航空类除外）、核生化处置区、先期机检作业区、人工检查作业区；消毒区（航空类）、喷洒消毒区（铁路类）；技术用房。同时，视频监控存储录像至少保留 3 个月。

（二）特殊建设要求

1. 进境粮食指定监管场地

（1）场地建设　周围 1km 范围内没有相应的寄主作物种植区；作业区与生活区距离大于 50m；接卸、运输、储存、验、处理等区域布局合理；接卸码头（场地）、仓库地面无裸露土壤；具备进境粮食固定的靠泊接卸区域，日接卸能力达到标准要求；具备与粮食进口量相适应的进境粮食专用仓库等储存、换装或堆放场所；码头（场地）仓库清洁、专用、无污染，配备防鼠、防虫、防鸟、防潮等设施，建设符合国家粮食储藏标准；接卸区域设置有接卸人员更衣消毒室，接卸车辆消毒池、消毒垫以及车体清洁设施；配置装卸粮食的密闭、防撒漏运输工具和撒漏物清理存放的设施设备。如过档防漏布、吸尘车等；具有专用的下脚料存放场所、密闭运输车辆和无害化处理设施；具备开展疫情监测、防除的设施设备，配有常用的杀虫、除草、消毒药剂、器械，并专库保存。

（2）监管场地防疫管理　防疫管理制度已纳入运营企业质量安全管理体系，并有效运行；防疫管理制度包括接卸、储存、发运、加工、下脚料收集与处理等，并建立相应的记录台账；建立突发事件应急处置预案；建立疫情监测防控制度、制订年度疫情监测防除计划；指定监管场地兼营其他产品接卸业务的，采取有效措施防止粮食受污染和疫情交叉感染并建立相应制度；成立以运营单位负责人为组长的防疫领导小组，配备 2 名以上经海关部门认可的防疫人员。发现异常情况，及时报主管海关部门；遵守海关法律法规，与海关签订防疫责任书。

（3）海关监管能力建设　具备集装箱装运粮食专用查验平台，配备开箱、掏箱和落地查验必需的机械设备和防撒漏设施；监管场地办公用房、查验场所符合《国家对外开放口岸检验检疫设施建设管理规定》，设有更衣室、工具室、样品间等；监管场地查验现场检疫工具配置满足需要，配备熏蒸残留浓度检测仪、安全防护设施设备；主管海关配备与日常进口业务量相适应的粮食检疫专业人员，至少具有植物检疫查验专家岗位资质人员 3 人，高级植物检疫签证官 1 人，粮食检验人员 1 人，熟悉进境粮食检疫相关法规、文件和标准，掌握进境粮食现场检疫操作规程。

（4）实验室检测能力　主管海关具备有害生物（病害、昆虫、杂草）和品质检验实验室，实验室各功能区有效分割、布局合理；主管海关实验室配备至少3名植物检疫鉴定技术人员（至少病、虫、草各1名）和1名品质检验人员，均具有2年以上工作经验；主管海关实验室具备与粮食相关的杂草、真菌、细菌、病毒、昆虫、线虫等有害生物检疫鉴定能力和品质检验能力；主管海关实验室开检的项目与进境粮食种类相适用；直属海关实验室具备粮食安全卫生及转基因检测实验室。

2. 进境水果指定监管场地专用查验区

（1）监管场地建设　监管场地建设需满足以下要求。

一是整体规划与布局。要求区域分布合理/物流通畅；监管场地周边5km范围内没有果园；具有一定面积且符合进境水果现场监管需要的场地，区域布局合理，进出物流畅通；配置集装箱起装卸设备和专用电源插座（空港除外）；可同时停靠3辆以上的集装箱卡车，并能进行叉车掏箱作业（空港除外）；配备防止有害生物逃逸的设施，以确保开箱查验环境相对封闭。

二是查验平台。要求建有查验室，配置必要的水果检疫工具及器材；建有植物检疫鉴定室，配置必要的有害生物鉴定仪器设备，有能力开展日常有害生物的初步检疫鉴定工作；建有集中收集破果、烂果的密闭设施设备，可对破果、烂果进行杀虫等防疫处理；配置必要的检疫处理药剂及器械，药械存放库要远离生活、办公区域；配置能满足水果监管作业需要的掏箱装卸设备。

三是监管冷库。要求有独立的满足海关进境水果监管作业需要的监管冷库，库容与进口量相匹配；冷库的调温能力应能满足不同水果储存温度要求；冷库内安装温湿度传感器，库外设有温湿度监控系统，能实现温湿度数据计算机自动记录、存储，可随时打印历史记录，并有温湿度异常状况报警装置。

（2）监管场地防疫管理　要求具备监管场地（包括查验场地、冷库等）管理制度；水果溯源管理制度包括接卸、暂存、发运等环节，并建立相应的记录台账；查验、存放等环节的防疫制度；重大疫情报告及应急处置制度；破果、烂果处理制度；不合格木包装处理制度；建立疫情监测防控制度，制订年度疫情监测防除计划；有至少1名熟悉海关法律法规和海关进境水果监管要求的业务主管，负责监管场地的协调和管理工作；配备满足海关进境水果监管业务需求的协助人员。

（3）检疫处理设施　如查验现场具有专用的冷处理设施，能使果实中心温度最低达到和维持在-1℃，配备足够数量的果温探针，读数应在-3～3℃，精确到±0.15℃，至少每小时记录一次温度；具有集成的温度记录设备，能够打印输出识别每个探针、时间和温度并注明记录仪的结果。或者辖区内具有经海关认可的熏蒸库，库容不小于70m^3，有良好的密封效果；配置可实时记录库内温度的温控、监测系统，适合水果熏蒸的气体循环系统，可实时记录库内熏蒸剂浓度的检测系统，自动投药系统，测量精度不低于0.004g/m^3的熏蒸药剂安全浓度监测报警装置。或者辖区内具有经海关认可的、具有资质的销毁处理单位，或者在查验场地范围内配套建有水果销毁设施，符合环保、消防等部门的建设要求，其处理能力应满足日常的海关进境水果监管业务需要。

（4）海关监管能力　主管海关配备与进境水果业务量相适应的现场植检专业人员，至少具有植物检疫专家查验岗位资质人员3人，高级植物检疫签证官1人，熟悉进境水果检疫相关法规、文件和标准，具备一定的初筛鉴定能力及相应资质，掌握进境水果现场检疫操作规程；对重点监控不合格的产品后续开展连续扣检；在监管场地周边按照外来有害生物监测指南开展外来有害生物监测。

（5）实验室检测能力　辖区内建有植检实验室，应满足可开展进境水果相关有害生物的检疫鉴定工作；辖区内植检实验室配备昆虫、病害等检疫鉴定专业人员至少 3 名；辖区内建有理化实验室，通过 CNAS 认可，认可范围应涵盖对有机磷、有机氯、拟除虫菊酯和氨基甲酸酯类农药大类及重金属项目的检测；辖区内理化实验室配置理化项目检测专职人员至少 3 名；直属海关技术中心具备转基因检测实验室。

3. 进境原木指定监管场地

（1）功能区划分及设施配备　与生活区保持安全距离，至少 1000m 以上；周围 1000m 以内无成片树林，尤其是无适宜林木有害生物定殖的寄主植物；区域布局合理，堆存及查验、原木检疫处理、下脚料存放处理等区域划分清晰，并有醒目区域标志及场地管理、防疫管理制度标牌；有用于原木进出指定监管场地的专用通道；原木堆存及查验场地平整、硬化、无积水；堆存及查验场地面积与原木进口量相适应；检疫处理场地面积与原木进口量相适应；对进境原木实施熏蒸处理的，须配备熏蒸处理场地，且场地硬化、无肉眼可见缝隙，并配备符合要求的帐幕、防风网、升温设施、循环设施、浓度检测设备等；配备树皮、残渣等下脚料处理设施设备，处理能力与进口量相适应；采取熏蒸处理的，须配备升温、循环、回收装置等；采取热处理的，须配备升温、循环、检测装置等；与符合资质要求的进境原木检疫处理单位建立委托关系；检疫处理单位配备与原木处理量相适应的熏蒸处理、热处理或者其他检疫处理方式的设施设备；配备供海关查验人员使用的办公用房、实验用房，保障日常办公和初筛鉴定工作需要；配备原木装卸设备，如木材抓手、装卸车辆等，集装箱、汽车、火车装运的配备开箱、掏箱和落地查验必需的机械设备；建立原木指定监管场地台账，记录原木装卸、堆存、处理、发运和树皮下脚料收集处理情况；配备林木有害生物监测设备，并对原木指定监管场地实施监测。

（2）检疫处理设施情况（从事 A 类原木业务的须满足）　原木年加工、处理能力达到 100 万 m^3 或以上；熏蒸处理设施采用固定设计，单个熏蒸密闭空间不大于 1500m^3，并至少设置 2 个熏蒸药剂浓度检测点；熏蒸库配备加温设备，保证整个处理过程原木表皮下 5cm 内温度不低于 5℃；熏蒸库具备投药、汽化、循环、检测、回收、排放等功能，且各项功能应实现自动操作与控制。

（3）海关监管能力　监管场地所在地海关配备植物检疫专家查验岗位资质的人员 3 人以上和相应具备鉴定资质人员，满足进境原木查验需求；现场查验工具配置满足需要，配备必要的浓度检测、安全防护设备等。

（4）实验室检测能力　主管海关建立林木害虫检疫实验室并配备病害、线虫、昆虫检测设施设备；主管海关配备专职实验室检测人员，具备开展常规林木有害生物检疫鉴定能力；所在地直属海关具备林木病害检测能力和林木害虫复核鉴定能力。

六、口岸检疫

（一）申报和审核

货主或其代理人应当在货物进出境前或进出境时，按照单一窗口报关规范向海关申请办理报关手续，向出入境口岸海关机构提供出入境货物报关单、《进境动植物检疫许可证》（适用于水果、粮食等总署规定需要审批的植物及植物产品）、输出国家（地区）官方植物检疫证书等单证资料。

口岸海关机构应审核入境货物申报信息与输出国家（地区）官方植物检疫证书、原产地证书内容是否一致并对证书的真实性和有效性进行审核，必要时需进行验证。对其是否符合我国入境的一些特殊要求进行审核。如为防止在欧洲发生严重危害的白蜡树枯梢病传入我国，我国禁止进口来自欧洲部分国家的白蜡树属原木；为了加强入境水果的疫情防控，采用指定监管场地制度；用集装箱运输进境的水果，植检证书上应注明集装箱号等。

一般来讲，重点项目的审核包括单证种类、检疫准入情况、检疫证书及附加声明、进境口岸、贸易商信息等。

1. 单证种类

可分为贸易类单证、专业类单证、特殊类单证三类。贸易类单证，如贸易合同、发票、提单、装箱单等；专业类单证，如植物检疫证书、熏蒸证书、进境动植物检疫许可证、农业转基因生物安全证书、《国（境）外引进农业种苗审批单》或《引进林木种子、苗木检疫审批单》、允许进出口证明书、原产地证书、卫生证书、品质证书、重量证书、检验证书等；特殊类单证，如进口美国小麦应提交美国动植物检疫局（APHIS）出具的小麦印度腥黑穗病菌（TIM）非疫区证明、联邦谷物检验局（FGIS）出具的小麦腥黑穗病菌（TCK）检验证书；有冷处理要求的进境水果应提供输出国或地区官方检疫官员签字盖章的果温探针校正记录；有热处理要求的需提供热处理温度记录等。

2. 检疫准入情况

进境产品种类和来源国家（地区）是否已获得检疫准入，境外生产、加工、存放企业是否在海关总署已公布的注册登记企业名单内，境内生产、加工、存放企业是否为指定企业。我国允许进口的新鲜水果来自五大洲47个国家（地区），允许进口的冷冻水果包括草莓、柠檬、无花果、香蕉等16个品种，允许进口的粮食包括大豆、油菜籽、小麦、玉米、高粱等11个品种，允许进口的植物源性饲料包括豆粕、菜籽粕等18种粕渣麸糠类以及苜蓿草、燕麦草等4种饲草类（上述数据更新至2020年5月）。要关注动态调整情况，例如2019年1月30日海关总署发布的《关于加强进口澳大利亚樱桃检疫的警示通报》暂停了注册号为HBA 14001—03的果园樱桃进口；又比如2019年3月5日海关总署发布的《关于加强进口加拿大油菜籽检疫的警示通报》撤销了加拿大Richardson International Limited及其相关企业的注册登记，暂停其油菜籽进口。要注意动态适时调整，令行禁令，并确保全国一致性。

3. 检疫证书及附加声明

是否符合双边议定书、部门规章、规范性文件等的规定。

（1）原木　进境原木带有树皮的，应当在植物检疫证书中注明除害处理方法、使用药剂、剂量、处理时间和温度；不带树皮的应在植物检疫证书中注明。

（2）水果　双边议定通常明确附加声明的要求，包括证书评语、注明集装箱和封识号、注明冷处理的温度、持续时间及处理设施名称或编号等特定信息。比如《关于巴拿马鲜食菠萝输华植物检疫要求的议定书》规定，植物检疫证书应注明集装箱和封识号，并在附加声明中注明“该批货物符合《巴拿马鲜食菠萝输华植物检疫要求的议定书》的规定，不携带中方关注的检疫性有害生物”。再比如《阿根廷鲜食樱桃输华植物检疫要求的议定书》规定，植物检疫证书应填写以下附加声明：“该批樱桃符合《阿根廷鲜食樱桃输华植物检疫要求的议定书》，不带中方关注的检疫性有害生物”。对实施出口前冷处理的，应在植物检疫证书上注明冷处理的温度、持续时间及处理设施名称或编号等；对实施运输途中冷处理的，应在植物检疫证书上注明冷处理的温度、处理时间、集装箱号码及封识号码等。

（3）粮食　与进口水果议定书相似，包括证书评语、产区、特殊声明等。比如根据《哈萨克斯坦玉米输往中国植物检疫要求议定书》规定，植物检疫证书应注明玉米产区，并在附加声明中注明“该批货物符合《哈萨克斯坦玉米输往中国植物检疫要求议定书》列明的要求，不带检疫性有害生物”。再比如进口加拿大油菜籽，加拿大食品检验署（Canadian Food Inspection Agency，CFIA）出具的植物检疫证书必须标引检验证书、品质分析文件，后二者文件中应标出该批出口油菜籽终端仓库和杂质检测值。在出口商出具的声明或 CFIA 出具的植物检疫证书上应注明“已采取措施最大程度降低杂质含量”。

4. 进境口岸

入境口岸应与植物检疫证书注明的口岸一致，与《进境动植物检疫许可证》上注明的口岸一致，与双边议定书指定的口岸一致，并符合指定监管场地的要求。比如根据《哈萨克斯坦大豆输华植物检疫要求议定书》的规定，哈萨克斯坦大豆应从中国阿拉山口、巴图克等粮食指定口岸入境。

5. 贸易商信息

许可证申请人、收货人、合同对外签约方应当一致，进境指定企业应当与许可证注明的企业一致。

（二）查验准备

查验人员接受查验指令后，根据报关信息和证书内容了解货物名称、数量、输出国家或输入国家、运输方式等基本情况，根据货物类别、常规生产加工工艺、运输方式和原产国初步判断其风险等级，并按照检疫依据制定查验方案。相关依据包括：政府及政府主管部门间双边植物检疫议定书、备忘录规定的检疫要求；中国法律、行政法规和海关总署规定的检疫要求；输入国家（地区）检疫要求和强制性检验要求；贸易合同或信用证订明的其他检疫要求等。

根据制定的查验方案，确定查验时间、地点、人员，并依照国家检疫规定及输出国家（地区）疫情发生情况，准备现场检疫工具，如放大镜、毛刷、镊子、剪刀、铲子、取样器、样品筛、指形管、样品袋、白瓷盘、白塑料布、强光手电筒、手锯、斧头等。对在输出国实施熏蒸处理或熏蒸概率较高的货物应携带熏蒸气体残留检测仪并佩戴个人防护用具。同时，明确现场查验、实验室检测重点以及抽采样计划等。

依据双边议定书、检疫许可证、警示通报以及历史截获数据等确定重点关注的有害生物，对风险布控有明确规定的按规定执行。比如，2019 年 1 月 8 日海关总署发布的《关于加强进口澳大利亚南澳州水果检疫的警示通报》，要求重点检查是否带有实蝇幼虫，如发现疑似活体实蝇类幼虫，须及时取样送检。实验室检测期间货物不得放行。2019 年 3 月 5 日海关总署发布的《关于加强马铃薯斑纹片病菌检疫的警示通报》，要求对来自马铃薯斑纹片病菌疫区国家（地区）以及日本、韩国的马铃薯种薯和胡萝卜、芹菜、香菜等种子批开展马铃薯斑纹片病菌针对性检测，检测未完成前货物不得放行。

对申报为转基因产品的，应重点对转基因安全证书以外的转基因品系实施监控；对申报为非转基因产品的，对常见启动子、终止子和外源基因实施监控。目前已商品化的转基因植物主要有大豆、玉米、油菜籽、苜蓿、棉花等 28 种。根据转入的目的基因不同，每种植物又可能形成不同的转基因品系。以大豆为例，大约有 32 个转基因品系，中国已批准的品系只有 10 个。

对进境粮食、水果、饲料，按照风险监控计划以及相关国家标准确定安全卫生检测项目。如 GB 19641—2015《食品安全国家标准　食用植物油料》、GB 2715—2016《食品安全国家标准　粮食》、GB 2760—2024《食品安全国家标准　食品添加剂使用标准》、GB 2762—2022《食品安全国家标准　食品中污染物限量》、GB 2763—2021《食品安全国家标准　食品中农药最大残留限量》、GB 31607—2021《食品安全国家标准　散装即食食品中致病菌限量》、GB 29921—2021《食品安全国家标准　预包装食品中致病菌限量》、GB 13078—2017《饲料卫生标准》等。

（三）查验实施

现场查验工作应实施双人查验，至少配备 1 名具备植物检疫现场查验岗位资质的人员，查验人员应佩戴移动查验单兵作业终端、音视频执法记录仪和查验工具；现场查验应在符合海关监管要求的场地中开展，雨雪天气不适宜在露天开展现场查验工作；现场查验开展，通过肉眼判定，以及手持放大镜、分样筛等便携工具对植物及其产品、包装器材、运载工具、堆存场所和垫铺物料等是否带有或混有检疫性病害、害虫和杂草进行现场快速初检和取样；发现有害生物并有扩散可能性的应及时对该货物、运输工具和装卸现场采取必要的措施，并将有害生物送初筛鉴定室或实验室做进一步鉴定。

1. 核查货证

在核查货物种类、数量等信息与申报是否一致的基础上，应根据双边议定部门规章、规范性文件等的要求进行重点核查。

（1）水果　核查包装信息、冷处理信息等。比如根据《巴拿马鲜食菠萝输华植物检疫要求的议定书》的规定，每个包装箱应用英文标注产品名称、产地、果园和包装厂的名称或注册号、出口商的名称等信息；每个托盘货物需用中文标出“输往中华人民共和国”字样；如未采用托盘，则每个包装箱上应用中文标出“输往中华人民共和国”字样。又比如根据《阿根廷鲜食樱桃输华植物检疫要求的议定书》，处理指标应为：1. 11℃或以下，持续 16 天；1. 67℃或以下，持续 17 天；2. 22℃或以下，持续 21 天。

（2）粮食　对船运散装粮食，核查承运方或代理是否书面申报随航熏蒸处理情况，是否已对船舱内熏蒸气体进行充分通风散气，清除货舱内的熏蒸药剂及其残留物。

2. 查验重点

在做好安全防护（包括熏蒸残留气体检测），严格遵守布控指令和操作指南的基础上，加强针对性查验。

（1）原木　检查木材上是否携带空洞、蛀孔、虫粪、虫道、蚁迹道、蓝变、腐朽、病变等有害生物为害症状，是否携带树皮，是否带新鲜树枝、树叶等；检查集装箱以及大轮甲板、舱壁、角落等部位是否携带各类昆虫、杂草、植物病残体、土壤、动物尸体、动物排泄物及其他禁止进境物等。

（2）粮食　包括表层检查和过筛检查，检查有无水湿结块、发霉变质、发热酸败、异味等情况；有无鼠类、鸟类等动物及尸体、动物排泄物等情况；有无活虫、土块、疑似种衣剂粮食、杂草籽/有毒杂草籽、其他粮食籽粒、植物茎秆及残体、菌瘿、疑似病粒等。

（3）水果　包括箱体检查、外观检查、剖果检查。箱体检查，检查箱体内外有无虫体、霉菌、杂草、土壤、枝叶及其他污染物。外观检查，重点检查果柄、果蒂、果脐及其他凹陷部位，有无实蝇类、鳞翅目昆虫虫体（卵、幼虫、蛹及成虫）及其为害状，如虫孔、褐腐斑点、斑块、水渍状斑、边缘呈褐色的圆孔，手持果实有无海绵状感觉；有无其他害虫如介壳虫、蓟马、蚜虫、瘿蚊、螨类等以及虫孔、变色、凹陷、突起、流胶等为害状；有无霉变、腐烂、畸形、变色、斑点、波纹等病害症状。剖果检查，检查果实内有无昆虫虫卵、幼虫及其为害状、有无霉变等症状。

（四）取样、送样

按随机和代表性原则多点抽样检查，查验发现可疑疫情的，适当增加抽查件数。可参照SN/T 2122—2015《进出境植物及植物产品检疫抽样方法》、SN/T 1815—2006《进出境竹制品检疫规程》、SN/T 1078—2010《进出境藤柳草制品检疫规程》、SN/T 2500—2010《进出口木制品、家具检验规程抽样与制样》等取样标准抽取样品。

对截获的有害生物、疑似感染有害生物的植物产品应取样带回初筛鉴定室或实验室进行鉴定，对有害生物典型危害状可留存供参考。

对查验指令要求取样送检及现场取样需实验室送检的抽取样品，现场需按规定开具抽采样凭证、加施样品标识，由货物查验人员进行样品登记后送具备相关鉴定资质的实验室进行鉴定。

（五）合格评定及不合格处置

根据现场查验、实验室检测鉴定结果等进行合格评定，对不合格情形作出相应处置。

原则上，检疫中发现检疫性有害生物、检疫许可证或有关文件列明的有害生物，有有效检疫处理方法的，监督作检疫处理；无有效检疫处理方法的，作退运或销毁处理。安全监控发现不符合国家标准，无法改变用途或无有效技术处理方法的，作退运或销毁处理。转基因监控不合格的，作退运或销毁处理。此外，对双边议定书等有具体规定的，按议定书规定执行。以《阿根廷鲜食樱桃输华植物检疫要求的议定书》为例：

（1）发现来自未经注册的果园或包装厂，则该批樱桃不准入境。

（2）对出口前实施冷处理的货物，如冷处理被认定无效，则该批货物作退回、销毁或到岸冷处理（如确认为冷藏集装箱，仍可在本集装箱内进行）。

（3）发现中方关注的检疫性有害生物活体，该批货物作退回、销毁或检疫除害处理。

（4）发现其他检疫性有害生物，该批货物作退回、销毁或检疫除害处理。根据现场查验进行结果判定出证与检疫处理的不同情形有如下几种：

一是经检疫，符合我国有关强制标准要求且未发现植物检疫性有害生物、禁止进境物、政府及政府主管部门间双边植物检疫备忘录和议定书中订明的有害生物及其他有检疫意义的有害生物的，依申请出具《入境货物检验检疫证明》，准予进境。

二是经检疫，发现进境植物检疫性有害生物、禁止进境物、政府及政府主管部门间双边植物检疫备忘录和议定书中订明的有害生物、其他有检疫意义的有害生物，有有效除害处理方法的，向申请人出具《检疫处理通知书》，由申请人委托有资质的检疫处理单位对该批货物进行检疫处理。处理合格后，口岸海关凭检疫处理单位出具的《处理结果单》依申请出具《入境货物检验检疫证明》，准予进境。

三是无有效除害处理方法的或检验不符合我国强制性标准要求或合同信用证条款约定的，向申请人出具《检疫处理通知书》，作销毁或退运处理，口岸或货物收货人所在地海关对销毁或退运过程进行监督，处理结束后依申请出具《植物检疫证书》。若检验项目不符合合同约定或国家强制性标准的，由货物所在地海关出具《检验证书》，供货主对外索赔。

七、指定加工监管

指定加工监管是指根据产品风险等级水平，对风险较高的进境植物产品，如对进境粮食、植物源性饲料等植物及其产品的生产、加工、存放企业实行备案管理。指定生产加工存放场所需具备良好的质量安全管理体系和疫情防控管理能力，并经海关总署或直属海关按照相关程序考核合格后，方可生产、加工和存放进境动植物及其产品。

对一些可以利用生产加工工艺消除疫情疫病风险的农产品，通过指定加工生产单位，既可以有效弥补现有检疫处理技术无法达到消除疫情疫病风险的目的，也可以有效降低贸易成本。这类植物产品主要包括粮食、麦麸等，相关的后续处置作业由现场后续处置部门实施。后续处置完成后，作业人员应及时录入《海关进出境货物查验后续处置记录单》。

指定加工监管内容包括加工企业监管和货物监管这两个方面。下面以粮食为例进行详细介绍。

（一）加工企业监管

加工企业监管是指进境粮食应在具备防疫、处理等条件的指定场所加工使用，未经加工不得直接销售使用。具体来讲，进境粮食指定加工企业的考核条件包括环境、装卸场地、仓储、生产加工、下脚料及包装材料处理、视频监控、运输条件以及管理制度要求等各方面内容。

（1）环境条件　企业生产加工环境整洁；厂区相对隔离；厂区以及接卸港口 1km 范围内没有种植与进境粮食种类相同的粮食作物等。

（2）装卸场地　装卸场所相对封闭独立，周边地面平整，硬化，无裸露土壤，面积不少于 $50m^2$，有防雨水设施；卸货口附近有高度不低于 2.5m、长度不短于 10m 的实体围墙（或具有同等防疫效果的遮挡物）。

（3）仓储条件　符合防疫、防鼠要求；有出入库记录；有除害处理常用药剂及器械或设施。饲用粮食仓容不低于 5000t。

（4）生产加工条件　饲用粮日、年加工能力分别不低于 200t、6 万 t。每次申请量应与其仓储及生产能力相适应，且不低于 1000t；进境粮食加工工艺流程应具备粉碎或者蒸热等工艺，确保破碎粮籽及其携带的杂草种子，最终加工产品不得带有完整籽粒；确保杂草种子达到灭活效果。

（5）下脚料及包装材料处理　加工企业厂区内应有下脚料及包装材料专用存放库或场地、无害化处理设施。如无无害化处理设施的，应与具备处理条件的企业签订委托处理协议。

（6）视频监控　接卸场地、加工企业的装卸、下脚料收集和处理等关键环节应安装视频监控设施。

（7）运输要求　企业应当选用密闭性能良好的粮食运输工具（包括船、车），鼓励使用粮食专用船、专用车，并采取有效的防撒漏措施。

（8）管理制度　企业应制定针对进境粮食接卸、储存、运输、加工、下脚料收集与处理、疫情监测、应急处置、防疫管理领导小组等防疫管理制度及措施，并纳入企业质量安全管理体系；管理制度及措施应上墙，或放置在明显位置；加工企业与接卸、运输企业应签订防疫责任书，督促落实接卸、运输过程的防疫措施；企业应确保上述制度措施有效运行，并有相关记录。

上述要求是除油菜籽外的进口粮食加工企业考核条件。油菜籽则按照海关总署《进口油菜籽加工储运检验检疫技术条件》执行。

各地海关负责辖区内进境粮食加工储存企业的评审核准工作，油菜籽加工企业资质初审由直属海关负责，经海关总署考核批准。海关对照考核条件，对进境粮食加工、储存企业的申请材料、工艺流程等进行评审，核定存放、加工粮食种类、能力，并填写考核记录表。

进境粮食加工、储存企业名单由海关总署对外公布。

（二）货物监管

货物监管是指进境粮食的装卸、调运、运输、储存、加工及下脚料等处置全过程应符合防疫管理要求。未经海关允许，企业不得擅自调运、加工、使用，禁止挪作种用。

（1）装卸过程监管　货主或其代理人在卸货前，须提供包含卸货时间、储存仓库、运输单位、发运时间等内容的卸货计划，海关在表层检疫合格后，出具《进口粮食准卸通知单》，装卸单位凭此安排卸货。

（2）调运过程监管　进口粮食检疫工作完成后，方可办理调运手续。加工企业在进境口岸辖区内的，进境口岸海关直接办理调运手续；加工企业在进境口岸辖区外的，出具《进口粮食调运联系单》办理调运手续。

（3）运输过程监管　货主或其代理人，应与进口粮食运输企业签订书面运输合同，明确进口粮食防疫安全职责，确保各项措施的落实。进口粮食运输工具应清洁、无污染，并采取防止粮食撒漏、丢失的有效措施。

（4）储存过程监管　加工储存企业应建立进口粮食出入库台账，做好储存粮食质量安全管理、疫情防控工作并做好记录。

（5）加工过程监管　加工单位应对进口粮食的加工、库存数量等进行实时记录，并建立进口粮食加工台账。

（6）下脚料监管　进口粮食装卸、储存，加工企业应指派专人进行下脚料的清扫和收集，集中存放在指定场所，并建立进口粮食下脚料收集、处理台账。下脚料处理方案应报海关审核通过后，方可实施。下脚料处理能力应与加工储存能力相适应。

八、安全风险监控

安全风险监控是指抽取反映进境植物及其产品风险因素及其变化规律的样品，系统和持续地收集监测数据及相关信息，全面评价进出口农产品安全水平和变化趋势。风险因子主要包括农兽药残留、重金属、真菌毒素、致病微生物、有毒杂草种子以及转基因项目等。植物产品实施安全风险监控的范围包括进出口粮食、水果、饲料及饲料添加剂。

具体方法包括一般监控、重点监控、指令检查。一般监控是指为监测某一产品的安全风险背景情况，对相关标准列明的风险因子按照一定的频率抽样检测，为制定重点监控物质奠定基础。重点监控是指对经风险评估显示存在较高风险的因子，在进出口检疫过程中予以重点关注，直至批批检测。指令检查是指为防范突发风险，对已确定存在风险的物质采取加严监控措施，通常是批批检测。

海关总署制定《进出口食用农产品和饲料安全风险监控指南》，并发布年度监控计划。指南明确了监控目的、监控范围、基本原则、不合格处置原则等重大事项，计划则明确监控频率、项目、判定依据、不合格处置等要求。

九、合规性核查监管

对涉及注册、备案企业监管的进境植物产品，由海关稽查部门实施合规性核查监管，对境内生产、加工、存放企业实施日常监管、定期考核等制度。涉及产品种类包括进境粮食、饲草、麦麸、栽培介质等。

监管内容主要包括企业注册登记/备案条件是否持续保持，企业建立的质量管理体系、安全防疫体系是否有效运行，以及抽查验证相关产品是否符合相关安全卫生标准等。

海关对生产、加工、存放企业的监管实施“双随机”抽查。日常监管主要是根据企业规模、进出口批次和管理情况确定日常监管频次，原则上一年不得少于2次，可结合进出口植物产品检疫实施。实施日常监管应填写进出口植物产品加工企业日常监管记录。年度审核则是隶属海关根据企业注册登记/备案条件，结合其进出口植物产品出入库、加工使用等情况实施并填写审核记录，直属海关视情况进行抽查。

海关对检查发现的问题应根据相应情况，采取限期整改、加强监管、降低企业类别、约谈公示、依法追究相应责任等方式处置，并及时跟进不合格项问题的整改。

生产、加工、存放企业法定代表人、厂检员发生变化的，应当向所在地隶属或直属海关报告并办理变更手续。企业注册登记证书有效期届满、生产种类发生变化或其他有较大变更情况的，应当提前向所在地隶属或直属海关报告并申请换证审核。企业生产加工工艺发生重大变化；改建、扩建、迁至；停产一年以上；以及有其他重大变更情况的，应当及时向所在地隶属或直属海关报告并重新申请资质。

海关发现生产、加工、存放企业出现以下情况的，取消资质：一是对发现的问题在限期内不能整改完成；二是生产条件发生重大变化，不具备生产合格产品；三是隐瞒或瞒报质量安全问题；四是拒不接受海关监督管理；五是变卖或出借注册登记证书；六是伪造和变更注册登记证书；七是企业自行提出注销申请；八是其他不符合检疫要求的情况。

十、疫情监测

《中华人民共和国生物安全法》

根据《中华人民共和国生物安全法》和《中华人民共和国进出境动植物检疫法》及其实施条例，海关总署每年组织编制国门生物安全监测方案，植检部分包括境外植物疫情信息监测、口岸截获植物疫情监测、非贸渠道植物疫情及外来物种监测、外来有害生物监测等“四大模块”，并制定监测指南和计划。

境外植物疫情信息监测是跟踪境外植物疫情发生动态，及时对境外突发植物疫情开展风险评估、发布风险预警和采取预防措施的重要手段。监测渠道包括IPPC门户网站、各区域植物保护组织网站、各国家和地区的植物保护或植物检疫官方网站、新闻媒体，以及国际上重要的植物保护、昆虫分类、植物病理等专业学术期刊。

口岸截获植物疫情监测是根据口岸植物疫情截获情况，及时开展风险评估、发布风险预警和调整口岸检疫措施的重要手段。监测对象包括动植物检疫过程中截获的所有植物有害生物，具体种类包括但不限于昆虫、杂草、真菌、细菌、病毒、植原、线虫、软体动物等。

非贸渠道植物疫情和外来物种监测是防止疫情和外来物种传入，及时了解国外疫情发展情况及制定应对措施的重要手段。适用于进境快件、邮件、旅客携带物、跨境电商渠道针对植物疫情及外来物种开展的监测工作。监测对象包括《中华人民共和国禁止携带、邮寄进境的动植物及其产品名录》所列禁止进境的植物及植物产品等。

外来有害生物监测能够及时发现植物疫情和外来入侵物种在入境口岸发生的情况，是第一时间根除疫情、防范有害生物传入的重要手段。同时，根据输入国家或地区要求开展有害生物监测，为我国特色农产品顺利出口提供技术支持。各直属海关要根据国际植物检疫措施标准第6号（ISPM6）在入境口岸内开展外来有害生物和外来物种的监测工作。监测内容包括寄主植物分布情况、有害生物发生情况等。具体来讲，包括专项监测和广谱监测这两种方法，均为环境监测，与进出境植物及产品检疫没有直接关系。前者是针对特定种类疫情疫病的监测，如检疫性实蝇、舞毒蛾、马铃薯甲虫、油菜茎基溃疡病菌、梨火疫病菌、马铃薯斑纹片病菌等；后者是指在一定时间和区域内开展疫情调查，以便及时掌握并扑灭可能传入的外来疫情疫病，如林木害虫、外来杂草监测等。

第六节　装载容器和包装物检疫

根据《中华人民共和国进出境动植物检疫法》及其实施条例，应实施装载容器和包装物检疫的包括动植物性包装物、铺垫材料，以及装载动植物、动植物产品和其他检疫物的装载容器、包装物、铺垫材料。它们通常来源于未进行深加工的动植物材料，极易藏匿、传带有害生物作远距离传播和扩散，同时由于装载容器和包装物与被包装的动植物及其产品长时间密切接触，往往容易与被包装的动植物及其产品可能携带的有害生物交叉感染，从而成为传播有害生物的重要载体。此外还值得注意的是，装载动物或动物产品的装载容器、包装物和铺垫材料进境时，须作消毒处理；其他检疫物包装破损或者被病虫害污染时，须作除害处理。木包装是最重要的一类装载容器和包装物，是相关检疫工作的重要组成部分。

一、木质包装检疫

木质包装在国际贸易中被广泛运用，同时木质包装容易携带有害生物进行传播，相关案例引起了各国政府的高度关注。因此，木质包装检疫被作为最重要的一类装载容器和包装物检疫项目，形成了独有的一套检疫管理模式。2002 年 3 月，IPPC 制定了国际植物检疫措施标准第15 号（ISPM15）《国际贸易中木质包装材料管理准则》，建议所有国家和地区采取统一的木质包装除害处理措施，并加施统一的 IPPC 标识。该国际标准发布以来，我国及加拿大、美国、韩国、新西兰等国家已相继依据其内容和要求修订进出境木质包装检疫相关法规。

（一）木质包装的概念及检疫重要性

木质包装是指用于承载、包装、铺垫、支撑、加固货物的木质材料；如木板箱、木条箱、木托盘、木框、木桶、木轴、木楔、垫木、枕木、衬木等，不包括经人工合成的材料或经加热加压等深度加工的包装用木质材料，如胶合板、纤维板等，薄板旋切芯、锯屑、木丝、刨花等以及厚度等于或小于 6mm 的木质材料。据不完全统计，近年来约有 70% 的集装箱装运的货物使用木质包装。

随着运输方式和装卸机械的更新，木质包装的使用率越来越高，来源越来越复杂，其携带的有害生物随同货物贸易从一个国家（地区）传到另一个国家（地区）的风险也越来越大。我国以及美、日、韩、欧盟等国家和地区均从进境木质包装中截获过大量有害生物。鉴于木质包装检疫问题引起世界上许多国家和地区的高度关注，相互之间采取了严格的植物检疫措施，这些措施有效降低了有害生物随木质包装进行传播和扩散的风险。

（二）进境木质包装检疫监管要点

1. 总体要求

进境货物使用的木质包装，应当按照 ISPM15 的要求实施检疫处理，并加施 IPPC 专用标识。货主或者其代理人进境时应当向海关申报，海关按照以下情况处理。

（1）对已加施 IPPC 专用标识的木质包装，按规定抽查检疫，未发现活的有害生物的，立即予以放行；发现活的有害生物的，监督货主或者其代理人对木质包装进行除害处理。对未加施 IPPC 专用标识的木质包装，监督对木质包装进行除害处理或者销毁处理。

（2）对申报时不能确定木质包装是否加施 IPPC 专用标识的，海关按规定抽查检疫。经抽查确认木质包装加施了 IPPC 专用标识，且未发现活的有害生物的，予以放行；发现活的有害生物的，监督货主或者其代理人对木质包装进行除害处理；经抽查发现木质包装未加施 IPPC 专用标识的，监督对木质包装进行除害处理或者销毁处理。

（3）未按规定向海关申报、未经海关同意擅自将木质包装卸离运输工具或者运递、申报与实际不符等情况，海关依据相关规定予以行政处罚。

2. 现场查验要求

（1）核对提单号、产地、唛头、包装物类型、数量等是否与申报内容一致。

（2）进行标识查验。首先，要求所有木质包装均应加施标识，重点关注撑木、垫木等不规则木质包装以及规格多样、来源复杂的木质包装。其次，标识应内容完整、清晰易辨、非红色或橙色、标识框内无其他附加信息（如 DB、企业商标等）。最后，标识应永久且不能移动，加施于显著位置。

（3）对携带树皮情况进行检查，重点关注木箱、木框等内侧带树皮情况。如有树皮，其宽度应小于 3cm，或宽度大于 3cm 但总表面积不大于 $50cm^2$。

（4）针对木包装是否携带有害生物实施查验：①在全面检查的同时，应重点关注霉变、无标识及撑木、垫木和承载较大仪器设备等的木质包装；②对发现虫孔、虫道、虫粪、蛀屑等有害生物危害迹象及树皮的，应重点关注是否携带天牛、白蚁、树蜂、吉丁虫、象虫、蠹虫等昆虫；目测未发现的，可通过敲击、剖料等方式检查；③对含水率较高、木材截面呈现辐射状蓝变或其他病害症状的，应取样送实验室进行线虫、病害检查；④现场查验中发现危害严重有害生物或重大疫情的，应拍照或录像留存；⑤对于没有发现昆虫、病害症状的木质包装，应根据以往的疫情截获、来源地区等情况进行综合评估，必要时应抽取样品送实验室检疫。

（三）出境木质包装检疫监管要点

1. 总体要求

（1）出境货物木质包装应由具有标识加施资质的企业按照规定的检疫处理方法实施检疫处理，并加施 IPPC 标识。

（2）海关对标识加施资质实行行政许可制度。标识加施资质由出境货物木质包装处理企业向所在地海关提出申请，并由直属海关考核合格后颁发资格证书，并接受所在地海关的监管。

（3）未获得标识加施资格的木质包装使用企业，可以从海关公布的标识加施企业购买木质包装，并要求标识加施企业提供出境货物木质包装除害处理合格凭证。

（4）木质包装出口前，所在地隶属海关或出境口岸隶属海关对其实施抽查检疫。

2. 检疫监管要点

海关根据《出境货物木质包装检疫处理管理办法》对出境木质包装在生产、处理及使用阶段分别实施检疫监管，具体要求如下。

（1）出境木质包装生产阶段的检疫处理监管

①木质包装标识加施企业应在检疫处理前向所在地隶属海关申报木质包装处理计划。

②海关根据标识加施企业生产管理及信用情况实施现场抽查。核对木质包装种类、数量、生产批号是否与申报情况一致；检查待处理木质包装是否携带昆虫、树皮、严重霉变等。

③海关对木质包装的除害处理过程和加施标识情况实施监督管理。除害处理结束后，标识加施企业应当出具处理结果报告单。经海关认定除害处理合格的，标识加施企业按照规定加施标识。

④再利用、再加工或者经修理的木质包装应当重新验证并重新加施标识，确保木质包装材料的所有组成部分均得到处理。

⑤标识加施企业对加施标识的木质包装应当单独存放，采取必要的防疫措施防止有害生物再次侵染，建立木质包装销售、使用记录，并按照海关的要求核销。

（2）出境货物木质包装使用阶段的抽查检疫　木质包装使用企业在货物出境前向报关所在地隶属海关申报木质包装的种类、数量、拟输往国家（地区）等信息，各隶属海关对出境货物进行查验时，一并对货物使用的木质包装进行抽查。抽查检疫的主要内容包括：①核对木质包装种类、数量与申报情况是否一致，木质包装除害处理合格凭证是否有效；②检查待处理木质包装是否携带昆虫、树皮、严重霉变等；③检查木质包装上的 IPPC 标识加施是否清晰规范；④发现携带有害生物或标识加施不规范的木质包装不予放行。

二、木质包装的检疫处理

木质包装的检疫处理是指通过特定的技术方法对木质包装进行的预防性除害处理，通过检疫处理有效控制木质包装传带有害生物的风险。根据《国际贸易中木质包装材料管理准则》，所有在国际贸易中流通使用的木质包装均应按规定的检疫除害处理方法进行处理，并加施专用标识。我国采纳了 ISPM15，分别于 2005 年 3 月 1 日和 2006 年 1 月 1 日出台了《出境货物木质包装检疫处理管理办法》和《进境货物木质包装检疫监督管理办法》，要求所有进出境的木质包装均需实施检疫处理。ISPM15 经多次修订，目前认可的处理方式包括热处理（HT）、介电热处理（DH）、溴甲烷熏蒸处理（MB）、硫酰氟熏蒸处理（SF）。

（一）木质包装除害处理方式

1. 热处理（HT）

木质包装的热处理是指利用木材干燥学的原理，通过热空气或热蒸汽在一段时间内使木材内部达到一定温度，并使木材含水率降低到一定程度，以杀灭木材内部或表面携带的各种害虫和真菌的方式。

对木质包装进行热处理通常将需要处理的木质包装置于建筑结构（如砖混凝土结构或钢筋混凝土结构）或金属结构的干燥室内，人工控制和调节干燥介质（空气、过热蒸汽等）的温度、湿度和气流循环速度，利用对流等传热传湿的作用，对木材进行热处理和干燥的方法。目前国际标准对木质包装进行有效热处理的技术指标是需保证木材中心温度达到56℃，并保持30min以上；另外化学加压渗透处理、窑干处理或其他热处理方法，只要达到热处理技术指标要求，可视同为热处理。

2. 溴甲烷熏蒸处理（MB）

溴甲烷熏蒸处理是目前木质包装检疫处理中应用最为广泛的一种化学处理方法。溴甲烷熏蒸处理具有很多突出的优点，如杀虫灭菌彻底，操作简单，不需要很多特殊的设备，能在大多数场所实施，而且不会对木质包装造成损伤。要求熏蒸温度不低于10℃，熏蒸时间不少于24h。

3. 介电热处理（DH）

介电热处理是指将需要处理的木质包装置于高频电场内，利用高频射场的交变作用将木料加热，使水分蒸发，从而使木质包装干燥的处理方法。

4. 硫酰氟熏蒸处理（SF）

硫酰氟熏蒸处理是指以硫酰氟为熏蒸剂在密闭的空间里将木质包装处理一定时间，将有害生物进行有效杀灭的技术方法。硫酰氟熏蒸处理要求熏蒸温度不低于20℃，熏蒸时间为48h或24h；最小横截面超过20cm或含水率大于75%的木质包装不得使用硫酰氟熏蒸处理。

（二）木质包装IPPC标识编码规则及加施要求

经检疫处理合格的木质包装，须加施符合ISPM15的专用标识。

1. IPPC标识样式及编码规则

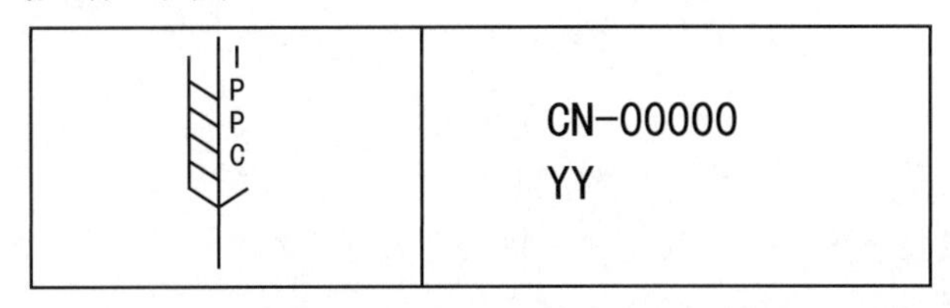

注：CN为中国的国家代码（进境木质包装中CN则应被替换成相应国家的国家代码）；

00000为“2位关区代码+3位流水号”（即木质包装处理企业代码）；

YY为处理方式代码，可为HT（热处理）/MB（溴甲烷熏蒸处理）/DH（介电热处理）/SF（硫酰氟熏蒸处理）。

2. IPPC标识加施要求

颜色应采用黑色，避免使用红色和橘黄色；采用喷刷或电烙的方式；至少在每件木质包装两个相对面的显著位置；需保证标识的永久性且清晰易辨。

思政案例

外来有害生物随植物、植物产品和其他检疫物的传播给人类留下了惨重历史教训。

1845 年发生在爱尔兰的马铃薯晚疫病大流行，由于缺少其他粮食，超百万人因饥饿而死。

棉红铃虫 1903 年和 1913 年先后传入埃及和墨西哥，1917 年由墨西哥传入美国，随后棉红铃虫迅速扩散和蔓延。到 1940 年，该害虫已侵入到全世界 79 个种棉国家中的 71 个，其中包括我国，造成棉花大量减产和品质下降。

日本在侵华战争期间，把甘薯黑斑病引入我国，造成全国甘薯大面积减产，还能刺激产生对人畜有毒的物质，人畜食后引起中毒，严重时中毒死亡，至今仍无法根除。该病在 20 世纪 60 年代，估计全国每年损失鲜薯仍在 500 万 t 以上。

据估计，在我国由于美国白蛾、松材线虫、松突圆蚧和水葫芦等外来有害生物入侵造成的损失超数千亿元。

课程思政育人目标

通过学习随植物和植物产品传播的外来有害生物给世界和我国留下的惨重历史教训，明确植物和植物产品检疫的重要性，增强防范外来有害生物入侵的使命感和责任感。

思考题

1. 进境植物及植物产品检疫主要制度有哪些？
2. 进境植物及植物产品检疫依据和入境条件是什么？
3. 装载容器和包装物检疫监管要点有哪些？
4. 进境植物及植物产品检疫对国民经济和社会发展有何重要意义？

CHAPTER 8

第八章 出境植物及植物产品检疫

学习目的与要求

1. 掌握出境植物繁殖材料检疫的主要制度。
2. 掌握出境植物产品检验检疫的主要制度。
3. 了解出境植物及植物产品检疫的重要意义。

第一节 概述

一、出境植物检疫的概念

出境植物检疫是指对贸易性和非贸易性的出境植物、植物产品及其他检疫物（以下简称“出境检疫物”）实施的检疫。出境检疫物在离境前由海关依据《中华人民共和国进出境动植物检疫法》及其实施条例规定实施检疫，使其符合我国参加国际公约组织的要求，符合进境国家的植物检疫规定，符合双边植物检疫协定的有关条款，以维护我国对外贸易信誉。

二、出境植物检疫发展历程

出境植物检疫工作是随着国际贸易形势的变化和我国对外贸易的发展而发展的。20 世纪 50 年代，我国的农产品贸易主要面对东欧、朝鲜等社会主义国家。为保护各自国家农业生产安全，从 1954 年开始，苏联、朝鲜、阿尔巴尼亚、匈牙利、保加利亚、波兰、民主德国等国家分别与我国签署了政府间《关于农作物检疫和防止病虫害的协定》，规定了我国出口的农产品必须经官方植物检疫机构检疫，并出具植物检疫证书。随着我国对外贸易逐步扩大，原农业部于 1980 年 3 月要求各口岸动植物检疫机构对出口植物及其产品的检疫，原则上根据进口国的要求执行；出口的植物性加工品或某些非植物性产品，有感染病虫可能的，如出口单位申请，也可进行检疫。在此基础上，1982 年 6 月，国务院发布了《中华人民共和国进出口植物检疫条例》，对出口植物检疫作了进一步的规定，即“出口植物及其产品，凡有检疫要求的出口单位或其代理人应事先向口岸动植物检疫机构报检。经检疫合格的，签发检疫证书；经检疫发现有应检病虫的，不准出口或经除害处理后出口。对于被污染的场地、仓库、运输工具、铺垫材料等亦要进行处理”。这一法规使出境植物及其产品的受检率逐年提高，有力地促进了出境植物检疫工作。但出境植物及其产品检疫仍未完全纳入法制化管理，有些贸易单位为了逃避支付检疫费用，常有人为瞒报或不报检的现象发生，使得我国出口植物及其产品运到目的港后，因缺少我国官方检疫机构出具的检疫证明，被销毁、拒绝入境、进行除害处理等事件不断发生，给国家造成损失。

随着世界各国对保护本国农业和生态环境的意识不断加强，普遍对进出境植物检疫进行了立法。为了适应国际惯例并从根本上改变这一混乱局面，1991 年 10 月 30 日全国人大常委会第 22 次会议审议通过的《中华人民共和国进出境动植物检疫法》和 1997 年 1 月 1 日实施的《中华人民共和国进出境动植物检疫法实施条例》，正式将出境植物检疫变成了法律条款加以实施，使出境植物检疫工作进入了一个崭新的阶段。

三、出境植物检疫对外贸发展的促进作用

出境植物检疫在农产品的出口贸易中，发挥着不可替代的保护和促进作用。在国际贸易中，农产品贸易始终是一个较为敏感的灰色禁区，发达国家在寻求将本国农产品推向国际市场的同时，常采取颁布严厉的检疫法律法规和制定苛刻的植物检疫标准等措施，保护其国内农产品市场和防止植物检疫性有害生物侵入。

20 世纪 80 年代以来，出境农产品的植物检疫工作发生了以下变化。一是输入国要求输入农产品附有植物检疫证书的国家增多；二是一些国家的植物检疫要求也趋向具体化，有的要求条件极为苛刻。

我国农产品要走向国际市场，除了需要产品本身具有质量优势外，还需要植物检疫部门的技术和信誉作保证，以化解其他国家的进口限制措施。最典型的例子就是成功对日本出口哈密瓜的案例。日本政府视中国为瓜实蝇疫区，长期禁止中国哈密瓜进口，通过中日两国植物检疫专家长期艰苦的技术合作与调查论证后，终于使日本政府修改了检疫法规中的有关条款，解除了禁止进口中国新疆哈密瓜的禁令，使中国新疆哈密瓜顺利进入日本市场。我国植物检疫部门通过加强科学研究，主动与国外检疫部门合作和谈判，自 20 世纪 80 年代中后期以来，先后打破了日本、美国、加拿大、新西兰、澳大利亚、马来西亚、以色列等国对我国出口农产品的限制，使我国的哈密瓜、荔枝、龙眼、稻草垫、盆景、鸭梨、苹果、蒜苗、富贵竹、蝴蝶兰等进入了国际市场，对促进我国农产品出口和外向型农业的发展起到重要作用。

四、出境植物检疫发展前景

随着世界经济一体化进程的不断加快，出境植物检疫在农产品出口贸易中的作用越加显得重要。植物检疫部门能够充分发挥自身的优势，积极为我国农产品打入国际市场创造条件。一方面，按照国际通行的质量体系管理模式和国外的植物检疫要求，对农业生产进行指导，建立符合国外植物检疫和卫生要求的优质、高产、无病、低毒的农产品生产体系。这是目前农业发达国家所推行的一种检疫监控模式。另一方面，通过与国外植物检疫部门的多边、双边检疫谈判，加强我国农产品出口的解禁工作，不断解除一些国家对进口我国农产品的限制。

我国是一个农业大国，农产品在整个外贸出口货物中占相当的比重。随着我国外贸事业的发展，农产品输往的国家和地区已由 20 世纪 50 年代的 10 多个发展到目前世界五大洲几乎所有的国家和地区，我国农产品生产正在走向产业化、标准化、多样化和国际化，出口农产品仍

有极大的潜力尚待开发。植物检疫部门在出境农产品的检疫工作中，要严格把关，认真履行国际检疫义务，积极配合外贸工作；外贸部门也要和检疫部门加强合作，积极配合出境植物检疫工作，相信未来将会有更多的农产品走向国际市场。

第二节　出境植物繁殖材料检疫

根据进口国要求，出境植物繁殖材料一般有注册登记、监督管理、疫情监测、口岸查验与实验室检测和检疫处理等制度。

一、注册登记

从事出境植物繁殖材料的生产企业需向海关注册登记。生产企业向所在地海关提出申请，海关按照要求对申请资料予以审核并进行现场考核，考核合格的予以注册登记，并报海关总署备案公布。进口国有注册登记要求的，由海关总署统一对外推荐。

出境植物繁殖材料生产企业注册登记的有效期为 3 年。在有效期届满 30 日前，企业应提出延续申请。

企业出现法定代表人或主要负责人变化等情况的，应及时申请资质变更；企业出现变更地址、改建或扩建涉及检疫监管等重大变更情况的，应当向海关重新申请资质考核。

取消其注册登记资质的情况主要包括四类。

（1）生产企业发生重大变化，达不到注册登记条件。

（2）质量管理体系未能有效运行，出境植物繁殖材料检疫质量出现重大事故。

（3）伪造单证、弄虚作假，违反出口种苗花卉注册登记管理。

（4）注册登记有效期届满未申请延期。

二、监督管理

（一）分类管理

隶属海关按照相关要求对出境植物繁殖材料生产企业实施分类管理。未获得注册登记资格企业出口的植物繁殖材料应当批批查验。

根据出境植物繁殖材料分类管理实施方案细则规定的程序，按照“企业分类管理考核表”组织考核，确定生产企业的分类等级；对产品风险进行评估，形成产品风险分析报告，确定各产品风险等级及项目清单。

（二）日常监管

隶属海关按要求，对辖区内出境植物繁殖材料生产企业的日常监督管理实施“双随机”抽查监管，按照拟订方案实施抽查并做好记录。

三、疫情监测

每年隶属海关应结合海关总署监测计划、输入国关注的有害生物种类制定疫情监测计划并组织实施。

四、口岸查验与实验室检测

植物繁殖材料出境前应向所在地隶属海关申报，海关对其进行查验，重点检查植株是否携带病虫害情况，根据抽批规则抽取样品，送实验室进行检测。

五、检疫处理

经检疫处理合格的，允许出境并出具《植物检疫证书》等相关单证；无有效方法处理的，签发《出境货物不合格通知单》，不准出境。

第三节　出境植物产品检验检疫

一、出口企业监督管理

（一）注册登记

海关对出口植物产品生产、加工、存放企业实施注册登记并动态管理，注册登记企业名单由海关总署统一公布。输入国家（地区）要求对出口企业实施注册登记并需推荐的，由直属海关考核合格后上报，总署审核后对外推荐。

目前，海关实施注册登记管理的出口植物产品企业有出境饲料生产、加工、存放企业，出境货物木质包装除害处理标识加施企业，出境水果果园和包装厂，出境竹木草制品生产企业等。

（二）分类管理

海关根据出口植物产品企业的信用状况、风险分析和关键控制点体系建立或原理运用情况、生产管理、自检自控能力、遵纪守法情况、产品质量状况和人员素质等因素，对其进行分类和差别化管理，并实施动态调整。

未获得注册登记资格企业，不得实施分类管理，应当批批查验。

（三）监督管理

对已纳入“多查合一”、涉及注册、备案企业监管的进出境植物产品，由海关稽查部门实施合规性核查监管，对境内生产、加工、存放企业实施日常监管、定期考核等制度。涉及产品种类包括出境饲料和饲料添加剂、竹木草制品、木质包装等。具体监管要求依照合规性核查监管内容执行。

二、疫病疫情监测和安全风险监控/监测

（一）疫病疫情监测

输入国家（地区）或双边议定书对我国有疫病疫情监测要求的，各海关及时通报地方农业、畜牧、渔业、林业部门，协助相关部门制定监测计划，由相关部门实施监测并提供监测数据。海关总署对重要疫病疫情制定监测计划的，由各海关按要求开展监测工作。

（二）安全风险监控/监测

海关总署制订食用农产品及饲料安全风险监控/监测计划，对出口食用农产品及饲料开展安全风险监控/监测，直属海关根据计划负责组织实施。风险监控/监测结果应及时录入动植物检疫信息资源共享服务平台。

三、出口检验检疫

（一）制定抽批规则

海关总署相关主管部门基于风险分析、输入国家（地区）要求、双边议定书等制定进出口食用农产品及饲料安全风险监控/监测计划，将计划的抽检比例和项目维护至 e-CIQ 主干系统，并进行动态调整，各海关根据系统指令实施抽检。提交业务管理要求至风险管理部门，由新一代风险作业系统统一下达指令。抽样检验结果应及时录入动植物检疫信息资源共享服务平台。

（二）产地/组货地检验检疫

对于实施注册登记/备案管理的出口动植物及其产品，由产地海关实施检验检疫。产地/组货地海关受理出口检验检疫申请后，对 e-CIQ 主干系统命中检验检疫的货物，按照输入国家（地区）法律法规要求、双边议定书、相关标准、动植物检疫手册等实施产地/组货地检验检疫，对有实验室检测鉴定项目的货物进行抽样送检。

（1）单证审核　出口前企业或者代理人按单证电子化要求提交相关单证资料并提供贸易合同/信用证、厂检记录等单证。

隶属海关审核提交单证资料的完整性、有效性和一致性。经审核，符合报检规定的，受理报检。否则，不予受理报检。

（2）现场查验　以出口竹木草为例：

结合对抽查批次的现场查验，对企业原辅材料以及生产、加工、储存环境等进行检查。检查堆放环境是否清洁、无污染，注意货物堆垛表层、垛脚、周围环境及包装外表和铺垫材料有无害虫及害虫排泄物、蜕皮壳、虫卵、虫蛀为害痕迹等。加强疫情调查和防疫工作指导。

货物检查时，重点核对货物堆放货位、唛头标记、生产批号、重量、数量和包装等是否与报检相符；货物外观是否有潮湿、发霉等异常情况；货物及包装材料是否带有活虫及其他有害生物，是否带有输入国家（地区）禁止进境物；油漆过的产品重点应针对其包装材料，观察有无虫孔、虫体及排泄物、蜕皮壳、虫卵等；未经油漆过的产品，还须注意观察是否带有二层皮；竹、草、柳、藤制品除注意观察是否有病斑、虫孔等病虫为害状外，还应拍击检查，以便对隐藏在缝隙中的活虫、杂草籽及其他有害生物进行检疫。

运输工具检查时，观察其是否卫生，有无活虫、鼠等有害生物为害痕迹。按照 SN/T 2122—2015《进出境植物及植物产品检疫抽样方法》抽取样品，收集现场查验中发现的有害生物、疑似有害生物为害的样品，做好标识，送实验室进行有害生物检测鉴定。

（3）实验室检测鉴定　实验室按照相关标准对送检样品实施检测鉴定，出具检测鉴定报告。

（4）检疫处理监管　对出口货物符合以下动植物检疫处理指征之一的，需实施检疫处理：检出输入国家（地区）关注的有害生物的；输入国家（地区）需要海关出具《熏蒸/消毒证书》的；输入国家（地区）要求对容器（含集装箱）作检疫除害处理的；双边议定书、备忘录以及其他协定要求实施检疫处理的；总署发布或联合发布的公告、警示通报等有明确规定需要实施检疫处理的。海关对检疫处理实施监管。

（三）综合评定

综合企业注册登记/备案管理、安全风险监控及监督抽检、疫情疫病监测、风险分析、现场检验检疫、实验室检测鉴定、检疫处理结果等对出口货物实施评定。形成电子底账数据，向企业反馈电子底账数据号。

以出口竹木草为例：

经检疫合格的，符合输入国家和地区的植物检疫要求、政府及政府主管部门间双边植物检疫备忘录和议定书及贸易合同或信用证中有关检疫要求的，形成电子底账数据，对该批货物放行，根据输入国家（地区）官方要求或货主申请出具《植物检疫证书》等有关单证。

经检疫不合格的，不符合输入国家和地区的植物检疫要求、政府及政府主管部门间双边植物检疫协定书、备忘录和议定书及贸易合同或信用证中有关检疫要求的，但经有效方法处理并重新检疫合格的，允许出境，根据输入国家（地区）官方要求或货主申请出具《植物检疫证书》等有关单证。检疫不合格的，无有效方法处理的，签发《出境货物不合格通知单》，不准出境。

进口国或客户要求对货物进行熏蒸处理的，由考核认证的熏蒸单位实施熏蒸作业，并出具报告，海关实施监管，合格后出具《熏蒸消毒证书》。

（四）签证

对符合要求的出口植物产品，按规定由授权的签证官签发植物检疫证书等相关证书。检疫有效期自生成电子底账日期算起。

思政案例

20世纪80年代以前，我国的哈密瓜、荔枝、龙眼、稻草垫、盆景、鸭梨、苹果、蒜苗、富贵竹和蝴蝶兰等植物及植物产品很难进入国际市场。

据海关2023年11月进出口商品类章总值表（美元值）显示：2023年1至11月我国出口商品总值为3 077 381 747（千美元），累计比上年同期下降5.2%。其中植物产品出口总值26 039 757（千美元），占比为0.846%，累计比上年同期增长2.7%。植物产品中食用蔬菜、根及块茎类占比最大，出口总值9 956 421，累计比上年同期增长8.9%。

课程思政育人目标

通过了解“改革开放以来，我国植物及植物产品从难以走出国门到产品可以出口到五湖四海，2023年时占我国出口商品总值0.846%”案例，理解我国植物检疫工作者在维护我国对外贸易信誉及推动国民经济和农业产业发展过程中所起到的重要作用，增强投身检验检疫事业的专业志趣和职业情怀。

思考题

1. 出境植物繁殖材料检疫的主要制度有哪些？
2. 出境植物产品检验检疫的主要制度有哪些？
3. 出境植物及植物产品检疫有何重要意义？

CHAPTER 9

第九章 动植物及动植物产品检疫鉴定

学习目的与要求

1. 掌握非洲猪瘟快速检测方法技术原理。
2. 掌握植物危险性病、虫、杂草等有害生物常用检疫鉴定方法。
3. 了解动物其他常见传染病检测方法。

第一节　概述

检疫鉴定是针对动植物及动植物产品中动物传染病、寄生虫病和植物危险性病、虫、杂草以及其他有害生物进行种类鉴定，为判定检疫物是否合格或为做检疫处理提供科学依据。检疫鉴定力求准确、快速，这一工作的技术性、政策性强，必须认真按照有关检疫规程和鉴定技术的标准和方法进行。

检疫鉴定主要对现场检疫取回的代表样品或样本，在实验室做进一步检验鉴定。常用的动物、动物产品检疫鉴定方法包括：流行病学方法、临床诊断方法、病理学诊断方法、病原学诊断方法、免疫学诊断方法和生物技术诊断等。常用的植物、植物产品检疫鉴定方法包括：过筛检验、解剖检验、透视检验、染色检验、同工酶电泳检验、比重检验、漏斗分析检验、洗涤检验、直接镜检、分离培养和接种检验、吸水纸检验、荧光显微检验、切片检验、萌发检验、试植检验、鉴别寄主接种检验、噬菌体检验、血清学检验、免疫电镜检验以及分子生物学等方法。对病、虫、杂草种类的检验鉴定，应结合有害生物的分布、寄主、主要鉴定特征、生活习性、传播途径等。具体检验方法可参考有关检疫鉴定标准和资料。本章主要介绍主要动物传染病和植物病、虫、杂草的常用检验鉴定方法。

第二节　动植物检疫技术标准体系

动植物检疫工作的技术属性决定了要完成法律法规规定的动植物检疫任务，需要有一定的标准来解决执法工作的操作性问题。没有统一的操作规程、检测方法、评价方法、处理方法，就很难对进出境动植物及其产品或某项动植物检疫活动做出科学、客观、公正的判断；没有与国际接轨的技术要求和方法，就无法在农产品贸易中与其他国家官方机构和贸易商对等交流。动植物检疫标准是在法律法规基础上建立的具体执行程序或方法，是科学、经验和技术的综合成果，因此，动植物检疫标准是法律法规在技术层面的细化和延伸，是有效提高动植物检疫工作科学性、规范性和权威性的保障。

（一）动植物检疫技术标准体系历史沿革

中华人民共和国成立后，中央贸易部领导的全国商品检验机构，根据外贸发展需要，在注重法规制定的同时，制定了一系列输出入农产品检验标准和方法。此后，原对外贸易部和原农业部先后管理进出境动植物检疫工作期间，也收集、检查、编印和拟定了一批操作规程，规范了进出境动植物检疫实际操作工作。这些检验标准、方法和规程按时间顺序主要有：《植物病虫害检验》《输出入植物检疫操作规程》《输往苏新国家禾谷、油籽、豆类检办法》《输出入商品检验规程》（其中涉及农产品检验标准的有《农产品病虫害检验方法》和《农产品熏蒸除虫方法》）、《中华人民共和国农林部对外植物检疫操作规程（试行）》等。

（二）现代动植物检疫技术标准体系建成

20 世纪末，中国动植物检疫标准在学习国外标准化理念和接轨动植物检疫国际规则中有了体系化的发展，主要包括国家标准（GB）和出入境检验检疫行业标准（SN）。2004 年以前的动植物检疫标准主要根据业务工作需要而制修订，重点为解决工作亟须而制定，缺乏系统性和前瞻性。2004 年开始依照 GB/T 13016—1991《标准体系表编制原则和要求》构建动物检疫行业标准体系和植物检疫行业标准体系，使动植物检疫标准进入了更加规范、系统的快速发展时期。2000 年，GB/T 18084—2000《植物检疫地中海实蝇检疫鉴定方法》、GB/T 18085—2000《植物检疫小麦矮化腥黑穗病菌检疫鉴定方法》、GB/T 18086—2000《植物检疫烟霜霉病菌检疫鉴定方法》及 GB/T 18087—2000《植物检疫谷斑皮蠹检疫鉴定方法》4 项植物检疫国家标准的发布，标志着我国植物检疫标准进入了一个全新的阶段。当年植物检疫行业标准立项 35 项以上。此后几乎每年都有新的标准发布和新的计划项目立项，形成了与业务工作联动、快速制修订的工作机制。2004 年，为了提高植物检疫标准化工作的系统性、规范性和计划性，首次开始构建植物检疫标准体系。初步建立的标准体系分为 4 个层次，第一层次是植物检疫基础标准；第二层次根据方法或规程的共性标准分为规程标准、风险评价方法标准、检测方法标准及除害处理方法标准 4 类；第三层次根据标准规范、检测、处理或分析对象的性质分为植物检疫操作规程、防患生物入侵工作规范、反生物恐怖及生物规范、预警机制规范、非食品植物产品检验规范、检疫除害处理规程、PRA 方法标准、转基因产品风险分析方法标准、有害生物检测方法标准、转基因产品检测方法标准、植物遗传种质资源检测方法标准、植物源性有毒有害物质检测方法标准、植物检疫标准物质检测方法标准、品质检验、除害处理技术方法标准 15 类；第四层次将有害生物检测方法按照生物类群分为病毒类病毒、原核生物、真菌、线虫、有害植物、虫、软体动物、爬行动物、鸟类、生物资源和其他 11 类。

根据业务工作需要，经过多次修订，目前的动物检疫行业标准体系包括 4 个层次，第一层次是行业通用标准；第二层次是专业通用标准，包括出入境动物检疫标准体系和规程标准编写规则；第三层次是门类通用标准，包括检疫监督管理、动物检疫、动物产品检疫、饲料检疫、其他检疫物检疫、动物检疫实验室管理、动物及其产品检疫处理技术等；每一类项下又包括若干个性标准，归为第四层次。植物检疫行业标准体系分为5个层次，第一层次是行业通用标准；第二层次是专业通用标准，包括植物检疫术语、标准编写规则等；第三层次是门类通用标准，包括检疫规程标准、风险评价方法标准、检测方法标准和检疫处理方法标准；第四层次是个性标准；第五层次是有害生物检测鉴定方法标准，涉及病毒（类病毒）、原核生物、真菌、线虫、虫、软体动物等11类。这两个标准体系的建立和完善，提升了动植物检疫标准的前瞻性和系统性，符合标准的合理和有序管理要求，对今后动植物检疫标准的科学制定继续发挥重要作用。

第三节　非洲猪瘟快速检测方法

SN/T 5479—2022《非洲猪瘟实验室快速检测方法》规定了非洲猪瘟的几种快速检测方法，各方法技术原理如下。

（一）非洲猪瘟双抗体夹心酶联免疫吸附试验技术原理

非洲猪瘟双抗体夹心酶联免疫吸附试验是在酶标板上包被ASFV VP72MeAb，形成固相抗体。然后加入待检样品，如样品中含有特异性抗原，则与固相抗体结合，形成固相抗原抗体复合物，通过洗涤去除其他未结合物质，加入HRP标记的另一个ASFV VP72McAb，形成一抗+抗原+酶标二抗固相免疫复合物，加入底物后出现显色反应，来判定待检样品中的抗原含量。

（二）非洲猪瘟抗原检测胶体金免疫层析法技术原理

非洲猪瘟抗原检测胶体金免疫层析试纸卡由样品垫，硝酸纤维素膜（NC膜）和吸水垫3个部分组成。样品垫上喷涂胶体金标记的ASFV一抗，NC膜上喷涂ASFV二抗和兔抗鼠IgG分别作为检测线（T线）和控制线（C线）。检测时待检血液滴加到试纸卡样品垫上，如果待检血液中含有ASFV抗原，则该抗原会与样品垫中的金标特异性单抗结合，结合的复合物沿层析膜移动，被T线上的ASFV抗体捕获并显色，形成一条酒红色的检测线，如果待检血液中不含非洲猪瘟抗原，则T线不显色。同时金标抗体又继续往前到C线与兔抗鼠IgG结合显色。目视判定结果如图9-1所示。

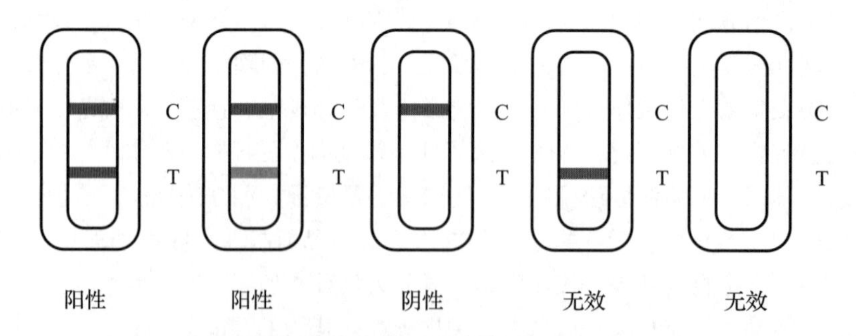

图9-1　非洲猪瘟抗原检测胶体金免疫层析试纸卡目视判定示意图

（三）非洲猪瘟阻断酶联免疫吸附试验技术原理

非洲猪瘟阻断酶联免疫吸附试验是在酶标板上包被ASFV VP72重组抗原，形成固相抗原，然后加入待检血清，如果待检血清中存在ASFV VP72蛋白特异性抗体，就会与包被抗原发生反应，从而阻断下一步加入的 HRP 标记的 ASFV VP72 McAb 与包被抗原结合，再通过洗涤将未与包被抗原结合的酶标单抗洗去。待检血清中抗体越多，则酶标单抗与包被抗原结合越少，加入底物后的显色反应就越浅，可通过酶标仪测定的光密度值（OD 值），计算阻断百分率（PI 值）来判定试验结果。

（四）非洲猪瘟间接酶联免疫吸附试验技术原理

非洲猪瘟间接酶联免疫吸附试验是在酶标板上包被 ASFV VP72 重组抗原，形成固相抗原，然后加入待检血清，如果待检血清中存在 ASFV VP72 特异性抗体，就会与包被抗原结合形成抗原抗体复合物，通过洗涤将未与抗原结合的血清中的非特异性 IgG 洗去，而和抗原结合的特异性 IgG 与之后加入 HRP 标记的重组蛋白 G 结合，加入底物后出现显色反应；反之，如待检血清中无 ASFV VP72 特异性抗体，加入底物后无显色反应。通过酶标仪测定反应物的 OD 值判定试验结果。

（五）非洲猪瘟抗体检测胶体金免疫层析法技术原理

非洲猪瘟抗体检测胶体金免疫层析试纸卡由样品垫，硝酸纤维素膜（NC 膜）和吸水垫 3 个部分组成。样品垫上喷涂胶体金标记的蛋白质 G，NC 膜上的检测线（T 线）喷涂非洲猪瘟病毒重组 VP72 蛋白，对照线（C 线）喷涂鼠抗蛋白质 G 抗体 IgG。检测时待检血清滴加到试纸卡样品垫上，猪血清中 IgG 抗体会与样品垫中的金标蛋白质 G 结合，在层析作用下继续往前到 T 线，如果待检血液中含有非洲猪瘟抗体，则特异性与 T 线上的重组 VP72 蛋白发生特异性结合并显色，如被检血液中无非洲猪瘟抗体，则 T 线不显色，同时金标蛋白质 G 在层析作用下继续往前到 C 线与鼠抗蛋白质 G 抗体 IgG 结合，使 C 线显色。目视判定结果如图 9-2 所示。

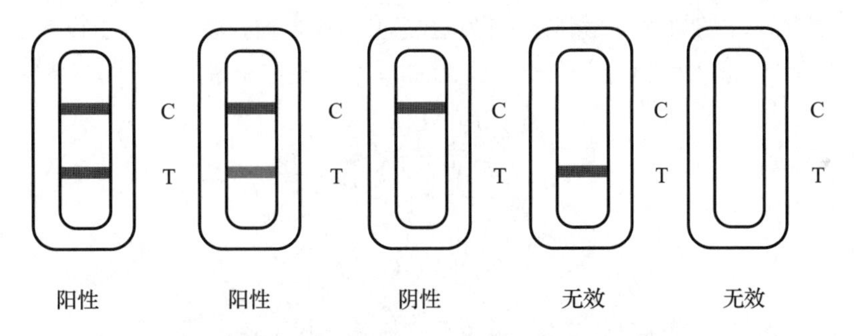

图 9-2 非洲猪瘟抗体检测胶体金免疫层析试纸卡目视判定示意图

（六）重组酶聚合酶扩增试验技术原理

RPA 技术是一种等温核酸扩增技术，反应时间仅需 15~20min。在等温条件下（一般为 37~42℃），重组酶与引物结合形成复合体，该酶促使引物定位到 DNA 双链模板的同源靶序列上，并在单链 DNA 结合蛋白的协助下，解链模板 DNA，随后在链置换 DNA 聚合酶的作用下，形成新的 DNA 互补链，循环进行从而实现 DNA 的指数增长。利用荧光探针的标记，随着 RPA 反应的进行，RPA 产物与荧光信号的增长呈现对应关系。

GB/T 18648—2020《非洲猪瘟诊断技术》也常用于非洲猪瘟诊断。

第四节　非洲猪瘟病毒检测——微流控芯片法

对于不能通过临床症状区分的疑似猪瘟病毒或非洲猪瘟病毒感染病例的样品，还可通过微流控芯片法进行鉴别检测。参见标准 SN/T 5336—2020《猪瘟病毒及非洲猪瘟病毒检测　微流控芯片法》。

SN/T 5336—2020《猪瘟病毒及非洲猪瘟病毒检测　微流控芯片法》

（一）原理

针对猪瘟病毒（CSFV）的5′端非编码区和非洲猪瘟病毒（ASFV）的VP72基因的核酸序列设计引物，并将其分别固定在微流控芯片的相应位置后，对微流控芯片进行封装，将提取的核酸模板与反应液（包含SYBR Green荧光染料）混合后，加到封装好的微流控芯片中，之后放入到带有离心功能、恒温功能及实时荧光检测一体化的微流控芯片检测仪中，利用离心力驱动样品进入微流控芯片反应孔，进行反转录与恒温扩增。若样本中含有目的片段而得到恒温扩增，扩增产物将与荧光物质进行结合，通过荧光检测仪实时捕获荧光信号，直观反映扩增产物的产生，根据实时荧光信号的出现时间、强度和位置，判断样本中是否含有CSFV、ASFV。

（二）微流控芯片的制作

采用微量点样仪，将各个核酸引物均匀的点布在微流控芯片上的特定位置区域，芯片反应孔和加样孔的布局示意图如图9-3所示。微流控芯片每个反应孔添加引物工作液2μL，将加完引物工作液的芯片置于37℃恒温干燥箱干燥30min，确保彻底干燥后贴上封口膜密封芯片。

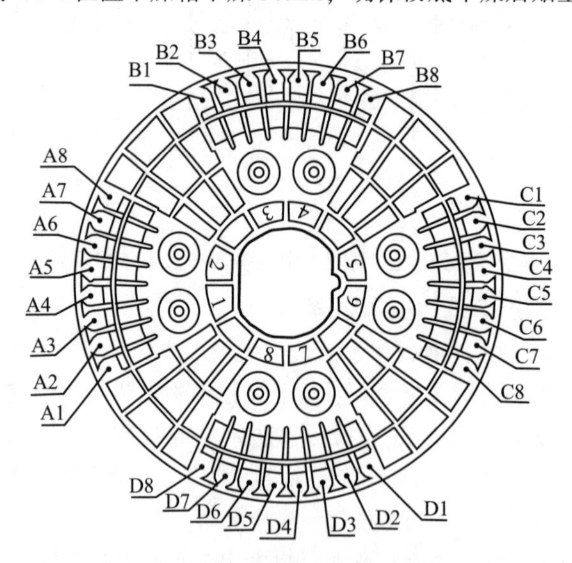

图9-3　猪瘟病毒及非洲猪瘟病毒联检微流控芯片布局示意图

注：A1、A5、B1、B5、C1、C5、D1、D5—猪瘟病毒检测孔；

A2、A6、B2、B6、C2、C6、D2、D6—非洲猪瘟病毒检测孔；

A3、A7、B3、B7、C3、C7、D3、D7—内参对照孔；

A4、A8、B4、B8、C4、C8、D4、D8—空白对照孔。

第五节　新城疫诊断技术

新城疫（Newcastle Disease，ND）是由新城疫病毒（Newcastle Disease Virus，NDV）强毒株感染禽类引起的一种急性、烈性传染病，给世界养禽业造成巨大的经济损失。WOAH 将新城疫列为法定报告的动物疫病，我国农业农村部将其列为一类动物疫病。

新城疫病毒可感染 240 多种禽类，其中家鸡和珠鸡最易感，感染禽（野鸟）及带毒禽（野鸟）系主要的传染源。新城疫病毒主要经消化道和呼吸道传播，被污染的水、饲料、蛋托（箱）、种蛋、鸡胚和带毒的野生飞禽、昆虫及有关人员等均可成为传播媒介。

新城疫病毒属于副黏病毒科（Paramyxoviridae）、正禽腮腺炎病毒属（Orthoavulavirus），目前新城疫病毒只有一种血清型，但可分为多种基因型。OIE 规定，新城疫是由新城疫病毒强毒株引起的禽类感染，因此，对于新城疫的诊断，除了鉴定新城疫病毒之外，还需要对其致病性进行评估。对于致病性评估的方法，可通过 1 日龄 SPF 鸡 ICPI 进行测定，也可通过分子生物学技术，如 RT-PCR 结合序列测定等。根据新城疫病毒 F 基因部分序列（47~420nt）差异，可将新城疫病毒分为 ClassI 和 ClassⅡ两大类，其中 ClassI 在国内均系弱毒株，因此，针对 ClassINDV 的检测方法不具有诊断意义。GB/T 16550—2020《新城疫诊断技术》标准所涉及的诊断方法均针对 ClassⅡ新城疫强毒株。

GB/T 16550—2020《新城疫诊断技术》

第六节　口蹄疫检测方法

中国兽医协会发布了 T/CVMA 26—2020《口蹄疫病毒 O 型、A 型抗体管式化学发光免疫分析检测方法》、T/CVMA 30—2020《口蹄疫病毒 A 型抗体化学发光免疫分析检测方法》、T/CVMA 31—2020《口蹄疫病毒 O 型抗体化学发光免疫分析检测方法》和 T/CVMA 170—2024《口蹄疫病毒 O 型磁微粒化学发光抗体检测方法》等团体标准。

口蹄疫病毒检测采用 GB/T 22915—2008《口蹄疫病毒荧光 RT-PCR 检测方法》。其原理如下：

根据口蹄疫病毒各型共有的基因特定序列的保守片段，合成一对通用的特异性引物和一条通用的特异性探针。荧光探针的 5′端标记 FAM 荧光素，3′端标记 TAMRA 荧光素，3′端的淬灭基团在近距离内能吸收 5′端报告荧光基团发出的荧光信号。但在扩增时，由于 Taq 酶的 5′→3′的外切活性，在延伸到荧光探针时，将其切断，两基团分离，淬灭作用消失，荧光信号产生。因此，可以通过检测荧光信号对核酸模板进行检测。

GB/T 22915—2008《口蹄疫病毒荧光 RT-PCR 检测方法》

第七节　进出境禽鸟及其产品高致病性禽流感检测方法

禽流感由正粘病毒科流感病毒属中 A 型流感病毒引起，其中高致病性禽流感因其传播快、危害大，WOAH 将其列为 A 类疾病，我国将其列为一类动物疫病。

依赖核酸序列的扩增技术（NASBA）检测禽流感病毒的敏感性与经典的鸡胚病原分离方法相当，并具有检测速度快、特异性强、与鸡胚厂病原分离方法符合率高、易于操作的特点。GB/T 19440—2004《禽流感病毒 NASBA 检测方法》是在综合我国科研成果的基础上，参考 WOAH《诊断试验和疫苗标准手册》（2000 年版），并结合我国现有动物卫生法规及农业农村部对禽流感的相关政策和措施制定的。

2020 年国家发布高致病性禽流感（Highly Pathogenic Avian Influenza，HPAI）诊断方法 GB/T 18936—2020《高致病性禽流感诊断技术》。该标准规定了高致病性禽流感临床诊断方法，样品采集、保存与运输，病毒分离与鉴定，血凝和血凝抑制试验，禽流感病毒 RT-PCR 试验和禽流感病毒实时荧光 RT-PCR 试验的技术要求。该标准适用于高致病性禽流感的诊断、检疫、检测、监测和流行病学调查等。

GB/T 18936—2020
《高致病性禽流感诊断技术》

现行禽流感相关国家标准还包括：GB/T 19438. 1—2004《禽流感病毒通用荧光 RT-PCR 检测方法》、GB/T 19438. 2—2004《H5 亚型禽流感病毒荧光 RT-PCR 检测方法》、GB/T 19438. 3—2004《H7 亚型禽流感病毒荧光 RT-PCR 检测方法》、GB/T 19438. 4—2004《H9 亚型禽流感病毒荧光 RT-PCR 检测方法》和 GB/T 19441—2004《进出境禽鸟及其产品高致病性禽流感检疫规范》等标准。

第八节　昆虫检验

（一）直接检验

取样携回室内进行过筛检验，按种子粒形状和大小，选用不同孔径的规格筛（表 9-1）。

表 9-1　　昆虫检验的过筛规格

品种	筛径规格	层数	备注
花生、玉米、大豆、豌豆、蓖麻籽	3. 5~2. 5~1. 5/mm	1~3	圆孔筛
小麦、大麦、高粱、大米	1. 75×2. 0/mm 或 2. 5~1. 5/mm	1~2	长孔或圆孔筛
谷子、芝麻、苏籽、小米	2. 0~1. 0/mm	1~2	圆孔筛
面粉	42 目		绢筛或铜丝筛

将需用的筛层，按筛孔大小顺序套好（小筛孔放在下面），将样品放入上层选筛内（不宜

过多，约达筛层高度的2/3)，套上筛盖，电动或手动回旋转动一定时间后，按筛层将筛上物和筛下物分别倒入白瓷盘中检查，检出昆虫和螨类，同时还可检出虫粒、病粒、杂草籽和其他夹杂物。若检查时室温低于10℃，最下层筛出物须在20~30℃下处理15~20min，促使害虫活动，再进行检查。必要时计算含量。计算公式：每1kg含量=1000×发现数量/试样重量（g)。

（二）隐蔽害虫的检验

（1）染色检查　用不同的化学药品进行染色，根据颜色程度区分有无害虫，并鉴别害虫种类。如检查粮粒中隐蔽的谷象、米象等可将样品放在铁丝网中，先在30℃水中浸1min，再移入1%高锰酸钾溶液中1min，然后用清水冲洗或用过氧化氢硫酸液洗涤20~30s。在扩大镜下挑粒面有直径约0.5mm黑斑点的籽粒，再进行剖检。豆类可用1%碘化钾或2%碘酒染色1~1.5min，再移入0.5%氢氧化钠或氢氧化钾溶液中20~30s，取出用水冲洗30s，如粒面有1~2mm直径的黑圆点，则内部可能隐藏豆象。

（2）比重检查　根据有害籽粒和正常籽粒比重不同，用盐溶液漂检。检查谷象可将种子倒入2%硝酸铁溶液搅拌，静置后被害粒浮在表面。检查豆象可用18.8%的食盐水漂检。比重检查亦适用于检出线虫瘿、菌核和杂草籽等。

（3）解剖检查　对有明显被害状、食痕或有可疑症状的种子、果实以及其他植物产品进行剖开检查。

（4）软X光机检验　将样品摊成薄薄一层，放在软X光机工作台上或铺在胶带纸上，通过透视和摄影，检查可疑种子内的隐蔽害虫，检出率和检查效率均较高。

（5）饲养检查　将样品定量后置温箱内，定温在25~26℃下饲养3~5d或更长时间，测定害虫含量并鉴定虫种。

第九节　螨类检验

除可过筛检查外，还可利用螨类喜湿、怕干、畏热的习性，用螨类分离器，以电热加温的方法检出籽粒中的螨类。将样品均匀平铺在分离器的细铜丝纱盘上，厚度5mm左右，使盘面温度保持在43~45℃，经20min后详细检查盘下的玻璃板（板四周要预先薄涂甘油）上的螨类，并计算其含量。具体方法可参考SN/T 1339—2003《国境口岸螨类检测规程》。

第十节　杂草籽检验

粮谷和种子样品过筛后检取筛上物和筛下物中的杂草种子（果实），目测或借助解剖镜观察，根据其外观形态特征，诸如形状、大小、颜色、斑纹、种脐以及附属物特征等进行鉴定。应充分注意地理环境、植物本身的遗传变异和种子成熟度等因素对种子外部形态的影响。必要时，将种子浸泡软化后解剖检查其内部形态、结构、颜色、胚乳的质地和色泽以及胚的形状、尺度、位置、颜色、子叶数目等特征。采用上述方法尚不能鉴定的，可进行幼苗鉴定，检查其萌发方式以及胚芽鞘、上胚轴、下胚轴、子叶和初生叶的形态。幼苗期的气味和分泌物有时也有重要鉴定价值。必要时，还应进行种植观察，观察花果特征。

第十一节　植物病原真菌的检验

植物病原真菌常用检测标准包括：SN/T 2589—2010《植物病原真菌检测规范》和 SN/T 2965—2011《植物病原真菌分子生物学检测规范》等。

SN/T 2589—2010
《植物病原真菌检测规范》

SN/T 2965—2011
《植物病原真菌分子生物学检测规范》

（一）直接检验

直接检验是以肉眼或借助手持扩大镜、实体显微镜仔细观察种苗、果实等被检物的症状。种子类先过筛，检出变色皱缩粒和菌核、菌瘿以及其他夹杂物。发现明显症状后，挑取病菌制片镜检鉴定。有些带菌种子需用无菌水浸渍软化，释放出病菌孢子后才得以镜检识别。

带病种子可能表现出霉烂、变色、皱缩、畸形等多种病变，种子表面产生病原菌的菌丝体，微菌核和繁殖体。例如，大豆紫斑病（*Cercospora kikuchii*），病种子生紫色斑纹，种皮微裂纹；灰斑病（*Cercospora. sojïna*），病籽生圆形至不规则形病斑，边缘暗褐色，中部灰色；霜霉菌（*Peronospora manschurica*），病粒生溃疡斑，内含大量卵孢子。玉米干腐病（*Diplodia zeae*），病种子变褐色，无光泽，表面生白色菌丝和小黑点状分生孢子器。

种子过筛后可检出夹杂的菌瘿、菌核、病株残屑和土壤，都需仔细鉴别。小麦被印度腥黑穗菌侵染后，籽粒局部受害，生黑色冬孢子堆，而普通腥黑穗病菌和矮腥黑穗病菌为害则使整个麦粒变成菌瘿。形成菌核的真菌很多，常见的有麦角属（*Claviceps* spp.）、核盘菌属（*Sclerotinia* spp.）、小菌核属（*Sclerotium* spp.）、葡萄孢属（*Botrytis* spp.）、丝核菌属（*Rhizoctonia* spp.）、轮枝孢属（*Verticillium* spp.）、核瑚菌属（*Typhula* spp.）以及其他属真菌。菌核可据形状大小、色泽、内部结构等特征鉴别。

直接检验在室内检验中常用作培养检验之前的预备检查。检出的病瘿，常需做形态观察检测。

（二）洗涤检验

洗涤检验可用于检测种子表面附着的真菌孢子，包括黑粉菌的厚垣孢子、霜霉菌的卵孢子、锈菌的夏孢子以及多种半知菌的分生孢子等。

洗涤检验的操作程序如下：

（1）洗脱孢子　将一定数量的种子样品放入容器内并加入定量无菌水或其他洗涤液，振荡5~10min，使孢子脱离种子，转移到洗涤液中。

（2）离心富集　将孢子洗涤液移入离心管，低速离心（1000~1500r/min）3~5min，使孢子沉积在离心管底部。

（3）镜检计数　弃去离心管内的上清液，加入一定量无菌水或其他浮载液，重新悬浮沉积在离心管底部孢子，取悬浮液，镜检。滴加在血球计数板上，用高倍显微检查孢子种类并计数，据此可计算出种子的带菌量。

（4）孢子生活力测定　用常规孢子萌发测定法、分离培养法、红四氯唑染色法判定孢子死活。

（三）荧光显微检验

荧光显微检验主要适用于检测腥黑粉菌病瘿中冬孢子自发荧光反应等。如用荧光显微观测法判别小麦矮腥（*Tilletia contraversa* Kuhn）和小麦网腥［*Tilletia caries*（DC）Yul］冬孢子。其程序如下。

（1）从菌瘿上刮取少许冬孢子粉至洁净的载玻片上，加适量蒸馏水制成孢子悬浮液，然后任其自然干燥。

（2）在干燥并附着于载玻片的孢子上加一滴无荧光浸渍油（Nd=1.516），加覆盖片。

（3）置于激发滤光片485nm、屏障滤光片520nm的落射荧光显微镜下，检测孢子的自发荧光。

（4）每视野照射2~5min，以激发孢子产生荧光，并在此时开始计数。全过程不得超过3min。此外，荧光显微观测法也适用于检查向日葵种子是否带有向日葵霜霉病菌菌丝体（或吸器）。

（四）萌发检验

萌发检验主要适用于鉴别进口小麦中小麦矮腥和小麦网腥等。鉴于小麦矮腥病瘿和小麦网腥病瘿萌发生理特点的不同，如需进一步鉴定病原，可根据小麦矮腥病菌在15~17℃时不萌发，在5℃光照下需3~5周萌发的特点，而小麦网腥在以上两种温度下经1~2周后均可萌发的情况，来区别鉴定病原。

（五）吸水纸培养检验

吸水纸培养检验主要用于检测在培养中能产生繁殖结构的多种种传半知菌，包括交链孢属（*Alternaria* spp.）、离蠕孢属（*Bipolaris* spp.）、葡萄孢属（*Botrytis* spp.）、尾孢属（*Cercospora* spp.）、芽枝孢属（*Cladosporium* spp.）、弯孢霉属（*Curvularia* spp.）、炭疽菌属（*Colletotrichum* spp.）、德氏霉属（*Drechslera* spp.）、镰刀菌属（*Fusarium* spp.）、捷氏霉属（*Gerlachia* spp.）、茎点霉属（*Phoma* spp.）、喙孢霉属（*Rhynchosporium* spp.）、壳针孢属（*Septoria* spp.）、匍柄霉属（*Stemphylium* spp.）和轮枝孢属（*Verticillium* spp.）等属种传真菌。

通常用底部铺有三层吸水纸的塑料培养皿或其他适用容器作培养床。先用蒸馏水湿润吸水纸，将种子按适当距离排列在吸水纸上，再在一定条件下培养，对多数病原真菌，适宜的培养温度为20~30℃，每天用近紫外光灯或日光灯照明12h。培养7~10天后检查和记载种子带菌情况，检查时，用两侧照明的实体显微镜逐粒种子检查。依据种子上真菌菌落的整个形象，即“吸水纸鉴别特征”来区分真菌种类。检查时应特别注意观察种子上菌丝体的颜色、疏密程度和生长特点、真菌繁殖结构的类型和特征。例如，分生孢子梗的形态、长度、颜色和着生状态，分生孢子的形状、颜色、大小、分隔数，在梗上的着生特点等。在疑难情况下，需挑取孢子制片，用高倍镜作精细的显微检查和计测。

吸水纸培养检验法简便、快速，可在较短时间内检查大量种子，是许多种传半知菌检验的适宜方法，但不能用于检测在培养中不产生有性繁殖体的种类。另外，植物营养器官的发病部位未产生真菌繁殖体时，常用吸水纸保湿培养诱导孢子产生，以确切地诊断鉴定。

（六）琼脂培养基培养检验

琼脂培养基培养检验主要用于病植物中病原真菌的常规分离培养，以获得病原菌纯化培养，进行种类鉴定，也适用于快速检验生长迅速且生成特定培养特征的种传真菌。常用的琼脂培养基有马铃薯葡萄糖琼脂培养基、麦芽浸汁琼脂培养基、燕麦粉琼脂培养基等。在检测特定种类的病原真菌时，还可选用适宜的选择性培养基。

用琼脂培养基法检验种子带菌时，种子先用1%～2%次氯酸钠溶液或抗生素表面消毒3～5min，然后植床于培养基平板上，在适宜温度和光照下培养7～10天后检查。为便于检测大量种子，多用手持放大镜从培养皿两面观察，依据菌落形态、色泽来鉴别真菌种类，必要时挑取培养物制片，用高倍显微镜检查。有些种传真菌在培养中生成特定的营养体和繁殖体结构，可用于快速鉴定。例如，带有蛇眼病菌（*Phoma betae*）的甜菜种球，植床于含50mg/kg 2，4-D的1.6%水琼脂培养基平板上，在20℃，不加光照的条件下培养7天后移去种子，用实体显微镜由培养皿背面观察菌落，可见由菌丝分化的膨大细胞团。带有颖枯病菌（*Septoria nodorum*）的小麦种子用马铃薯葡萄糖琼脂培养基在15℃和连续光照的条件下培养7天后，种子周围形成大量分生孢子器。

（七）种子分部透明检验

种子分部透明检验主要用于检测大、小麦散黑穗病菌，谷类与豆类霜霉病菌等潜藏在种子内部的真菌。

该法先用化学方法或机械剥离方法分解种子，分别收集需要检查的胚或种皮等部位，经脱水和组织透明处理后，镜检菌丝体和卵孢子。以检测大麦种子传带的散黑穗病菌为例，其操作过程如下：先将种子在加有锥虫蓝的5%氢氧化钠溶液中浸泡22h，再将浸泡过的种子用60～65℃的热水冲击或小心搅动，使种胚分离，并用孔径分别为3.5mm、2.0mm和1.0mm三层套筛收集种胚。种胚用95%乙醇脱水2min，再转移到装有乳酸酚和水（体积比，3∶1）混合的漏斗中，胚漂浮在上部，夹杂的种子残屑沉在底部并通过连在漏斗下端的胶管排出。纯净的种胚用乳酸酚煮沸透明2min，冷却后用实体显微镜检查并计数含有散黑穗菌菌丝体的种胚，计算带菌率。再如大豆疫霉菌以卵孢子和菌丝体存在于种皮内部，种子检验时应检查种皮里是否带有疫霉菌卵孢子，其检验方法是将大豆种子在10%氢氧化钾溶液或自来水中浸泡一夜，取出后剩下种皮，在解剖镜下制片，然后在显微镜下检查是否见到大豆疫霉菌卵孢子。

（八）生长检验

供试材料种植在经过高压蒸汽灭菌处理或干热灭菌的土壤、沙砾、石英砂或各种人工基质中，在隔离场所和适宜条件下栽培，根据幼苗和成株的症状鉴定。检测种子传带的真菌还可用试管幼苗症状检验法，即在试管中水琼脂培养基斜面上播种种子，在适宜条件下培养，根据幼苗症状，结合病原菌检查，确定种传真菌种类。生长检验花费时间长，使其应用受到限制。

（九）免疫技术检验

用真菌的完全细胞、菌丝体或孢子、破碎的细胞、细胞的液体过滤液或固体培养物浸提液以及纯化的蛋白质、酶、毒素和多糖等为抗原物质，与特异性抗体结合并通过一定的指示剂表现出这种特异反应，达到检测目标菌的目的。常用的方法主要是酶联免疫吸附法。此外还有放射免疫吸附法、点免疫法、试纸法、免疫印渍法、免疫荧光技术等。抗原选择的是否得当，是决定这种检测技术成功的关键。

聚合酶链式反应（PCR）在病原真菌鉴定方面也有应用，如采用PCR技术来鉴别小麦样品中是否带有小麦印腥黑穗病菌等。

第十二节 植物病原细菌的检验

植物病原细菌常用检测标准包括：SN/T 2601—2010《植物病原细菌常规检测规范》、SN/T 5204—2020《植物病原细菌筛查MALDI-TOF MS法》等。

SN/T 2601—2010《植物病原细菌常规检测规范》

（一）直接检验

植物细菌病害有软腐、环腐、萎蔫、溃疡、疮痂、枝枯、叶斑、组织增生（瘿瘤、须根）等多种症状。叶片上病斑常呈水渍状，上有细菌溢脓。病部切片镜检可见细菌溢。检验甘薯瘟（*Pseudomonas solanacearum*），可选取可疑薯块未腐烂部位，取一小块变色维管束组织，制片镜检，若有细菌溢出现，结合症状特点，可诊断为甘薯瘟。检验马铃薯环腐病菌（*Corynebacterium michiganense* pv. *sepedonicum*），尚需挑取病薯维管束的乳黄色菌脓涂片，革兰氏染色测定呈现阳性反应。某些病原细菌侵染的种子可能表现症状。例如，菜豆普通疫病（*Xanthomonas campestris* pv. *phaseoli*），病种子种脐部变黄褐色。感染溃疡病菌（*Corynebacterium michiganense* pv. *michiganense*）的辣椒种子瘦小变褐色。白色种皮的菜豆种子在紫外光照射下发出浅蓝色的荧光，表明可能受到晕蔫病菌（*Pseudomonas syringae* pv. *phaseolicola*）侵染。但是，并非所有带菌种子都表现症状，直接检验有很大的局限。即使表现症状的种子，仍需用较精密的方法进一步鉴定。

（二）细菌分离培养法

常用普通营养培养基、鉴别性培养基或选择性培养基分离纯化提取到的细菌。在鉴别性培养基上，目标细菌菌落有明确的鉴别特征，选择性培养基则促进目标菌生长，而抑制其他微生物生长。如检测菜豆种子传带晕蔫病菌（*P. Syringae* pv. *phaseolicola*），可将提取液系列稀释后分别在金氏B培养基平板上涂布分离，在25℃和无光条件下培养3天后，在紫外光或近紫外光照射下有蓝色荧光的菌落，为假单胞杆菌，可能是晕蔫病菌，需选择典型菌落做进一步的鉴定。检测甘蓝黑腐病病原细菌时，提取液在蛋白胨肉汁淀粉琼脂培养基在检出的黄色菌落上滴加鲁戈尔试液，若菌落周边培养基不被染色，则表示淀粉已被水解，该菌落可能为目标菌，再用生物学方法或血清学方法鉴定。

（三）生理生化测定

用细菌培养物接种于特定的培养物或检测管，通过产酸、产气、颜色变化等反应，检测细菌的耐盐性、好氧或厌氧性、对碳素化合物的利用和分解能力、对氮素化合物的利用和分解能力、对大分子化合物的分解能力等，达到鉴别目的。如梨火疫病菌［*Erwinia amylovora*（Burrill）*Winslow*］属兼性厌氧，在葡萄糖、半乳糖、果糖、蔗糖和-甲基葡萄糖苷、海藻糖中产酸不产气，不能利用木糖和鼠李糖，水解明胶，不水解酪蛋白，不还原硝酸盐，不产生吲哚和二氧化硫。

Biolog 细菌自动化鉴定系统是美国研制的一种专门用于细菌鉴定的专家系统，该系统将细菌生理、生化过程的检测与先进的计算机管理手段有机地结合起来。应用时只需将经过纯化后的病原细菌制成菌悬液，再接种到反应板上，4~24h 便可得到准确的鉴定结果。为此该系统的使用，在很大程度上简化了传统的细菌鉴定程序。目前应用数据库软件可鉴定 567 种 G^-菌和 256 种 G^+菌。

（四）致病性测定

用植物病部的细菌溢或分离纯化的细菌培养物接种寄主植物，检查典型的症状。例如，鉴定甘蓝黑腐病黄单胞杆菌时，用针刺接种甘蓝叶片中肋的切片，切片置于 1.5%水琼脂平板上，在 28℃和黑暗无光条件下培养 3 天。如确系该菌，则接种部位软腐、维管束褐变。致病性测定是一种辅助鉴定方法，多用于验证分离菌的致病性以排除培养性状与病原菌相近的腐生菌。

（五）过敏性反应测定

用接种寄主植物的方法测定细菌培养物的致病性要花费较长的时间，用过敏反应鉴定，只需 24~48h，便能区分病原菌和腐生菌。烟草是最常用的测定植物。取待测细菌的新鲜培养，制成细菌悬浮液，用注射器接种。注射针头由烟草叶片背面主脉附近插入表皮下，注入菌悬液。若为致病细菌，1~2 天后，注射部位变为褐色过敏性坏死斑块，叶组织变薄变褐色，具黑褐色边缘。

（六）噬菌体检验

噬菌体是感染细菌的病毒，能在活细菌细胞中寄生繁殖，破坏和裂解寄主细胞。在液体培养时，使混浊的细菌悬浮液变得澄清，在固体平板上培养时，则出现许多边缘整齐、透明光亮的圆形无菌空斑，称为噬菌斑，肉眼即可分辨。噬菌体法的主要优点是简便、快速，能直接用种子提取液测定。缺点是非目标菌多量存在时敏感性较差，噬菌体的寄生专化性和细菌对噬菌体的抵抗性都可能影响检验的准确性。

（七）血清学（鉴定）

检验最常用的血清学检验方法是玻片沉淀法和琼脂双扩散法，近年趋向于利用荧光抗体法和酶联免疫吸附法。

荧光抗体法（Fluorescent Antibody Technique）先将荧光染料与抗体以化学方法结合起来形成标记抗体，抗体与荧光染料结合不影响抗体的免疫特性，当与相应的抗原反应后，产生了有荧光标记的抗体抗原复合物，受荧光显微镜高压汞灯光源的紫外光照射，便激发出荧光。荧光的存在就表示抗原的存在。荧光抗体法有直接法和间接法两种。直接法是将标记的特异抗体直接与待查抗原产生结合反应，从而测知抗原的存在。间接法是标记的抗体与抗原之间结合有未标记的抗体。国内用间接法检测玉米种子传带的玉米枯萎菌（*Erwiniaste wartii*），该法先将种子提取液在载玻片上涂片，火焰固定后滴加目标菌抗血清，在 38℃下培养 30min 后，用磷酸缓冲液冲洗玻片，晾干后再滴加羊抗兔 IgG 荧光抗体（异硫氰酸荧光黄标记的羊抗兔-球蛋白，用葡聚糖凝胶 G-25 过滤层析法除去游离荧光素制成），培育、冲洗、晾干后用荧光显微镜检查。

（八）生长检验

常用幼苗症状检验法，即将种子播种在湿润吸水纸上或水琼脂培养基平板上，根据幼芽和幼苗症状做出初步诊断，然后接种证实病部细菌的致病性或做进一步的鉴定。检验甘蓝种子传带黑腐病菌（*Xanthomonas campestris* pv. *campestris*）的 Srinivasan 方法用 200mg/kg 的金霉素浸种 3~4h 后，播种于培养皿内的 1.5%水琼脂平板上，在 20℃和黑暗条件下培养 8 天，用实体显微镜观察幼芽和幼苗的症状。带菌种子萌发后芽苗变褐色，畸形矮化，迅速腐烂，表面有细菌溢脓，由子叶边缘开始形成“V”形褐色水渍状病斑。幼苗症状检验需占用较大空间，花费较长时间，难以检测大量种子。有时发生真菌污染，症状混淆，难以鉴定。带有细菌的种子还可能丧失萌发能力，从而逃避了检验。在检疫中生长检验多作为初步检验或预备检验。

（九）分子生物学检验

近些年来，分子生物学技术被越来越多地应用于植物病原的检验。应用聚合酶链式反应（PCR）可以非常简便快速地从微量生物材料中以体外扩增的方式获取大量的遗传物质，并有极高的灵敏度和显著的专一性，从而大大地提高了对 DNA 分子的检测能力。由于这一技术具有快速简便、灵敏度高、特异性强的优点，故而在各个领域包括植物检疫方面得到广泛应用和迅速发展，并成为现代分子克隆技术的基本手段。随机扩增多态 DNA（RAPD）即为以 PCR 为基础发展起来的一项 DNA 水平上的大分子多态检测技术，由于无需专门设计的 RAPD 扩增反应引物，所以其应用范围更加广泛。E. J. A Blackmore 等曾利用 RAPD 制作 DNA 探针，成功地完成了对玉米枯萎菌的检测和鉴定工作。此外，分子生物学技术还被广泛地应用于病毒鉴定、线虫鉴定、昆虫分类等方面。

第十三节　植物病原病毒的检验

（一）直接检验

带毒种子或其他植物材料表现明显症状，能以肉眼和手持扩大镜直接识别的实例甚少，大豆花叶病毒（*Sowbane mosaic virus*）侵染的大豆种子有以种脐为中心的放射形黑褐色斑纹，豌豆种传花叶病毒（*Pea seedborne mosaic virus*）造成种皮变色和开裂，蚕豆色病毒（*Broad bean stain virus*）使蚕豆种子产生坏死斑。但是，种子症状仅表示母株受到病毒侵染，而不一定表明胚内有病毒侵染，从而不一定传毒。

（二）生长检验

种苗需在实验室内或防虫温室内适于植物生长与症状表现的条件下栽培，在生长期间根据症状检出病株。种子带毒可根据幼苗症状作初步鉴定，但仅适用于苗期有特征性症状的少数寄主——病毒组合。例如，检验莴苣种子传带莴苣花叶病毒（*Lettuce mosaic virus*），大麦种子传带大麦条纹化叶病毒（*Barley stripe mosaic virus*），菜豆种子传带菜豆普通花叶病毒（*Bean common mosaic virus*）等。通常单凭症状难以做出诊断，这是因为病毒症状常与其他病原微生物引起的症状，甚至缺素症相混淆，病毒症状还因品种和病毒株系不同而有较大变化，以及可能发生潜伏侵染等，这些均限制了生长检验的应用。

（三）指示植物鉴定

种苗带毒以及在生长期检验中所发现的潜伏侵染的可疑病株，常用接种指示植物的方法予以鉴定。鉴定时多用病植物汁液、种子浸渍液或种子研磨制成的提取液摩擦接种指示植物，依据指示植物症状鉴定病毒种类。种传病毒的带毒率很低，对于危险性的病毒即使指示植物鉴定得出阴性结果，仍需采用血清学方法或电镜观察做进一步鉴定，使用指示植物鉴定法时要正确选择指示植物，适时接种。不同的环境条件对指示植物的表征有很大影响，甚至会表现隐症。

（四）血清学检验

血清学检验依据抗原与抗体反应的高度特异性，在具备高效价抗血清情况下，血清学方法不需要复杂的设备，便于推广使用。常用的血清检验方法有以下几种。

（1）沉淀反应测定　含有抗原的植物汁液与稀释的抗血清在试管中等量混合，孵育后即可产生沉淀反应，在黑暗的背景下可见絮状或致密颗粒状沉淀。为节省抗血清，提出了许多改进方法，如微滴测定法（Micro-drop Method），玻璃毛细管法（Glass Capillary Method）等，这些方法都适用于检疫检验中的病毒检索，但是灵敏度较低。

（2）琼脂扩散法　将加热融化的琼脂或琼脂糖注入培养皿中，冷却后形成凝胶平板，在板上打孔，孔的直径为0.3~0.4cm，两孔间距0.5cm，然后将待测植株种子提取液和抗血清加到不同的孔中。测定液中若有抗原存在，则抗原、抗体同时扩散，相遇处形成沉淀带。经典的琼脂扩散法只适于鉴定能在凝胶中自由扩散的球形病毒。杆形和线形病毒粒子大于琼脂网径时，就不能在琼脂中自由扩散。加入SDS后，使病毒蛋白质外壳破碎，即克服这一缺陷而适用于多种形状的病毒。在检验大麦种子传带大麦条纹花叶病毒时，有人用剥离的种胚压碎后直接测定；在检测大豆花叶病毒和豌豆黑眼花叶病毒时，用幼苗胚轴切片供测，均取得较好的结果。在检疫检验中，琼脂双扩散法可用作常规病毒检索方法，该法灵敏度较高。用豆科植物种子提取液测定时，常出现非特异性沉淀，这可能是因为豆科种子富含凝集素（Lectin）的缘故。

（3）乳胶凝集法　用致敏乳胶吸附抗体制成特异性抗体致敏乳胶悬液，它与抗原反应后，乳胶分子吸附的抗体与抗原结合，凝集成复杂的交联体，凝集反应清晰可辨。检查大麦种子传带大麦条纹花叶病毒时，可取1周龄大麦幼苗嫩尖的榨取汁测定。

（4）酶联免疫吸附法　该法是用酶作为标记或指示剂进行抗原的定性、定量测定。直接酶联法用特异性酶标抗体球蛋白检出样品中的抗原。操作时，先将等测抗原置入微量反应板凹孔中培育，在吸附抗原后洗涤，保留吸附孔壁的抗原，随后加入特异性酶标记抗体，经洗涤后保留与抗原相结合的酶标抗体，形成抗原抗体复合物，再加酶的底物形成有色产物，用肉眼定性判断或用酶标仪定量测定。间接酶联法利用抗家兔或鸡球蛋白的山羊抗体与酶结合制备的酶标记抗体，只要制备出抗原的家兔特异抗血清。不需要再制备酶标记抗体就可用以检出抗原。国内多用辣根过氧化物酶标记。操作时先将待测抗原吸附于微量反应板孔壁上，培育一定时间后洗涤，加入特异性抗血清，经培育和洗涤后再加入羊抗兔酶标抗体，最后加入酶的底物，并及时观察结果。酶联法已成功地用于检测包括种传病毒在内的多种病毒，其灵敏度高，有些病毒的浓度低至0.1μg/mL也能被检测出来，用种子提取液供测，效率高，可快速检测大量种子。该法有高度的株系专化性，可能将某些病毒感染的材料误判为健康的。

（5）免疫电镜法　该法将病毒粒体的直接观察与血清反应的特异性结合起来检测病毒。现已用于检测多种作物种子传带的各类病毒。该法对抗血清质量的要求不甚严格，能使用效价较低或混杂有非特异性（寄主）抗体的抗血清，另外，该法灵敏度高，特异性范围较宽，无严格的病毒株系专化性，尤适于种传病毒检验。从干种子磨粉用缓冲液悬浮起到透射电镜观察的整个操作过程最快只需1.5h。

（6）分子生物学检验　用于病毒检测的技术主要有核酸分子杂交技术和聚合酶链式反应（PCR）。

分子杂交技术是基于病毒RNA或DNA链之间碱基互相配对的基本原理，是对病毒基因组的分析和鉴定。因此，具有灵敏度高，特异性强的特点。在病毒及类病毒的鉴定工作中愈来愈被广泛应用。通过一定的技术，制备带有标记物的目标病毒检测探针，和待检RNA或DNA进行核酸链之间碱基的特异配对，形成稳定的双链分子，然后通过放射性自显影或液闪计数来检测标样的核苷酸片段，达到检测目的。

PCR是一种体外快速扩增特定的DNA片段的技术。根据目标病毒的核酸序列合成特异性的两个3′端互补寡核苷酸引物（其他生物同理），在Taq聚合酶的作用下，以假定目标检测物的核酸为模板，从5′→3′进行一系列DNA合成，由高温变性、低温退火和适温延伸3个反应组成一个周期，循环进行扩增DNA。目标DNA的出现，间接表明目标病毒的存在。PCR的检测灵敏度可达到fg水平。

第十四节　植物寄生线虫的检验

植物寄生线虫的检验方法包括：SN/T 2757—2022《植物线虫检测规范》、SN/T 1132—2002《松材线虫检疫鉴定方法》和NY/T 1280—2007《花卉植物寄生线虫检测规程等检疫鉴定方法》等。

SN/T 2757—2022《植物线虫检测规范》

（一）直接检验

适用检验固着在植物体内或以休眠状态生存于植物组织内线虫，如粒瘿线虫（*Anguina*）、根结线虫（*Meloidogyne*）、胞囊线虫（*Heterodera*）、水稻干尖线虫等。

首先以肉眼和手持放大镜仔细检查种子，检出畸形、变色、干秕种子以及夹杂的土粒杂质等，做进一步检查。小麦粒瘿线虫（*Anguina tritici*）和剪股颖粒线虫（*A. agrostis*）都使寄主子实形成虫瘿。水稻茎线虫（*Ditylenchus angustus*）侵染的病粒变褐色，颖部不闭合，谷形瘠细或成为空谷。无性繁殖材料，从根系到茎、叶、芽、花等部位均应仔细检查，要特别注意根、块茎等部位有无根结、瘿瘤，根部有无黄色、褐色或白色针头大小的颗粒状物，须根有否增生，根部有否产生斑点、斑痕等症状。块根、块茎是否干缩龟裂和腐烂，叶、茎或其他组织是否肿大、畸形等症状。病材料可用浸泡、解剖和染色等方法检出线虫。可疑种子放入培养皿内，加入少量净水浸泡后，在解剖镜下剥离颖壳，挑破种子检查有无线虫。根、茎、叶、芽或其他植物材料洗净后切成小段置于培养皿内加水浸泡一定时间后，在解剖镜下解剖检查植物组织中有无线虫。检查水稻茎线虫可将病粒连颖及米粒在室温（20~30℃）下加灭菌水浸泡4~12h，振荡10min，低速（1500r/min）离心3min，弃去离心管内的上清液，吸取沉淀物制片镜检。

（二）染色检验

适于检验植物组织中的内寄生线虫。烧杯中加入酸性品红乳酸酚溶液，加热至沸腾，加入洗净的植物材料，透明染色 1~3min 后取出用冷水冲洗，然后转移到培养皿中，加入乳酸酚溶液褪色，用解剖镜检查植物组织中有无染成红色的线虫。

（三）分离检验

将病原线虫由寄主体内、土壤或其他载体中分离出来，再鉴定种类。

（1）改良贝尔曼漏斗法　本法适于分离少量植物材料中有活动能力的线虫。基本装置是一个直径适当的漏斗，漏斗颈末端接一段乳胶管，用弹簧夹把管子夹住。漏斗放置在支架上，其内盛满清水。把检验的植物材料洗掉泥土后，切成 0.5cm 长的小段，放在纱布中包起来，轻轻地浸入漏斗内。线虫从植物组织中逸出，经纱布沉落到漏斗颈底，经 12h 或一夜后，打开弹簧夹使胶管前端的水流到玻皿内，镜检线虫。

（2）过筛检验法　本法用于从大量土壤中分离各类线虫。将充分混匀的土壤样品置于不锈钢盆或塑料盆中，加入 2~3 倍体积的冷水，搅拌土壤并振碎土块后过 20 目筛，土壤悬浮液流入第二个盆中并喷水洗涤筛上物，弃去第一个盆中和筛上的剩余物，第二个盆中的土壤悬浮液经 1min 沉淀后再按上法过 150 目筛，从筛子背面将筛中物冲洗到烧杯中，盆中土壤悬浮液再继续过 325 目和 500 目筛。筛中物收集在烧杯中静置 20~30min，线虫沉积底部，弃去上清液，将沉积物转移到玻皿内镜检或吸取线虫鉴定。

（3）漂浮分离法　本法利用干燥的线虫胞囊能漂浮在水面的特性分离土壤中的马铃薯金线虫（*Globodera rostochiensis*）和各种胞囊线虫（*Heterodera*）。

芬威克漂浮法利用称为芬威克罐的装置进行分离。使用时先将漂浮筒注满水，并打湿 16 目筛和 60 目筛。风干的土壤经 6mm 筛过筛并充分混匀后取 200g 土样，放在 16 目筛内用水流冲洗，胞囊和草屑漂在水面并溢出，经簸箕状水槽流到底部 60 目筛中，用水冲洗底筛上的胞囊于瓶内，再往瓶内注水但不溢出，静置 10min，胞囊即浮于水面，然后轻轻倒入铺有滤纸的漏斗中过滤，胞囊附着滤纸上，滤纸晾干后，放在双目解剖镜下观察。

简易漂浮法适于检查少量含有胞囊的土样。该法用粗目筛筛去风干土土样中的植物残屑等杂物，称取 50g 筛底土放在 750mL 三角瓶中，加水至 1/3 处，摇动振荡几分钟后再加水至瓶口，静置 20~30min，土粒沉入瓶底，胞囊浮于水面，把上层漂浮液倒于铺有滤纸的漏斗中，胞囊沉着在滤纸上，再镜检晾干后的滤纸。

思政案例

据海关总署网站消息，2023 年全国海关严格进出境动植物检疫，严防外来物种入侵，检出检疫性有害生物 7.5 万种次，从进境寄递和旅客携带物品中查获外来物种 1186 种、3123 批次，其中“异宠”296 种、4.4 万只。准入 35 个国家的 38 种植物产品。准入 24 个国家（地区）的 24 种动物产品。防止 29 个国家的包括猴痘、非洲马瘟、蓝舌病、小反刍兽疫、高致病性禽流感、绵羊痘和山羊痘等多种疫情传入。

作为守护国门安全的第一道屏障，海关严格检疫查验，深化智能化装备和技术应用，进一步提升查验成效。2023 年 7 月，海关总署宣布在全国各口岸集中统一开展为期三年的严防外来物种入侵专项行动。

为严惩违规违法行为，海关总署联合最高人民法院和最高人民检察院开展行动，依法惩治非法引进外来入侵物种犯罪。加强联防联控，强化信息共享和执法互助，形成防控合力。加大宣传教育力度，通过政策解读和案例警示，营造全社会共同参与防控的良好氛围。海关将着力构建外来物种入侵口岸防控体系，深入推进严防外来物种入侵三年专项行动，严厉打击非法引进外来物种行为，为美丽中国建设积极贡献力量。

课程思政育人目标

通过学习2023年全国海关进出境动植物检疫成果及“严防外来物种入侵三年专项行动”，学习检验检疫人员守护国门的“检疫精神”，增强主动学习专业知识意识和爱国情怀。

思考题

1. 非洲猪瘟快速检测方法技术原理是什么？
2. 植物危险性病、虫、杂草等有害生物常用检疫鉴定方法有哪些？
3. 如何快速检测并鉴定植物寄生线虫？

第十章

CHAPTER 10

转基因产品检验检疫

学习目的与要求

1. 掌握进出境转基因产品的检验检疫。
2. 掌握转基因产品的主要检测方法。
3. 熟悉农业转基因生物标识管理制度。

第一节　概述

本教材所述农业转基因产品是指《农业转基因生物安全管理条例》(2017 年修订版) 规定的农业转基因生物及其他法律法规规定的转基因生物与产品。对通过各种方式 (包括贸易、来料加工、邮寄、携带、生产、代繁、科研、交换、展览、援助、赠送以及其他方式) 进出境的转基因产品应根据《进出境转基因产品检验检疫管理办法》实施检验检疫。

《农业转基因生物安全管理条例》(2017 年修订版)

《进出境转基因产品检验检疫管理办法》

海关总署负责全国进出境转基因产品的检验检疫管理工作，主管海关负责所辖地区进出境转基因产品的检验检疫以及监督管理工作。

(一) 与转基因相关的概念

1. 转基因技术

转基因技术指用人工分离和修饰过的外源基因导入生物体的基因组中，从而使生物体的遗传性状发生改变的技术，包括外源基因的克隆、表达载体构建、重组 DNA 导入受体细胞，受体细胞的筛选以及目的基因的检测和表达等。

2. 农业转基因生物

农业转基因生物指利用基因工程技术改变基因组构成，用于农业生产或者农产品加工的动植物、微生物及其产品，主要包括：

(1) 转基因动植物（含种子、种畜禽、水产苗种）和微生物；

(2) 转基因动植物、微生物产品；

(3) 转基因农产品的直接加工品；

(4) 含有转基因动植物、微生物或者其产品成分的种子、种畜禽、水产苗种、农药、兽药、肥料和添加剂等产品。

3. 农业转基因植物

农业转基因植物指利用基因工程技术改变基因组构成，用于农业生产或者农产品加工的植物及其产品。

4. 转基因动物

转基因动物指通过显微注射、电穿孔、粒子轰击、细胞转化、病毒导入等基因操作技术，将外源片段导入受体或定向改造受体基因得到的用于农业生产或者农产品加工的动物及其产品。

5. 转基因食品

转基因食品是以转基因生物为直接食品或为原料加工生产的产品，它可以是活体的，也可以是非活体的。生活中最常见的几种转基因食品包括：大豆及以大豆为原料的制品如豆腐和豆油等、玉米、大米、西红柿和土豆等。

（二）转基因产品的类型

按转基因的功能大致可以分为 5 类。

(1) 增产型　农作物增产与其生长分化、肥料、抗逆、抗虫害等因素密切相关，故可转移或修饰相关的基因达到增产效果。

(2) 控熟型　通过转移或修饰与控制成熟期有关的基因可以使转基因生物成熟期延迟或提前，以适应市场需求。最典型的例子是延熟速度慢，不易腐烂，好贮存。

(3) 高营养型　许多粮食作物缺少人体必需的氨基酸，为了改变这种状况，可以从改造种子贮藏蛋白质基因入手，使其表达的蛋白质具有合理的氨基酸组成。现已培育成功的有转基因玉米、土豆和菜豆等。

(4) 保健型　通过转移病原体抗原基因或毒素基因至粮食作物或果树中，人们吃了这些粮食和水果，相当于在补充营养的同时服用了疫苗，起到预防疾病的作用。有的转基因食物可防止动脉粥样硬化和骨质疏松。一些防病因子也可由转基因牛羊奶得到。

(5) 新品种型　通过不同品种间的基因重组可形成新品种，由其获得的转基因食品可能在品质、口味和色香方面具有新的特点。

第二节　进境转基因产品检验检疫

海关总署对进境转基因动植物及其产品、微生物及其产品和食品实行申报制度。货主或者其代理人在办理进境报检手续时，应当在《入境货物报检单》的货物名称栏中注明是否为转基因产品。申报为转基因产品的，除按规定提供有关单证外，还应当取得法律法规规定的主管部门签发的《农业转基因生物安全证书》或者相关批准文件。海关对《农业转基因生物安全证书》电子数据进行系统自动比对验核。

对列入实施标识管理的农业转基因生物目录的进境转基因产品，如申报是转基因的，海关应当实施转基因项目的符合性检测，如申报是非转基因的，海关应进行转基因项目抽查检测；对实施标识管理的农业转基因生物目录以外的进境动植物及其产品、微生物及其产品和食品，海关可根据情况实施转基因项目抽查检测。海关按照国家认可的检测方法和标准进行转基因项目检测。

经转基因检测合格的，准予进境。如有下列情况之一的，海关通知货主或者其代理人作退货或者销毁处理：①申报为转基因产品，但经检测其转基因成分与《农业转基因生物安全证书》不符的；②申报为非转基因产品，但经检测其含有转基因成分的。

进境供展览用的转基因产品，须获得法律法规规定的主管部门签发的有关批准文件后方可进境，展览期间应当接受海关的监管。展览结束后，所有转基因产品必须作退回或者销毁处理。如因特殊原因，需改变用途的，须按有关规定补办进境检验检疫手续。

对于进口的农业转基因生物，按照《农业转基因生物进口安全管理办法》分为用于研究和试验的、用于生产的以及用作加工原料的 3 种用途实行管理。原农业部负责农业转基因生物进口的安全管理工作。国家农业转基因生物安全委员会负责农业转基因生物进口的安全评价工作。

第三节　过境转基因产品检验检疫

海关总署对过境转移的农业转基因产品实行许可制度。其他过境转移的转基因产品，国家另有规定的按相关规定执行。

过境的转基因产品，货主或者其代理人应当事先向海关总署提出过境许可申请，并提交以下资料：①填写《转基因产品过境转移许可证申请表》；②输出国家或者地区有关部门出具的国（境）外已进行相应的研究证明文件或者已允许作为相应用途并投放市场的证明文件；③转基因产品的用途说明和拟采取的安全防范措施；④其他相关资料。

海关总署自收到申请之日起 270 日内作出答复，对符合要求的，签发《转基因产品过境转移许可证》并通知进境口岸检验检疫机构；对不符合要求的，签发不予过境转移许可证，并说明理由。

过境转基因产品进境时，货主或者其代理人须持规定的单证向进境口岸海关申报，经海关审查合格的，准予过境，并由出境口岸海关监督其出境。对改换原包装及变更过境线路的过境转基因产品，应当按照规定重新办理过境手续。

第四节　出境转基因产品检验检疫

对出境产品需要进行转基因检测或者出具非转基因证明的，货主或者其代理人应当提前向所在地检验检疫机构提出申请，并提供输入国家或者地区官方发布的转基因产品进境要求。

各地海关受理申请后，根据法律法规规定的主管部门发布的批准转基因技术应用于商业化生产的信息，按规定抽样送转基因检测实验室作转基因项目检测，依据出具的检测报告，确认为转基因产品并符合输入国家或者地区转基因产品进境要求的，出具相关检验检疫单证；确认为非转基因产品的，出具非转基因产品证明。

第五节　转基因的检测方法

目前应用的转基因检测方法有很多，一是以检测外源基因为目标，二是以检测外源蛋白为目标。其中外源核酸水平的检测技术主要有：实时荧光 PCR 法、数字 PCR 法、基因芯片法等；基于外源蛋白的检测技术主要有：酶联免疫分析法、免疫印迹法和试纸条法等；此外还有生物传感器技术、色谱技术等转基因检测新技术。

一、基于外源核酸水平的检测技术

核酸是绝大多数生命体的遗传物质，具有较高的稳定性和普遍性，因此以脱氧核糖核酸（DNA）为靶标的检测技术是目前最成熟、应用最广泛的转基因产品检测技术。其中实时荧光 PCR 方法，能较好地解决转基因产品检测所需要的定性检测、品系鉴定和定量检测的问题，是目前我国海关部门在进出境转基因检测中主要采用的方法，这与欧盟、美国等主流检测方法保持一致，不仅与国际接轨，也利于快速完成进出境农产品、食品转基因检测，提高通关效率。

（一）实时荧光 PCR 法

现行相关标准有：GB/T 38505—2020《转基因产品通用检测方法》、GB/T 19495. 4—2018《转基因产品检测　实时荧光定性聚合酶链式反应（PCR）检测方法》、GB/T 19495. 5—2018《转基因产品检测　实时荧光定量聚合酶链式反应（PCR）检测方法》、SN/T 1204—2016《植物及其加工产品中转基因成分实时荧光 PCR 定性检验方法》等。

1. 实时荧光定性聚合酶链式反应（PCR）检测方法

通过实时荧光 PCR 技术对待测样品 DNA 进行筛选检测，根据实时荧光 PCR 扩增结果，判断该样品中是否含有转基因成分。对外源基因检测结果为阳性的样品，或已知为转基因阳性的样品，如需进一步进行品系鉴定，则对品系特异性片段进行实时荧光 PCR 检测，根据结果判定该样品中含有哪（些）种转基因品系成分。

2. 实时荧光定量聚合酶链式反应（PCR）检测方法

该检测方法在传统 PCR 基础上引入了与模板 DNA 匹配的具有荧光标记的探针，随着 PCR

反应的进行实时监控目标序列的扩增，根据待测物起始浓度与循环阈值（Cycle Threshold Value，Ct）线性相关的原理，从而对靶标基因进行定量分析。与定性 PCR 相比，该技术对起始 DNA 浓度的测定具有高灵敏度和准确度，但成本较高，存在重现性较差的问题。

（二）数字 PCR 法

现行相关标准有：GB/T 33526—2017《转基因植物产品数字 PCR 检测方法》、SN/T 5334—2020《转基因植物产品的数字 PCR 检测方法》等。

数字 PCR 是一种基于泊松分布原理的针对单分子目标 DNA 的绝对定量技术。相对实时定量 PCR 技术，数字 PCR 不需要对每个循环进行实时荧光测定，也不需要 Ct 值来定量靶标。该检测方法是通过将原始 PCR 反应体系进行分割，进而对所有小的反应体系进行扩增并后续检测。通过对反应体系进行有限的分割，从而使整个反应体系可以更加耐受核酸抑制因子，并且更加稳定、准确、快速地对痕量的转基因成分进行精准鉴定。

现阶段数字 PCR 的实现形式包括芯片式数字 PCR 与微滴式数字 PCR 两种。其中芯片式数字 PCR 通过微流控芯片实现对原始反应体系的分割，这种分割方式具有稳定性好、均一性好的优点，但是这种分割方式的实验成本相对较高；微滴式数字 PCR 平台通过产生微小油包水体系实现反应体系的分割。这种分割方式具有反应速度快，分割成本低的优点，但是相对来说，这种分割方法的稳定性较差，而且对于数据分析的要求也相对较高。由于数字 PCR 的平台差异，对不同数字 PCR 平台进行的数据协同分析也成了目前数字 PCR 检测方法发展的关键。

（三）基因芯片法

现行相关标准有：GB/T 19495. 6—2004《转基因产品检测　基因芯片检测方法》。

基因芯片法是一项基于核酸杂交的高通量检测技术。首先将探针 DNA 有序地固定于玻片或其他固相载体上，同时对待测样品的核酸分子进行标记，利用固定在载体上的 DNA 阵列中的探针按碱基配对原理与标记的样品进行杂交，通过分析杂交信号，能够一次性准确地对样品中不同种类的 DNA 序列进行定性、定量的筛查，满足了当前转基因高通量、自动化检测的需求，但由于该方法成本较高、芯片合成复杂、背景干扰严重，在一定程度影响了该技术的广泛应用。

（四）植物产品液相芯片检测方法

现行相关标准有：GB/T 19495. 9—2017《转基因产品检测　植物产品液相芯片检测方法》。

该技术以荧光编码微球为基础，微球表面带有大量的活性基团，可与核酸探针、抗原、抗体等分子偶联。微球在制备过程中掺入了红色和橙色两种染料按照比例混合而成的荧光染料，两种染料分通过不同配比赋予了微球不同的颜色，从而把微球分为很多种，每种微球特异性的偶联针对目的 DNA 序列的寡核苷酸探针，就可以标记 100 种不同的探针分子。然后依次加入目的分子和带有荧光的报告分子，不同微球上的探针分子与不同的目的分子实现特异性结合，形成一个灵活性的液相芯片系统。

该方法的信号识别与检测技术是流式细胞术，它可以将微球体快速排成单列通过检测通道，使用红色和绿色两束激光对单个微球进行照射，红色激光通过分辨微球本身的光谱学指纹将微球分类对反应进行定性；绿色激光通过检测微球上结合的荧光报告分子质量对反应进行定量。所得到的荧光信号经过光电倍增管后经电脑处理，最后对数据进行分析，得出结果。

二、基于外源蛋白的检测技术

基于外源蛋白的转基因检测技术是以免疫分析技术为基础，利用抗体与目标蛋白（抗原）

特异性结合特性，通过偶联抗体与抗原抗体复合物的作用产生可检测的信号，来对转基因产品的外源表达蛋白进行定性和定量检测的一种技术。常见的方法主要包括酶联免疫分析法、免疫印迹法和试纸条法等。

现行相关标准有：GB/T 19495.8—2004《转基因产品检测　蛋白质检测方法》。

（一）酶联免疫分析法

酶联免疫分析法是在加入显色底物后，通过检测转基因蛋白与其特异性抗体结合发生的颜色变化及颜色变化的程度，判断是否有转基因蛋白存在及转基因蛋白的浓度。该方法可以进行定量分析，可同时检测多个样品，被广泛用于转基因蛋白的定性和定量检测。

（二）免疫印迹法

免疫印迹法主要用于定性确认转基因蛋白的存在以及转基因蛋白的大小（分子质量）。检测原理是将聚丙烯酰胺凝胶上分离的蛋白质转移到硝酸纤维素膜上，利用抗体反应和显色酶反应实现对转基因产品中外源蛋白的有效检测。该方法可进行半定量检测、也可多重检测、特异性强，但操作复杂、成本高、人为干预大、耗样量大、检测时间长、重复性差。

（三）试纸条法

试纸条法是一种快速、具有一定灵敏度的检测方法，适用于现场检测或初筛。这种方法将特异抗体交联到试纸条和有颜色的物质上，通过抗体和特异抗原结合后形成带有颜色的三明治结构进行检测。该方法简便快速、特异性强、成本低廉、不依赖仪器，可5~10min现场观测结果，在转基因产品大规模快速筛查检测中应用广泛。

（四）蛋白质芯片技术

蛋白质芯片技术是继基因芯片技术后发展起来的生物检测技术，其将已知序列的蛋白、多肽分子、抗原、抗体等以预先设计的方式固定在硝酸纤维素膜、玻璃、硅片等载体上排列，并将待测蛋白质与芯片进行孵育反应，通过检测荧光标记靶分子和芯片上的分子结合后产生的可检信号，实现转基因蛋白的检测。该技术样品用量少、特异性好、检测效率高，但成本高、依赖仪器、固相载体设计较难。

三、生物传感器技术

生物传感技术是一种将生物特征与电子设备相结合的技术，它将生物分子之间相互作用产生的生物信号转换为机械设备可以显示的信号。通过石墨烯等离子体共振传感器和电化学传感器，检测样品的折射率变化以分析待测样品的转基因成分，并通过物理、化学及其他换能器转变成可定量和可处理的信号，以检测基因成分。生物传感器具有高选择性、响应快、操作简单等优点，但其应用受到稳定性、重现性和使用寿命等的限制。

四、色谱技术

色谱技术可用于分析转基因产品和非转基因产品之间的化学成分差异，包括液相色谱法、气相色谱法和毛细管色谱法等。

目前，我国转基因产品检测技术已发布的国家标准和行业标准有200多项，这些转基因检测标准覆盖了当前大部分的转基因生物品种和加工产品，能满足我国转基因生物安全监管的需求。

第六节　农业转基因生物的标识管理

为了规范农业转基因生物的销售行为，引导农业转基因生物的生产和消费，保护消费者的知情权，根据《农业转基因生物安全管理条例》的有关规定，国家制定了《农业转基因生物标识管理办法》，对农业转基因生物实行标识制度。实施标识管理的农业转基因生物目录，由国务院农业行政主管部门商国务院有关部门制定、调整并公布。目前，我国仅发布第一批实施标识管理的农业转基因生物目录：

①大豆种子、大豆、大豆粉、大豆油、豆粕；

②玉米种子、玉米、玉米油、玉米粉；

③油菜种子、油菜籽、油菜籽油、油菜籽粕；

④棉花种子；

⑤番茄种子、鲜番茄、番茄酱。

根据《农业转基因生物标识管理办法》，转基因食品标识的标注方法有以下 3 种。

（1）转基因动植物（含种子、种畜禽、水产苗种）和微生物，转基因动植物、微生物产品，含有转基因动植物、微生物或者其产品成分的种子、种畜禽、水产苗种、农药、兽药、肥料和添加剂等产品，直接标注“转基因××”。

（2）转基因农产品的直接加工品，标注为“转基因××加工品（制成品）”或者“加工原料为转基因××”。

（3）用农业转基因生物或用含有农业转基因生物成分的产品加工制成的产品，但最终销售产品中已不再含有或检测不出转基因成分的产品，标注为“本产品为转基因××加工制成，但本产品中已不再含有转基因成分”或者标注为“本产品加工原料中有转基因××，但本产品中已不再含有转基因成分”。

凡是列入标识管理目录并用于销售的农业转基因生物，应当进行标识。不在农业转基因生物目录中的，不得进行“非转基因”宣传、标识。农业转基因生物标识应当醒目，并和产品的包装、标签同时设计和印制。难以在原有包装、标签上标注农业转基因生物标识的，可采用在原有包装、标签的基础上附加转基因生物标识的办法进行标注，但附加标识应当牢固、持久。

对转基因生物产品实行标识管理，既是规范相关产品生产与销售行为的需要，也是保护消费者知情权和选择权的需要。

思政案例

2018 年 6 月，黄埔海关从一批美国进口苜蓿草中检出非法转基因成分。这批苜蓿草重约 384 吨，经抽样送检，实验室检测出 FMV35S 启动子和 J101XJ163 复合品系，属于非法转基因苜蓿草。随后，黄埔海关对这批苜蓿草已按要求做退运处理。

苜蓿是一种优质饲料作物，其蛋白含量约占总干草质量的 17%~20%，素有“牧草之王”之称。近年来我国养殖业对苜蓿草的需求逐年增加，而国产苜蓿草在数量上和质量上均无法满足畜牧生产的消费需要，因此进口量持续增加。目前我国农业农村部尚未批准任何转基因苜蓿作为食品或饲料进入国境，非法转基因苜蓿草一旦传入我国，势必对国内农林生态安全带来不可预知的风险。

黄埔海关植检实验室从2014年就开展苜蓿转基因品系检测的研究，是国内最先开展并建立转基因苜蓿品系特异性检测方法的实验室。该实验室率先建立了转基因苜蓿J101、J163品系的实时荧光PCR和LAMP鉴定方法和KK179品系实时荧光PCR检测方法，该系列转基因苜蓿快速检测技术获得了4项国家发明专利，实现了转基因苜蓿品系快速、精准鉴定方法的全覆盖。同时该实验室建立的J101、J163和KK179品系特异性实时荧光PCR方法被吸收入SN标准《苜蓿中转基因成分实时荧光PCR定性检测方法》（2015B198K），并通过全国23家单位的验证，为国内转基因苜蓿品系快速、准确的检测奠定了坚实基础。

课程思政育人目标

通过学习海关截获转基因产品案例，以及《进出境转基因产品检验检疫管理办法》《农业转基因生物进口安全管理办法》《农业转基因生物安全评价管理办法》等相关规定，理解转基因产品进出口安全监管热点问题，认识快速、准确转基因检测技术对于发现潜在风险、筑牢国门生物安全防线的重要意义。同时通过学习海关一线人员致力于建立转基因产品检测体系的科学信念，树立正确价值观，增强勇担使命和刻苦钻研的精神。

思考题

1. 我国转基因产品检验检疫制度主要有哪些？

2. 试说明根据转基因产品的类型和特点，如何选择最有效的检测技术或组合来满足转基因产品检测的目的。

第十一章 过境检疫

CHAPTER 11

学习目的与要求

1. 掌握过境动物及产品检疫要求。
2. 掌握过境植物及产品检疫要求。
3. 了解过境检疫的作用和意义。

第一节 过境检疫概述

过境贸易在国际贸易中由来已久，主要是由于地理条件的限制，各个国家（地区）间的贸易往来不可能都是直接相通，而可能需要途径其他国家（地区）才能完成最终贸易，因而产生了在其他国家（地区）过境以及过境动植物检疫的问题。从风险角度上来讲，这种货物运输可能给过境国家（地区）带来动植物检疫风险。过境可以认为是一种特殊的进境方式，特殊性主要表现在过境货物的收发货人均不在我国国内，而且货物在我国停留的时间相对较短。这种特殊性也就决定了过境检疫管理有着不同于进境检疫管理的特点。

过境检疫是指对由境外启运，通过我国境内陆路继续运往境外的动植物、动植物产品和其他检疫物及其包装容器、包装物、运输工具实施检疫和必要的检疫处理。过境检疫是动植物检疫执法行为中的一项重要内容，它具体地体现了一个国家的主权和尊严。

过境检疫的意义是国家为防止动物传染病、寄生虫病和植物危险性病、虫、杂草以及其他有害生物随过境动植物、动植物产品和其他检疫物传入我国，保护农林牧渔业生产和人体健康而采取的一种手段。

我国幅员辽阔，相邻国家（地区）众多。其中很多国家受自然环境和气候等有利因素影响适宜发展农牧业生产，生产的动植物及其产品除满足国内消费需求外，尚有节余用于出口。但由于这些国家缺少港口，出口产品无法直接海运到达目的国家；或者一些国家（地区）有出海口，但由于目的国家无直达港口，货物也无法直接进入该国家（地区），只能通过第三国借道到达目的国家。我国提出“一带一路”倡议以来，沿线国家积极响应，大力发展农牧业，生产的农产品除大量出口我国外，还有过境我国出口第三国的需求。其中与我国相邻的哈萨克斯坦、俄罗斯、蒙古、东盟等国家（地区）农业生产资源相对丰富，过境出口需求也较大。

在当今世界中，发展国际贸易，促进国际间物资交流，开展科技协作，是推动世界经济发展不可缺少的手段。由于地理条件的限制，各国或地区间的贸易往来不可能都是直接相通，而需要经其他国家或地区才能完成，因而产生了在其他国家或地区过境的问题。一个国家或地区向另一个国家或地区运送物资，在对我国国家主权和安全不构成损害和威胁时，我们将按国际惯例给予方便。过境的动植物、动植物产品和其他检疫物在符合我国有关检疫要求的条件下，可以获得过境许可。因此，过境植物检疫是促进国际贸易发展的一个重要环节，也是我们履行国际义务和扩大中国影响力的一个重要方面。

2022 年 9 月 26 日海关总署公布《中华人民共和国海关过境货物监管办法》（海关总署令第 260 号），自 2022 年 11 月 1 日起施行。1992 年 9 月 1 日海关总署令第 38 号公布、根据 2010 年 11 月 26 日海关总署令第 198 号、2018 年 5 月 29 日海关总署令第 240 号修改的《中华人民共和国海关对过境货物监管办法》同时废止。

《中华人民共和国海关过境货物监管办法》

《中华人民共和国海关过境货物监管办法》第三条规定下列货物禁止过境：

①来自或者运往我国停止或者禁止贸易的国家或者地区的货物；

②武器、弹药、爆炸物品以及军需品，但是通过军事途径运输的除外；

③烈性毒药，麻醉品和鸦片、吗啡、海洛因、可卡因等毒品；

④危险废物、放射性废物；

⑤微生物、人体组织、生物制品、血液及其制品等特殊物品；

⑥外来入侵物种；

⑦象牙等濒危动植物及其制品，但是法律另有规定的除外；

⑧《中华人民共和国进出境动植物检疫法》规定的禁止进境物，但是法律另有规定的除外；

⑨对中国政治、经济、文化、道德造成危害的；

⑩国家规定禁止过境的其他货物。

为进一步规范和简化过境货物海关监管手续，海关总署决定推行过境运输申报无纸化。《海关总署关于推行过境运输申报无纸化的公告》（海关总署公告 2021 年第 116 号）自 2022 年 1 月 1 日起施行。有关事项如下。

（1）过境运输申报无纸化是指海关运用信息化技术，对企业向海关申报的过境运输申报单电子数据进行审核，无需收取纸质单证资料。海关需要验核相关纸质单证资料的，企业应当按照要求提供。

（2）相关企业应当严格按照本公告有关数据项、填制规范的要求，向海关申报过境运输申报单电子数据。海关审核通过后，因故不开展过境运输或者需要修改变更过境运输申报单电子数据的，企业应当向海关申请删除过境运输申报单电子数据。

（3）如遇网络故障或其他不可抗力因素，企业无法向海关申报过境运输申报单电子数据的，经海关同意，可以凭相关纸质单证材料办理过境手续；待故障排除后，企业应当及时向海关补充传输相关电子数据。

第二节　过境动物及产品检疫

一、过境许可

《中华人民共和国进出境动植物检疫法》规定，要求运输动物过境的，必须事先征得中国国家动植物检疫机关的同意，并按照指定的口岸和路线过境；《中华人民共和国进出境动植物检疫法实施条例》规定，运输过境报检时，应当提交动物过境检疫许可证。每份检疫许可证只允许过境一批动物，不得分批核销。承运人或其代理人在过境贸易合同或协议签订前，应通过进境口岸所在地直属海关向海关总署提出过境申请，办理过境检疫许可，并提供以下资料：过境申请文件、申请人法人资格证明、过境运输路线（包括进境和出境口岸）、运输方式及包装方式、相关的管理措施和应急处置预案等。

《中华人民共和国海关过境货物监管办法》规定过境货物是指由境外启运，通过中国境内陆路继续运往境外的货物。同我国缔结或者共同参加含有货物过境条款的国际条约、协定的国家或者地区的过境货物，按照有关条约、协定规定准予过境。其他过境货物，应当经国家商务、交通运输等主管部门批准并向进境地海关备案后准予过境。法律法规另有规定的，从其规定。

二、过境动物及产品检疫要求

（一）入境申报

动物进境前，过境动物的货主或其代理人应当向检疫许可证指定的入境口岸海关申报，并提供有效的输出国家（地区）官方动物检疫证书正本。入境口岸海关审核单证并核对检疫许可证（过境动物产品不需要）合格后，受理申报。无有效检疫许可证及输出国家（地区）官方机构出具的动物检疫证书的，不予受理。

（二）进境口岸查验

1. 接卸场地消毒

过境动物进境时，在海关人员的监督下，经海关核准的检疫处理单位对接卸动物的场地、通道、工具等进行彻底消毒。对上下运输工具的人员采取防疫消毒措施。

2. 现场查验

过境动物产品由动检普通查验岗位资质以上海关人员实施现场检疫，过境动物由具备动检专家查验岗位资质的海关人员在动物接卸前登船、车或飞机等运输工具实施现场检疫。

（1）核对货证是否相符，核实进口动物及产品的数量、品种是否与检疫许可证和检疫证书相符。

（2）查询运输路线、运输日志，并向承运人了解动物入境前的装卸、运行、停留、病、死及饲料等情况。

（3）检查装载过境动物及产品的运输工具、包装容器、笼具是否完好并能防止渗漏。动物在病媒昆虫活动季节过境时，其运输工具、笼具还需装置有效的防护设施。

3. 临床检查

对动物进行临床检查，观察动物是否有传染病症状、死亡、流产、腹泻等异常现象。一旦发现异常现象，应查明原因，必要时采样送实验室检测。对不明原因的大批动物死亡或发现一类传染病须实施退回处理，并按有关规定逐级上报海关总署。

临床检查的内容主要包括以下几点。

（1）群体检查

①遵循大群（整仓）到小群（圈、笼）再到个体的原则，尽量做到逐栏或逐层检查。

②进入舱内入口时，注意动物的粪尿气味是否正常，以推断舱内的通风情况及动物健康状况。粪尿气味如正常但浓度大，说明动物健康整体良好但通风不良，这时留意动物易患眼病；粪尿气味如发酸臭，则要留意动物患传染病的可能性。

③进入舱内入口时（尤其是海运），注意仔细听动物动静，如咳嗽、气喘、咆哮等情况。

④巡视动物的整体反应情况、可视黏膜是否正常，有无分泌物及性质。

⑤必要时可通过触摸动物，直观判定动物体温是否正常，也可用手持红外测温仪对动物体温进行抽测。

（2）个体检查

①对（海运）不合格的动物个体进行可明显识别的标记，做好记录，并通知船方不得卸离运输工具。

②重点对异常动物（咳嗽、咆哮、卧地不起或驱赶不愿站立或不能站立的动物）进行检查。

③观察走近、驱赶时局部动物的个体反应情况。如警觉时是抬头还是低头。低头又不躲避人的，多是双眼失明；抬头但向一侧歪转的，多是一侧眼睛失明；卧地不起或驱赶不愿站立的，应加大检查力度。

④是否有患严重皮肤病的动物。

⑤对空运动物，注意尽量检查动物是否能站立起来，是否有死亡动物，应当场查清，做好记录。

经以上现场检疫和临床检查合格的，准予过境。

（三）过境期间检疫监管

（1）过境动物须按照检疫许可证指定的路线在中国境内运输，海关对其在中国境内的运输全过程实施检疫监管；有押运要求的，入境口岸海关应当派员监运动物至出境口岸；对于在进境口岸、出境口岸改变运输方式的过境动物及产品，海关应对卸载、储存、换装、装载等全过程实施监管。如动物在吸血昆虫活动季节过境时，其运输工具、笼具还须装置有效的防护设施。

（2）动物及产品过境期间，未经海关同意，任何人不得接近过境动物，开拆包装或将过境动物及产品卸离运输工具。上下过境动物运输工具的人员需经海关同意，并接受必要的防疫消毒处理。

（3）过境期间动物尸体、排泄物、铺垫材料及其他废弃物必须按照海关的有关规定，进行无害化处理，不得擅自抛弃。

（4）需在中国境内添装饲料、铺垫材料的，应事先征得海关同意，所添装的饲料、铺垫材料应来自非疫区并符合兽医卫生要求，接受必要的防疫消毒处理。

（5）过境期间，由于不可抗力等原因，被迫在运输途中换装运输工具，或货物发生非预期紧急情况，可能导致动物检疫风险的，承运人应及时报告当地海关，在当地海关的监督下采取有效补救措施，并及时将相关信息及处理情况报告进境口岸、出境口岸海关。

（四）出境口岸查验

过境动物及产品离境时，货主或其代理人凭入境口岸海关的放行资料向离境口岸海关申报，并交验进境地海关签发的关封和海关需要的其他单证。如货物有变动情况，经营人还应当提交书面证明。对于已在进境口岸检疫合格的过境动物，如运输过程中未发生更换运输工具、装载容器或包装的，或由入境口岸海关派员监运至出境口岸的，原则上不再实施检疫。离境口岸海关审核有关单证、关封或货物无讹后，在海关监管下出境。

过境货物运抵出境地，经出境地海关核销后，方可运输出境。

（五）协作机制

过境动物及产品入境放行后，进境口岸海关应及时向出境口岸海关通报有关情况，发送过境检疫监管工作联系单，告知相关过境信息。根据过境货物实际情况，海关需要派人员押运过境货物时，经营人或承运人应免费提供交通工具和执行监管任务的便利，并按照规定缴纳规费。

进境口岸、出境口岸以及过境路线沿线的海关应加强交流沟通，紧密配合协作，建立信息互通共享机制，协调解决过境货物监管工作中的问题，共同做好过境联合监管工作。

（六）风险预警

过境动物及产品发现重大疫情的，海关总署及主管海关依照相关规定，采取启动应急处置预案等应急处置措施，并发布警示通报。当检疫风险已不存在或者降低到可接受的水平时，海关总署及主管海关应当及时解除警示通报。

海关总署及主管海关根据情况将重要的过境动物及产品检疫风险信息向地方政府、农业行政管理部门、国外主管机构等相关机构和单位进行通报，并协同采取必要措施。过境检疫风险信息公开应当按照相关规定程序进行。

三、不合格处置

（一）处理后准予过境

（1）经查验监管发现过境动物的饲料、铺垫材料受病虫害污染的，出具《检疫处理通知书》。除害处理合格后，准予过境。

（2）经查验监管发现运输工具、包装物、集装箱、笼具等破损、撒漏或有可能造成途中撒漏的，要求货主或其代理人采取密封和其他处理措施进行有效处理，合格后，准予过境。

（二）不准过境的处置

（1）输出或途经国家（地区）发生一类动物传染病或其他严重威胁我国畜牧业和人体健康的疾病时，全群动物不准过境。已运输至我国境内的，立即退运回原输出国家。

（2）口岸申报时，无输出国家（地区）官方动物检疫证书的、进境动物无海关总署签发的检疫许可证的，不准过境，退运回原输出国家。

（3）经查验监管，发现货物品名、数（重）量、原产地、包装规格、运输工具号码、封识号等货证不符的，不准过境，退运回原输出国家。

（4）在进境口岸查验监管发现运输工具、包装物、集装箱、笼具破损、撒漏或有可能造成途中撒漏的，无法采取密封和其他处理措施进行有效处理的，不准过境，退运回原输出国家。

（5）在进境口岸查验监管发现过境动物的饲料、铺垫材料受病虫害污染的，无有效除害处理方法的，不准过境，采取销毁处理或退运回原输出国家。在出境口岸发现的，按照疫情应急处理和防扩散的原则，应立即要求承运人将货物运输出境。

（6）在临床检查中发现动物急性死亡或有一、二类动物传染病、寄生虫病症状的，全群动物不准过境；动物过境途中经检测确认发生一类动物传染病、寄生虫病的，扑杀全群动物并无害化处理；发生二类动物传染病、寄生虫病的，扑杀阳性动物并无害化处理，其余动物退运回原输出国家。

（三）过境超期的处置

过境动物及产品应当自进境之日起 3 个月内运输出境，在特殊情况下，经海关同意，可以延期，但延长期不得超过 3 个月。境内停留时间超过 90 天的，按进境种用动物要求进行检疫监管。过境货物在规定时间内不能出境的，海关按《中华人民共和国海关行政处罚实施条例》的有关规定处罚。

第三节　过境植物及产品检疫

一、过境许可

（一）许可申请

国际植物检疫措施标准第 25 号（ISPM25）《过境货物》规定，对于过境货物应开展危险性评估，根据评估结果确定是否采取特定植物检疫措施，如过境许可等；SN/T 4551—2016《过境粮食检验检疫管理规范》规定应在过境粮食贸易合同或协议前提出过境申请，并提供相关资料。

除此之外，很少有规定明确哪些植物及其产品需要实施过境检疫许可。近几年，随着粮食过境的需求大增，海关总署对粮食首次过境实施检疫监管方案审核和现场专家验证的管理制度。如采用同样的方式（如进出境口岸、品种、包装、运输路线及监管方案等）过境的，不再需要每次都提出过境申请。这种监管方式类似于过境许可。对于其他植物及其产品，主要按照相关法律法规规定，采取一事一报的方式进行管理和处置。

承运人或其代理人在过境贸易合同或协议签订前，应通过进境口岸海关向海关总署提出过境申请，并提供以下资料：过境申请文件、申请人法人资格证明、过境运输路线（包括进境和出境口岸）、运输方式及包装方式、相关的管理措施和应急处置预案等。对于过境转基因植物及其产品的，除了相关申请表外，需要提交输出国家（地区）有关部门出具的国（境）外已进行相应的研究证明文件或者已允许作为相应用途并投放市场的证明文件以及转基因产品的用途说明和拟采取的安全防范措施等，符合要求的，签发《转基因产品过境转移许可证》。

（二）风险评估

根据国际植物检疫措施标准第 25 号（ISPM25）《过境货物》的要求，对过境运输所带来的植物检疫危险性的评估一般仅注重评估因过境货物而传入有害生物或者有害生物扩散的可能性。过境货物的下列这些信息也是评估必须考虑的因素：来自过境货物的限定有害生物的传入和/或扩散途径；相关有害生物的扩散机制和迁移性；运输工具（如卡车、火车、飞机、船等）；运输的植物检疫安全（如封闭、封印等）；包装的存在及种类；外形改变（如合并、分装、重新包装）；过境期或储存期及储存条件；在过境之前及过境国内货物的运输路线；过境的频度、数量和季节。

根据国际植物检疫措施标准的无歧视原则，对过境植物及其产品所采取的植物检疫措施不应严于同种植物及其产品输入的植物检疫要求。海关总署根据申请人提供的相关资料，对拟过境的植物、植物产品和其他检疫物可能带来的植物检疫风险开展风险评估，重点评估其导致检疫性有害生物传入和扩散的可能性，输出及途经国家（地区）有无相应植物疫情风险等。必要时，专家组可以到国外开展实地考察和对外协商。根据风险评估结果，确定是否准许过境以及应采取的植物检疫及监管措施。

风险评估应遵循原则包括：拟过境植物及其产品不带有我国关注的检疫性有害生物，过境过程中不存在有害生物的传入或扩散的风险，准许过境；拟过境植物及其产品带有我国关注的检疫性有害生物，过境过程中存在有害生物的传入或扩散的风险，但通过采取相应的植物检疫措施，可有效控制风险，准许过境；拟过境植物及其产品带有我国关注的检疫性有害生物，过境过程中存在重大植物检疫风险，且无法通过采取相应的植物检疫措施有效控制风险的，不准过境。

对于过境粮食等高风险植物产品过境的，海关总署在网站上公布相关检疫监管措施，由相关口岸海关按照检疫监管措施实施监管和检疫查验。

二、过境检疫

（一）入境申报

过境植物、植物产品和其他检疫物到达我国进境口岸时，承运人或其代理人应向进境口岸海关申报。提供海关过境货物报关单、过境货物运输单据（运单、装载清单、载货清单等）、输出国家（地区）官方出具的植物检疫证书、检疫许可证或其他批准文件、发票、装箱清单等其他单证资料。单证审核合格后，海关受理申报。

（二）进境口岸查验

过境植物、植物产品和其他检疫物到达进境口岸后，海关按照查验指令实施现场查验监管，包括但不限于核查货证、现场检疫、消毒处理等。系统中无查验指令的，原则上不得查验货物。

对于以原运输工具、原集装箱过境的，现场查验以运输工具、集装箱查验为主，包括核查集装箱尺寸、数量是否一致，封识是否完整，核查集装箱号、封识号是否一致，查验运输工具、集装箱外表有无破损、撒漏，是否附着土壤、害虫、蜗牛、杂草籽等有害生物。

对于在进境口岸需要更换运输工具的，不仅应全面查验原运输工具上有无过境货物的残留物、铺垫物、有害生物侵染及其他废弃物等，而且还应检查新的运输工具是否完好无损、是否适合过境货物运输。检查装载容器、包装物等有无破损、撒漏或有害生物侵染等情况；检查过境货物、包装物或撒漏物中是否带有我国关注的活体检疫性昆虫。

对现场查验截获的害虫、杂草、蜗牛等有害生物，应及时送实验室进行检疫鉴定。鉴定结果未出来之前，过境植物、植物产品和其他检疫物不得在国内过境、运输。

（三）出境口岸查验

过境植物、植物产品和其他检疫物到达出境口岸前，货主或其代理人应向出境海关申报，并提供相关资料。出境口岸海关对抵达的过境货物按照查验指令要求进行查验并实施监管。包括检查过境运输工具的数量、箱号、封识号、货物品名等是否与企业申报及进境口岸工作联系单通报的情况一致，运输工具有无破损、撒漏等情况。如需在出境口岸更换运输工具、装载容器或包装的，则需按上述要求进行检查。对于已在进境口岸检疫合格的过境植物、植物产品和其他检疫物，如运输过程中未发生更换运输工具、装载容器或包装的，出境口岸原则上不再实施检疫，但海关有明确的查验指令的除外。

（四）准予过境条件

经查验监管，货证相符，未发现我国关注的检疫性有害生物，且运输工具、包装物、集装箱等完好无损，不撒漏的，准予过境。

经查验监管发现我国关注的检疫性有害生物，出具《检疫处理通知书》。除害处理合格后，准予过境。

经查验监管发现运输工具、包装物、集装箱等破损、撒漏或有可能造成途中撒漏的，要求货主或其代理人采取密封和其他处理措施进行有效处理，合格后，准予过境。

如果过境植物及其产品的目标国家（地区）需要，应按照有关规定出具《植物转口检疫证书》。

（五）不合格处置

口岸申报时，无输出国家（地区）官方植物检疫证书的、过境转基因产品无海关总署签发的《转基因产品过境转移许可证》的，不准过境，退运回原输出国家。

经查验监管，发现货物品名、数（重）量、原产地、包装规格、运输工具号码、封识号等货证不符的，不准过境，退运回原输出国家。

在进境口岸查验监管发现我国关注的检疫性有害生物，无有效除害处理方法的，不准过境，采取销毁处理或退运回原输出国家。在出境口岸发现的，按照疫情应急处理和防扩散的原则，应立即要求承运人将货物运输出境。

在进境口岸查验监管发现运输工具、包装物、集装箱等破损、撒漏或有可能造成途中撒漏的，无法采取密封和其他处理措施进行有效处理的，不准过境，退运回原输出国家。

过境货物应当自进境之日起 6 个月内运输出境；在特殊情况下，经海关同意，可以延期，但延长期不得超过 3 个月。过境货物在规定时间内不能出境的，海关按《中华人民共和国海关行政处罚实施条例》的有关规定处罚。

三、监督管理

（一）运输监管

承运人应按照批准的进境口岸、出境口岸、过境路线、包装方式、运输方式等管理要求组织实施过境。确保过境途中密封不撒漏。过境期间，进境口岸海关可对运输过境货物的运输工具加施封识以防止沿途分装、重新包装和卸载。未经海关批准，任何人不应擅自拆卸封识、开拆过境货物的包装或将其卸离运输工具。

对于在进境口岸、出境口岸改变运输方式的过境植物、植物产品和其他检疫物，海关应对卸载、储存、换装、装载等全过程实施监管。对于过境转基因植物及其产品的，不得更换包装和变更运输路线。

过境期间，由于不可抗力等原因，被迫在运输途中换装运输工具，或货物发生非预期紧急情况，可能导致植物检疫风险的，承运人应及时报告当地海关，在当地海关的监督下采取有效补救措施，并及时将相关信息及处理情况报告进境口岸、出境口岸的海关。

（二）防疫监管

存放过境货物的仓库（场）应建立必要的植物疫情防控制度和相应的管理措施；海关应监督承运人或其代理人对原运输工具、装载容器、包装、作业现场等及时进行清洁，必要时进行适当的检疫或防疫处理；对下脚料、废弃物等及时进行无害化处理。

（三）协作机制

过境植物、植物产品和其他检疫物入境放行后，进境口岸海关应及时向出境口岸海关通报有关情况，发送过境检疫监管工作联系单，告知相关过境信息。根据过境货物实际情况，海关需要派员押运过境货物时，经营人或承运人应免费提供交通工具和执行监管任务的便利，并按照规定缴纳规费。

进境口岸、出境口岸以及过境路线沿线的海关应加强交流沟通，紧密配合协作，建立信息互通共享机制，协调解决过境货物监管工作中的问题，共同做好过境联合监管工作。

（四）风险预警

过境植物、植物产品和其他检疫物发现重大植物疫情的，海关总署及主管海关依照相关规定，采取启动应急处置预案等应急处置措施，并发布警示通报。当检疫风险已不存在或者降低到可接受的水平时，海关总署及主管海关应当及时解除警示通报。

海关总署及主管海关根据情况将重要的过境植物及其产品检疫风险信息向地方政府、农业行政管理部门、国外主管机构等相关机构和单位进行通报，并协同采取必要措施。过境检疫风险信息公开应当按照相关规定程序进行。

思政案例

由于美国爆发高致病性禽流感，2024 年 7 月 24 日俄罗斯联邦兽医和植物卫生监督局发布 SPS 通报：从美国进口到俄罗斯联邦境内的活家禽、家禽产品、蛋类、家禽设备、鸟类饲料和饲料添加剂以及上述产品在俄罗斯境内的过境实行临时限制。

由于澳大利亚暴发高致病性禽流感疫情，2024 年 5 月 28 日俄罗斯联邦兽医和植物卫生监督局发布 SPS 通报：从澳大利亚向俄罗斯联邦领土进口活家禽、家禽产品、鸡蛋、家禽设备、鸟类饲料和饲料添加剂实施临时限制，并限制活家禽在俄罗斯领土过境中转。

由于波兰暴发新城病疫情，2023 年 7 月 17 日俄罗斯联邦兽医和植物卫生监督局发布 SPS 通报：从波兰向俄罗斯联邦领土进口活家禽和家禽产品以及活家禽在俄罗斯领土过境施加临时限制。

课程思政育人目标

通过学习“俄罗斯发布 SPS 通报，对来自美国、澳大利亚和波兰的农产品施加从俄罗斯领土过境临时限制”等案例，明确其他国家也可以据此对相关国家同类产品采取类似进境或过境限制措施，认识过境检疫对国际贸易和国际交流的重要作用，理解过境动植物检验检疫的重要性，扩大国际视野。

思考题

1. 过境动物及产品检疫要求有哪些？
2. 过境植物及产品检疫要求有哪些？
3. 过境动植物及动植物产品检疫的作用和意义是什么？

CHAPTER 12

第十二章 进出境旅客携带物检疫

学习目的与要求

1. 掌握进出境旅客携带物现场检疫基本要求。
2. 掌握进出境旅客携带宠物检疫的工作要点。
3. 了解进出境旅客携带物检疫制度依据。

第一节 概述

进出境旅客携带物检疫是指海关依法对出入境人员（包括出入境旅客，享有外交、领事特权与豁免权的外交代表，交通工具员工等）随身携带以及随所搭乘的交通工具托运的物品和分离运输的物品所实施的检疫监管。这是海关检疫监管工作的重要组成部分，也是保护国门生物安全、经济安全和国家安全的重要手段。

新中国成立后，携带物检疫查验成为口岸检疫查验的重要组成部分。1954 年，中央人民政府发布《输出输入植物检疫暂行办法》，规定“输入输出植物需经商品检验局实施检疫”，之后，广东、丹东商检部门开始对国际列车及旅客携带物实施检疫。1959 年，香港暴发口蹄疫，广东对旅客携带物实施检疫，禁止旅客携带肉类、皮毛等入境。1981 年，北京动植物检疫所开始派员常驻国际机场，全面开展进出境旅客携带物的检疫工作。全国各口岸动植物检疫工作人员相继对旅客携带物进行检疫查验。

携带物检疫的相关法律法规也在发展过程中不断完善。1956 年 1 月对外贸易部发布了《关于试办旅客携带植物检疫问题的通知》，要求各口岸逐步开展入境旅客携带植物检疫工作。1957 年，对外经贸部商品检验总局印发《关于旅客携带输入植物检疫问题的通知》，旅客携带植物检疫工作正式开展。1966 年 9 月，农业部、对外贸易部联合印发的《农业部关于执行对外植物检疫工作的几项规定》第四条规定：“凡是行李、邮件和包裹等由植物检疫机关会同海关登轮、登车检查或在海关的行李邮包检查处执行检验检疫。”1982 年，国务院颁布的《中华人民共和国进出口动植物检疫条例》将旅检工作单独列为一章，明确规定旅客携带动植物、动植物产品入境时，必须接受检疫。1992 年施行的《中华人民共和国进出境动植物检疫法》，1996 年发布的《中华人民共和国进出境动植物检疫法实施条例》各自对携带物检疫工作做了明确规定。随后，《出入境人员携带物检疫管理办法》和《禁止携带、邮寄进境的动植物及其产品名录》等相关部门规章的下发及修订对携带物动植物检疫工作做出具体的指导。2021 年 10 月农业农村部会同海关总署对《中华人民共和国禁止携带、邮寄进境的动植物及其产品名录》（农业部、国家质量监督检验检疫总局公告第 1712 号）进行了修订完善，形成了新的《中华人民共和国禁止携带、寄递进境的动植物及其产品和其他检疫物名录》（农业农村部、海关总署第 470 号公告）。

《中华人民共和国禁止携带、寄递进境的动植物及其产品和其他检疫物名录》

全国海关旅检工作，在学习借鉴国外先进做法的基础上，逐步建立起“人—机—犬”三位一体的旅检查验模式，提高了把关效能和工作效率。

第二节　进出境旅客携带物检疫制度依据

口岸海关主要根据《中华人民共和国进出境动植物检疫法》及其实施条例、《出入境人员携带物检疫管理办法》《关于进一步规范携带宠物入境检疫监管工作的公告》和《出入境特殊物品卫生检疫管理规定》等法律法规、部门规章的相关要求，开展进出境旅客携带物检疫工作。相关制度依据还包括：

（1）《进境栽培介质检疫管理办法》（国家出入境检验检疫局令第 13 号公布，根据原国家质量监督检验检疫总局令第 196 号和海关总署令第 238 号、第 240 号、第 243 号修改）。

（2）《出入境检验检疫报检规定》（国家出入境检验检疫局令第 16 号公布，根据原国家质量监督检验检疫总局令第 196 号和海关总署令第 238 号、第 240 号、第 243 号修改）。

（3）《进境动植物检疫审批管理办法》（原国家质量监督检验检疫总局令第 25 号公布，根据原国家质量监督检验检疫总局令第 170 号和海关总署令第 238 号、第 240 号修改）。

（4）《进境动物遗传物质检疫管理办法》（原国家质量监督检验检疫总局令第 47 号公布，根据海关总署令第 238 号、第 240 号修改）。

（5）《进出境转基因产品检验检疫管理办法》（原国家质量监督检验检疫总局令第 62 号公布，根据原国家质量监督检验检疫总局令第 196 号和海关总署令第 238 号、第 243 号修改）。

（6）《出入境人员携带物检疫管理办法》（原国家质量监督检验检疫总局令第 146 号公布，根据海关总署令第 238 号、第 240 号、第 243 号修改）。

（7）《出入境特殊物品卫生检疫管理规定》（原国家质量监督检验检疫总局令第 160 号公布，根据原国家质量监督检验检疫总局令第 184 号和海关总署令第 238 号、第 240 号、第 243 号修改）。

（8）《进出口环保用微生物菌剂环境安全管理办法》（原环境保护部、国家质量监督检验检疫总局令第 10 号公布）。

（9）《中华人民共和国禁止携带、寄递进境的动植物及其产品和其他检疫物名录》（农业农村部海关总署公告第 470 号）。

（10）《关于进一步规范携带宠物入境检疫监管工作的公告》（海关总署公告 2019 年第 5 号）。

（11）《关于更新携带入境宠物狂犬病抗体检测结果采信实验室名单的公告》（海关总署公告2019年第64号）。

（12）《关于公布进境宠物隔离场地名单的公告》（海关总署公告2019年第108号）。

第三节　行李物品检疫

一、基本概念

出入境人员：出入境旅客（包括享有外交、领事特权与豁免权的外交代表）和交通工具员工以及其他人员。

携带物：出入境人员随身携带以及随所搭乘的车、船、飞机等交通工具托运的物品和分离运输的物品。

出入境人员禁止携带进境物品：动植物病原体（包括菌种、毒种等）、害虫及其他有害生物；动植物疫情流行的国家或者地区的有关动植物、动植物产品和其他检疫物；动物尸体；土壤；《中华人民共和国禁止携带、邮寄进境的动植物及其产品名录》所列各物；其他禁止进境物。

二、申报

在申报区域，旅客通过现场配置的自助业务终端或纸质申报单向海关办理申报事宜；海关可在此区域进行动植物检疫政策、法律宣传等。设置申报台、申报通道。申报区域配备自助业务终端、主动放弃箱、音视频采集设备等。

出入境人员携带下列物品，应当向海关申报：入境动植物、动植物产品和其他检疫物；出入境生物物种资源、濒危野生动植物及其产品；来自疫区、被传染病污染或者可能传播传染病的出入境的行李和物品；其他应当向海关申报并接受检疫的携带物。

三、检疫审批

检疫审批是指进境人员携带动植物、动植物产品入境需要办理检疫审批手续的，应当事先向海关总署申请办理动植物检疫审批手续。动植物检疫审批手续包括以下几个方面。

（1）因科学研究等特殊需要，携带动植物病原体（包括菌种、毒种等）、害虫及其他有害生物，动植物疫情流行的国家或者地区的有关动植物、动植物产品和其他检疫物，动物尸体，土壤等物品入境的，应当事先向海关总署申请办理动植物检疫特许审批手续。

（2）《中华人民共和国禁止携带、邮寄进境的动植物及其产品名录》所列各物，经国家有关行政主管部门审批许可，并具有输出国家或者地区官方机构出具的检疫证书的，可以携带入境。

四、现场检疫

（一）基本要求

（1）海关可以在交通工具、人员出入境通道、行李提取或者托运处等现场，对出入境人员携带物进行现场检查。现场检查可以使用X光机、工作犬以及其他方式进行。对出入境人员可能携带应当申报的携带物而未申报的，海关可以进行问询并抽检其物品，必要时可以开箱（包）检查。

（2）出入境人员应当接受检查，并配合海关人员工作。享有外交、领事特权与豁免权的外国机构和人员公用或者自用的动植物、动植物产品和其他检疫物入境，应当接受海关检疫；海关查验，须有外交代表或者其授权人员在场。

（3）携带植物种子、种苗及其他繁殖材料进境的，携带人应当取得《国（境）外引进农业种苗检疫审批单》或《国外引进林草种子、苗木检疫审批单》。海关对上述检疫审批单电子数据进行系统自动比对验核。携带除植物种子、种苗及其他繁殖材料之外的其他应当办理检疫审批的动植物、动植物产品和其他检疫物以及应当办理动植物检疫特许审批的禁止进境物入境的，携带人应当取得海关签发的《进境动植物检疫许可证》和其他相关单证。严厉打击不法个人、单位非法引进、携带走私物种。

（4）携带入境的活动物仅限犬或者猫（以下简称“宠物”），并且每人每次限带1只。携带宠物入境的，携带人应当向海关提供输出国家或者地区官方动物检疫机构出具的有效检疫证书和疫苗接种证书。宠物应当具有芯片或者其他有效身份证明。

（5）携带濒危野生动植物及其产品进出境或者携带国家重点保护的野生动植物及其产品出境的，应当在《中华人民共和国濒危野生动植物进出口管理条例》规定的指定口岸进出境，携带人应当取得允许进出口证明书。海关对允许进出口证明书电子数据进行系统自动比对验核。

（6）携带动植物、动植物产品和其他检疫物出境，依法需要申报的，携带人应当按照规定申报并提供有关证明。输入国家或者地区官方或携带人对出境动植物、动植物产品和其他检疫物有检疫要求的，由携带人提出申请，海关依法实施检疫并出具有关单证。

（7）海关对入境中转人员携带物实行检疫监督管理。航空公司对运载的入境中转人员携带物应当单独打板或者分舱运载，并在入境中转人员携带物外包装上加施明显标志。海关必要时可以在国内段实施随航监督。

（二）现场查验

根据《全国海关旅客行李物品智能化监管创新指导方案》（署监发〔2019〕47号）中旅检现场岗位的统一设置，动植物检疫主要涉及视频监控岗、风控岗、判图岗、调研岗、查验岗。动植物检疫现场查验是指根据入境人员来源地、季节特点、物种分布等要素进行风险分析，结合旅检现场视频监控及现场调研情形，确定动植物检疫重点，利用机检判图、工作犬查验等多种方式对可疑物品进行查验。

（1）检疫查验准备　现场查验关员应提前准备好镊子、剪刀、标签、白瓷盘、放大镜、指形管、口罩、手套、送样袋、胶带、除虫药剂、相机、单证等检疫工具和用品。

（2）现场调研和查验重点　现场调研和查验重点有：进境动植物、动植物产品和其他检疫物；禁止携带进境的动植物及其产品（以下简称“禁止进境物”）；其他具有活虫、杂草以及有害生物为害状的进境行李物品；进境人员携带的宠物（仅限于犬和猫，每人限一只）。

（3）查验方式（“人—机—犬”三位一体）

现场调研：现场关员通过风险评估、现场巡查，通过微表情分析、言语判断等方式锁定可疑旅客，对其物品进行查验。

机检查验：通过X光机、CT机等对进出境行李物品进行检查，对可疑物品进行现场查验。

工作犬查验：利用海关工作犬的嗅觉灵敏度，对行李物品进行排查，现场人员通过工作犬“示警”，对目标可疑行李物品进行开箱查验。

（4）查验技巧

X光机：X光机成色分为橙色——有机物，如水果、肉类、种子种苗等；蓝色——无机物，如奶粉铁罐、金属制品玩具等；绿色——混合物，如含盐的海参、象牙等。主动收集动植物产品、特殊物品成像图片，研究X光机成像和成色规律，提高识别图像的能力。

工作犬：自养自训工作犬的单位，要开展针对性训练，特别是对植物种子种苗检出的训练；租赁使用工作犬的单位，对工作犬使用过程进行效果考核。在旅检通关现场特别是行李转盘处，尽可能使用工作犬协助搜检，丰富查验手段。

五、后续处置

（一）禁止进境物检疫处置

对禁止进境物一律作退回或销毁处理。植物及植物产品、土壤类禁止进境物一律取样送实验室做有害生物检疫鉴定。截获动物产品类有规定要求取样的，取样送实验室进行相关疫病检测。

具有国家有关行政主管部门审批许可，并具有输出国家（地区）官方机构出具的检疫证书的禁止进境物，按货物进口检疫规定执行。

携带种子、种苗及其他繁殖材料进境的，因特殊情况无法事先办理检疫审批的，予以截留。应当在口岸补办检疫审批手续，经审批机关同意并经检疫合格后方准进境。无法补办检疫审批手续或检疫不合格的，作退回或销毁处理。

（二）其他应检物检疫处置

现场检疫合格的，可直接放行；需要作实验室检疫、检疫处理的，予以截留。经实验室检疫合格或检疫处理合格的放行；检疫不合格又无有效方法处理的，作退回或销毁处理。

（三）进境宠物检疫处置

严格按照《关于进一步规范携带宠物入境检疫监管工作的公告》（海关总署公告2019年第5号）的规定要求，对入境宠物（犬或猫）实施检疫。对符合公告免于隔离检疫条件的宠物作放行处理。对不符合公告免于隔离检疫条件的宠物实施截留，作退回或销毁等处理，截留期间，宠物须在海关指定的暂存场所隔离；隶属海关对宠物退回和销毁过程实施监督，并记录日期、航班号、携带人和监督人信息。隶属海关在截留、退回或销毁过程中做好人员等生物安全防护工作。

（四）送检

隶属海关将需要进一步检疫的截留物品，取样或全部送初筛鉴定室或实验室进行有害生物检疫鉴定，填写送样单，注明航班号、物品名称、来源地、送样日期、检测项目、检疫时限、送样人等有关信息。

（五）截留物品处置

隶属海关对依法截留的携带物品出具截留凭证，截留期限不超过7天。隶属海关应设立截留物储存室，专门用于截留物品的储藏保管。截留物品储存室实行“双人管理”，设置符合“防疫、防盗、防污染”的要求。出入库的截留物品与出入库记录一一对应。出库的截留物品应标明流向（放行、退回、销毁、送实验室检疫、隔离检疫等）。

对于作销毁处理的截留物品，隶属海关应建立台账，明确记录销毁物品编号、名称、数（重）量和销毁时间、地点、方式、执行人等关键信息，销毁和移交过程应留有音像记录。

拟作销毁处理的截留物品，在经检疫处理合格后，可在一定周期内制作标本用于国门生物安全宣传教育。每件标本应建立相应档案，包括截留编号、截留时间、名称、来源、物主姓名、制作日期等关键信息。未经隶属海关相关负责人批准，标本不得随意带出国门生物安全教育展室；标本使用结束后须按照截留物品的销毁程序作销毁处理，同时在相应的标本档案中备注存档。

第四节　宠物检疫

一、宠物检疫的工作要点

（一）范围

携带入境的活动物仅限犬、猫（以下简称“宠物”），并且每人每次限带 1 只。

（二）申报

宠物进境时，携带人须主动向入境口岸海关申报，填写《入境宠物申报单》《中华人民共和国海关进境旅客行李物品申报单》《携带入境宠物（犬、猫）信息登记表》，应当向海关提供输出国家或者地区官方动物检疫机构出具的有效检疫证书和狂犬病疫苗接种证书。宠物应当具有电子芯片。

（三）隔离检疫

海关按照指定国家（地区）和非指定国家（地区）对携带入境的宠物实施分类管理，具有以下情形的宠物免于隔离检疫：来自指定国家或者地区携带入境的宠物，具有有效电子芯片，经现场检疫合格的；来自非指定国家或者地区的宠物，具有有效电子芯片，提供采信实验室出具的狂犬病抗体检测报告（抗体滴度或免疫抗体量须在 0.5IU/mL 以上）并经现场检疫合格的；携带宠物属于导盲犬、导听犬、搜救犬的，具有有效电子芯片，携带人提供相应使用者证明和专业训练证明并经现场检疫合格的。

指定国家（地区）名单、采信狂犬病抗体检测结果的实验室名单、建设有隔离检疫设施的口岸名单以海关总署公布为准。

不满足上述条件需实施隔离检疫的宠物须从建设有隔离检疫设施的口岸入境，并在海关指定的隔离检疫场隔离检疫 30 天。

（四）检疫处理

携带宠物入境有下列情况之一的，海关按照有关规定予以限期退回或者销毁处理：携带宠物超过限额的；携带人不能向海关提供输出国家或者地区官方动物检疫机构出具的有效检疫证书或狂犬病疫苗接种证书的；携带需隔离检疫的宠物，从不具有隔离检疫设施条件的口岸入境的；宠物经隔离检疫不合格的。

对仅不能提供疫苗接种证书的导盲犬、导听犬、搜救犬，经携带人申请，可以在有资质的机构对其接种狂犬病疫苗。

作限期退回处理的宠物，携带人应当在规定的期限内持海关签发的截留凭证，领取并携带宠物出境；逾期不领取的，作自动放弃处理。

二、宠物隔离检疫要求

（一）总体要求

携带入境的宠物（犬、猫）必须依据《中华人民共和国海关法》《中华人民共和国进出境动植物检疫法》及其实施条例的相关规定，接受海关检疫监管。中国海关对携带入境的宠物按照指定国家（地区）、非指定国家（地区）实施分类管理。1 名携带人每次入境仅限携带 1 只宠物。携带入境的宠物应当在入境口岸海关接受现场检疫。海关依据现场检疫、隔离检疫结果，对宠物作放行、限期退回或销毁处理。需实施隔离检疫的宠物须从建设有隔离检疫设施的口岸入境，并在海关指定的隔离检疫场隔离检疫 30 天。作限期退回处理的宠物，携带人应当在规定期限内持海关签发的截留凭证，领取并携带宠物出境；逾期不领取的或无法限期退回的，视为自动放弃，作销毁处理。为全面、准确掌握旅客携带宠物进境的情况，携带人在现场应填写《携带入境宠物（犬、猫）信息登记表》。

（二）来自指定国家（地区）的宠物

指定国家（地区）包括新西兰、澳大利亚、斐济、法属波利尼西亚、美国夏威夷、美国关岛、牙买加、冰岛、英国、爱尔兰、列支敦士登、塞浦路斯、葡萄牙、瑞典、瑞士、日本、新加坡、中国香港、中国澳门。来自上述国家（地区）携带入境的宠物，应提供有效的输出国家（地区）官方出具的检疫证书和疫苗接种证书，并植入有效电子芯片，经现场检疫合格后，予以放行。

无须隔离检疫的宠物可通过任何口岸入境。需要隔离检疫的宠物仅在具备隔离检疫条件的口岸允许携带入境。需要隔离检疫的宠物从不具备隔离检疫条件的非指定口岸携带入境的宠物，作限期退回或销毁处理。对于无法提供官方检疫证书或疫苗接种证书的宠物，作限期退回或销毁处理。对于仅未植入芯片的宠物，作隔离检疫 30 天处理。宠物植入的芯片须符合 ISO 11784 和 ISO 11785。15 位微芯片代码只包含数字，并确保可被读写器读取。如芯片不符合上述标准，应自备可以读取所植入芯片的读写器。

宠物须在抵境之前 14 日内，接受输出国家（地区）官方机构进行的动物卫生临床检查，确保没有感染《中华人民共和国进境动物检疫疫病名录》中所列包括狂犬病在内的相关动物传染病、寄生虫病。

宠物随附的官方检疫证书须包括以下内容：宠物资料（包括品种、学名、性别、毛色、出生日期或年龄）；植入芯片的编号、日期和植入部位；动物卫生临床检查结果与日期。以上内容涂改将导致证书无效。如果证书存在任何缺陷，宠物将做退回或销毁处理。

海关对携带入境、来自指定国家（地区）宠物的现场检疫内容主要包括核验官方检疫证书、芯片和现场临床检查。现场临床检查发现动物传染病、寄生虫病症状的宠物应进行隔离检疫。

（三）来自非指定国家（地区）的宠物

非指定国家（地区）是指除上述所列国家（地区）以外的所有国家（地区）。来自非指定国家和地区的宠物，应提供官方检疫证书、疫苗接种证书、中国海关采信检测结果的实验室出具的狂犬病抗体检测报告（抗体滴度或免疫抗体量须在0.5IU/mL以上），并植入有芯片，经现场检疫合格后，予以放行。

无须隔离检疫的宠物可通过任何口岸入境。需要隔离检疫的宠物仅在具备隔离检疫条件的口岸允许携带入境。需要隔离检疫的宠物从不具备隔离检疫条件的非指定口岸携带入境的宠物，作退回或销毁处理。

对于无法提供官方检疫证书或疫苗接种证书的宠物，作退回或销毁处理。对于出现无法提供中国海关采信检测结果实验室出具的狂犬病抗体检测报告或未植入芯片情况中的一种或两种（包括无法提供或提供材料不合格）的宠物，作隔离检疫30天处理。

宠物植入的芯片须符合ISO 11784和ISO 11785。15位微芯片代码只包含数字，并确保可被读写器读取。如芯片不符合上述标准，应自备可以读取所植入芯片的读写器。

宠物接受注射的狂犬病疫苗应为灭活病毒疫苗或重组/改良疫苗，不应为活病毒疫苗。狂犬病抗体滴度检测的采血日期应不早于第2次狂犬病疫苗接种日期（可同一天或晚于）。狂犬病抗体滴度检测的有效期为自采血日起一年内（注：宠物接受狂犬病疫苗接种后，在有效期内再次接种疫苗的，则狂犬病抗体滴度检测的结果持续有效）。宠物必须在“狂犬病疫苗接种的有效期间”和“狂犬病抗体检测的有效期间”内抵境。

宠物须在抵境之前14日内，接受输出国家（地区）官方机构进行的动物卫生临床检查，确保没有感染《中华人民共和国进境动物检疫疫病名录》中所列包括狂犬病在内的相关动物传染病、寄生虫病。

宠物随附的官方检疫证书必须包括以下内容：宠物资料（包括出生日期或年龄）；植入芯片的编号、日期和植入部位；狂犬病疫苗接种时间和有效期，疫苗的种类（非活性疫苗或者重组型疫苗）、疫苗的品名、制造公司名；狂犬病抗体滴度检测采血年月日、检测机构名、抗体滴度结果；动物卫生临床检查结果与日期。以上内容不能出现修改痕迹。如果证书存在任何缺陷，宠物将做退回或销毁处理。

海关对携带入境、来自非指定国家（地区）宠物的现场检疫内容主要包括核验官方检疫证书、疫苗接种证书、狂犬病抗体滴度检测结果、芯片和现场临床检查。现场临床检查发现动物传染病、寄生虫病症状的宠物做隔离检疫处理。

（四）携带入境宠物的隔离检疫要求

隔离检疫期间，宠物原则不允许被带出隔离场所，如宠物出现异常健康状况，海关应及时通知携带人。经携带人申请，海关可以允许宠物诊疗机构进入指定隔离场所的指定区域诊疗；相应诊疗项目无法在指定隔离场所内完成的，宠物在满足诊疗条件和海关监管要求的机构实施诊疗，海关对诊疗过程实施监督。

（五）其他说明事项

携带导盲犬、导听犬、搜救犬入境的，具备有效官方检疫证书、疫苗接种证书、电子芯片、相应专业训练证明的，经现场检疫合格，可以免于隔离检疫。

年老体弱、处于妊娠或哺乳期以及有既往病症的宠物可能不适于运输或隔离检疫，携带者应在咨询本地兽医确保其承受能力后，携带入境并承担相应责任。

思政案例

2018年10月，广州白云机场海关现场关员在对来自非洲的进境旅客进行查验时，发现一名旅客随身携带的行李过机图像可疑，经开箱查验发现行李内装有冰鲜鲷鱼、真鲹鱼等20.2kg。海关关员依法进行截留处理，并送实验室检测。

经剖检发现，鱼腹腔内有大量寄生虫，仅从一尾鱼腹腔内就分离出22条虫体，检验确认为异尖线虫。异尖线虫病是人畜共患寄生虫病，被我国列为禁止入境的二类寄生虫病。近年来，异尖线虫病对人类健康构成严重危害，已成为影响我国海产品食用安全的重要危害因素之一。目前，已报道的全球感染异尖线虫病病例达3万余例。同年广州海关在空港口岸共截获入境旅客携带禁止进境物3.9万批次，其中检出有害生物60种32442批次。

课程思政育人目标

通过海关关员现场对来进境旅客携带物检疫中发现人畜共患寄生虫病等事迹，深刻理解检验检疫从业人员一丝不苟的从业精神及国门卫士的家国情怀。

思考题

1. 进出境旅客携带物现场检疫基本要求有哪些？
2. 进出境旅客携带宠物检疫工作要点是什么？

第十三章 寄递物检疫

CHAPTER 13

学习目的与要求

1. 掌握海关对进出境邮递物品监管的主要工作流程及动植物检疫环节。
2. 了解寄递物检疫制度依据。
3. 了解进出境快件的监管模式。

进出境寄递物包括进出境邮递物品和出入境快件。寄递物检疫监管是中国海关依法对寄递物品实施的检疫执法工作。境外动植物疫情疫病给我国的农业生产、生态环境和人民身体健康带来的风险和威胁也居高不下，因此，做好进出境寄递物检疫工作，是保护国门生物安全的重要关卡。

第一节　概述

近年来，随着经济社会的快速发展，网络购物、跨境邮购的高速发展，促使进出境寄递物呈现快速增长的趋势，通过邮寄、快件渠道非法入境的奇花异草、新型宠物、病菌虫种、动物产品、特殊物品等违禁物品越来越多，从中检出重大外来有害生物和外来物种也不断增加，给国门生物安全造成了较大冲击。

一、寄递物动植物检疫定义

进出境邮递物品是指通过邮政寄递的进出境的物品，包括包裹、小包邮件和印刷品（不包括邮政公司运营的快件）。出入境快件是指进出境快件运营人以向客户承诺的快速商业运作方式承揽、承运的进出境货物、物品。在现场监管实践中，进出境物品是指非贸易用途的快件、邮递物品，包括合理数量范围内的个人自用品、样品、礼品、非销售展品、文件、信件、书籍、报纸、期刊、资料及其他印刷品等。进出境货物是指贸易用途的快件、邮递物品，海关对超出合理数量范围的邮递物品、快件，按货物进行监管。

寄递物动植物检疫是指海关对通过邮政寄递和快件渠道进出境的动植物、动植物产品和其他检疫物，依照国家法律法规实施的动植物检疫执法行为。

二、寄递物检疫的发展

1934年10月5日，国民政府公布了《实业部商品检验局植物病虫害检验施行细则》和实业部训令。这是我国邮递物检疫工作的萌芽。新中国成立后，邮检法律法规体系进一步完善。1992年、1996年国家分别制定了《中华人民共和国进出境动植物检疫法》和实施条例，第一次相对完整地勾勒出了中国邮检工作的初步轮廓。2001年，国家质检总局、国家邮政局共同制定了《进出境邮寄物检疫管理办法》。2012年1月，农业部、国家质检总局联合发布1712号公告《中华人民共和国禁止携带、邮寄进境的动植物及其产品名录》。2021年农业农村部会同海关总署对《中华人民共和国禁止携带、邮寄进境的动植物及其产品名录》进行了修订完善，形成了新的《中华人民共和国禁止携带、寄递进境的动植物及其产品和其他检疫物名录》，使邮检工作更加全面、科学。

随着跨境贸易产业的迅猛增长，国际快件作为跨境贸易主要物流方式也随之呈现爆发性增长。2003年11月18日海关总署令第104号发布，根据2006年3月28日海关总署令第147号《海关总署关于修改〈中华人民共和国海关对进出境快件监管办法〉的决定》第一次修正，根据2010年11月26日海关总署令第198号《海关总署关于修改部分规章的决定》第二次修正，根据2018年5月29日海关总署令第240号《海关总署关于修改部分规章的决定》第三次修正，根据2023年3月9日海关总署令第262号《海关总署关于修改部分规章的决定》第四次修正。

《中华人民共和国海关对进出境快件监管办法》

现阶段寄递物检疫工作开始迈向新时代，海关运用科技化、信息化管理手段对进出境寄递物实施更加科学、规范、高效的监管。

三、寄递物检疫制度依据

（1）《出入境检验检疫报检规定》（国家出入境检验检疫局令第16号公布，根据原国家质量监督检验检疫总局令第196号和海关总署令第238号、第240号、第243号修改）。

（2）《进境动植物检疫审批管理办法》（原国家质量监督检验检疫总局令第25号公布，根据原国家质量监督检验检疫总局令第170号和海关总署令第238号、第240号修改）。

（3）《进出境转基因产品检验检疫管理办法》（原国家质量监督检验检疫总局令第62号公布，根据原国家质量监督检验检疫总局令第196号和海关总署令第238号、第243号修改）。

（4）《出入境特殊物品卫生检疫管理规定》（原国家质量监督检验检疫总局令第160号公布，根据原国家质量监督检验检疫总局令第184号和海关总署令第238号、第240号、第243号修改）。

（5）《中华人民共和国禁止携带、寄递进境的动植物及其产品和其他检疫物名录》（农业农村部海关总署公告第470号）。

（6）《关于印发〈进出境邮寄物疫管办法〉的通知》（国质检联〔2001〕34号）。

（7）《国家邮政局　商务部　海关总署关于促进跨境电子商务寄递服务高质量发展的若干意见》（暂行）（国邮发〔2019〕17号）。

第二节　邮递物品检疫

邮递物包括包裹、小包邮件和印刷品。包裹是指按照封装上的名址递送给特定个人或者单位的独立封装的物品，其重量不超过50kg，任何一边的尺寸不超过150cm，长、宽、高合计不超过300cm；小包邮件是中国邮政航空小包，限重2kg，长、宽、高合计不超过90cm；印刷品是指通过中国邮政寄递的书报、图片等印刷成品。

海关对进出境邮递物品监管工作主要按接收邮袋、总包邮袋消毒并放射性检查、开拆邮袋、接收邮件、现场查验、分流处理6个流程实施。其中接收邮袋、现场查验、分流处理流程中都有涉及邮递物品动植物检疫的重要环节。

一、进境寄递物检疫审批

根据《中华人民共和国进出境动植物检疫法》第五条，因科学研究等特殊需要引进本条第一款规定的禁止进境物的，必须事先提出申请，办理相关审批。因科研需要经邮寄渠道入境的禁止进境物需在邮递之前事先办理审批。

（一）审批范围

海关总署规定需办理审批手续的动植物及其产品有：《中华人民共和国禁止携带、寄递进境的动植物及其产品和其他检疫物名录》所列禁止进境物；植物种苗及其繁殖材料；农业转基因生物材料；濒危物种。

（二）审批程序

根据不同的种类有以下几种审批程序：

（1）进境动植物及其产品以及因科研、教学等特殊需要引进禁止进境物的，向海关总署办理检疫审批手续，并提供输出国家（地区）官方机构出具的检疫证书；

（2）进境植物种苗及其繁殖材料的，向农业或林业主管部门办理检疫审批手续；

（3）进境农业转基因生物材料的，向农业主管部门申请办理农业转基因生物安全证书；

（4）进境濒危物种的，向濒危物种管理办公室办理允许进出口证明书。

二、进境邮递物品现场检疫

（一）查验重点

进境邮递物品检疫查验重点关注是否带有《中华人民共和国禁止携带、寄递进境的动植物及其产品和其他检疫物名录》所列禁止进境物；重点查验寄递的检疫物是否带有活虫、杂草、病菌等有害生物；查验海关总署、农业、林业、卫生等部门出具的检疫审批许可证等相关证明材料；属于农业转基因生物材料的，核查农业部门出具的《农业转基因生物安全证书》相关材料。

（二）查验方式和技巧

目前邮递物现场查验方式有以下3种。

机检查验：X光机成色分为橙色——有机物，如水果、肉类、种子种苗等；蓝色——无机物，如奶粉铁罐、金属制品玩具等；绿色——混合物，如含盐的海参、象牙、玻璃制品等。现场查验时要主动收集动植物产品、特殊物品成像图片，研究X光机成像和成色规律，提高识别图像的能力；使用X光机（CT机）对进境邮递物品进行检查，发现可疑邮件予以自动剔除下线或人工挑出待查。

工作犬搜查：自养自驯工作犬的单位，要开展针对性训练，特别是对植物种子种苗检出的训练；租赁使用工作犬的单位，对工作犬使用过程进行效果考核。在邮递物品处理分拣现场，尽可能使用工作犬协助搜检，丰富查验手段。驯犬员在邮递物品分拣场地使用工作犬开展搜查，对工作犬有示警反应的可疑邮件挑出待查。

布控查验：对邮政申报的数据进行风险布控，工作人员对布控下线的可疑物品开包检查。

（三）查验要求

在查验现场海关人员与邮政人员共同开拆，先检查邮递物品的外包装和包内检疫物，相关信息和照片录入“邮检信息化监管系统”或者登记台账。

查验合格的邮递物品，由邮政人员重新封好，海关人员加施海关封识，放行；需进一步实施检疫的邮递物品，由海关与邮政部门办理邮递物品交接手续，带回初筛实验室或送样检疫。

进境邮递物品现场检疫主要核查有关证书、关注违禁物品、检查有害生物。需要进一步检疫的邮递物做截留处理，截留封存期限一般不超过45日。

（四）实验室检测

有条件的口岸应建立现场初筛实验室，配备必要的仪器设备，对截获的违禁物品和其他检疫物进行初步检疫。采样或初筛后及时将检测样品送到有资质的实验室进行检测，并出具实验室检测报告。

三、进境邮递物品后续处置

（一）对外联系

根据相关法律法规，海关人员对禁止物品、检疫物应依法予以截留，并通过开具截留物品告知单、短信推送、电话通知等形式告知收件人。

（二）结果处置

（1）符合下列要求的予以放行：

①应检物经检疫未发现有害生物的或外来物种；

②需办理检疫审批手续的邮递物品，检疫许可证等相关证明文件齐全，并经检疫合格的；

③对种苗等繁殖材料调到外地的，海关人员出具调离通知单，通知收件人按审批指定地点隔离试种，并接受调入地海关后期监管；

④属于农业转基因生物材料，《农业转基因生物安全证书》相关材料齐全，且检疫合格的。

（2）经检疫发现下列情况的，对进境邮递物品采取退回或销毁处理，并出具检疫处理通知单：

①禁止进境的邮递物品（无法提供相关单证）；

②可补办检疫审批等手续的邮递物品，收件人逾期未能提供检疫许可证等相关证明材料的；

③属于农业转基因生物材料，未能提供《农业转基因生物安全证书》相关材料或检验不

合格的。

(3) 对发现有害生物或外来物种的邮递物品，分别情况作如下处理，并出具检疫处理通知单：

①能进行有效除害处理，经处理复检合格的，在邮件上加盖印章，予以放行；

②无有效除害处理方法，作截留销毁，出具“进出境邮寄物检疫处理通知单”注明处理原因，由邮局将通知单寄交收件人。

（三）检疫处理

根据进出境邮递物品检疫的不同情况，检疫处理包括三种方式：一是进行除害处理或其他技术处理；二是作限期退回处理；三是作销毁处理。

(1) 除害处理　进出境邮寄物品经现场检疫发现有下列情况之一的由海关按规定实施检疫处理、技术处理或其他控制措施：来自疫区的、被检疫传染病污染的或者可能成为检疫传染病传播媒介的；发现有规定的动植物病虫害的，收件人要求做除害处理，同时又具备有效除害处理方法的；其他根据法律法规规定应作检疫处理、技术处理或其他控制措施的。

(2) 限期退回　有下列情形之一的，由海关作限期退回处理：为禁止寄递物的；经检疫不合格又无有效方法作除害处理的；风险得到控制，可以退回处理的。

(3) 销毁处理　有下列情形之一的，由海关作销毁处理：检出进境植物检疫性有害生物或进境动物检疫疫病的；检出禁止进境的外来物种的；有引起重大动植物疫情危险的；风险无法控制的，不能退回处理的；逾期未领取或者所有人书面声明放弃的；其他需要作销毁处理的。

(4) 进出境邮寄物需作检疫处理的，海关出具“进出境邮寄物检疫处理通知单”。

四、出境邮递物品检疫

对输入国有要求或物主有检疫要求的出境邮寄物，由寄件人提出申请，海关按有关规定实施检疫。

对出境的物种资源依法实施查验和检疫。

第三节　快件检疫

为了便于对进出境快件的监管，海关对进出境快件实行分类管理：A 类即文件类快件，是指法律、法规规定予以免税且无商业价值的文件、单证、票据及资料。B 类即个人物品类快件，是指海关法规规定自用、合理数量范围内的进出境的旅客分离运输行李物品、亲友间相互馈赠物品和其他个人物品。C 类即货物类，是除 A 类和 B 类以外的快件。

需要特别注意的是，上述快件分类主要是对快件申报时提供的报关资料、税收征管方面有所不同，在进行动植物检疫监管时则没有区别。

一、快件登记备案管理

海关对进出境快件运营人实施登记备案管理。进出境快件运营人（以下简称“运营人”）

是指在中华人民共和国境内依法注册，在海关登记备案的从事进出境快件运营业务的国际货物运输代理企业。

运营人申请办理进出境快件代理报关业务的，应当按照海关对国际货物运输代理企业的注册管理规定在所在地海关办理登记手续。

二、快件出入境申报

（一）申报方式

根据规定，运营人应当按照海关的要求采用纸质文件方式或电子数据交换方式向海关办理进出境快件的报关手续。目前，快件申报一般采用电子申报方式，运营人按照海关要求的电子数据格式将快件舱单或清单上传“海关进出境快件监管系统（全国版）”。在遇到系统故障或其他特殊情况时，可以采用纸质文件方式申报。

（二）申报要求

进境快件自运输工具申报进境之日起 14 日内，出境快件在运输工具离境 3h 之前，应当向海关申报。

运营人应向海关传输或递交进出境快件舱单或清单，海关确认无误后接受申报；运营人需提前报关的，应当提前将进出境快件运输和抵达情况书面通知海关，并向海关传输或递交舱单或清单，海关确认无误后接受预申报。

快件运营人在申请办理出入境快件申报时，有下列几种情形之一的，还应向海关提供相应的文件：

①输入动物、动物产品、植物种子、种苗及其他繁殖材料的，应提供相应的检疫许可证和检疫证书；

②因科研等特殊需要，输入禁止进境物的，应提供海关签发的检疫许可证，并提供输出国家（地区）官方机构出具的检疫证书；

③输入农业转基因生物进境的，除提供检疫许可证外，还应当提供农业转基因生物安全证书和输出国家（地区）官方机构出具的检疫证书；

④列入农业转基因生物标识目录的进境转基因生物，应当按照规定进行标识；

⑤濒危野生动植物及其产品进出境或者寄递国家重点保护的野生动植物及其产品出境的，应当按《中华人民共和国濒危野生动植物进出口管理条例》的规定提供允许进出口证明书。

（三）风险分析与布控

按照快件监管系统的操作流程，快件运营人将进出境快件数据信息提前申报至快件监管系统后，系统会按照风险管理部门的布控指令对数据进行分析与布控，一线查验部门根据布控指令进行现场查验、结果录入、后续处置及必要的风险信息反馈等工作。因此，要做好进出境快件的检疫监管工作，必须要加强对进出境快件检疫风险信息数据的收集、风险研判和风险指令下达等工作。

安全准入风险是海关风险防控的重点，动植物疫情疫病风险和外来物种入侵风险是安全准入风险的重要组成部分。根据海关总署各业务部门的职责分工加强了和风险管理部门的沟通和协作，及时、精准加载和更新维护快件风险参数。同时，各级海关风险管理部门加强了对快件领域风险参数、布控规则的运行监控与评估，提高了透过业务指标数据分析问题、发现问题的能力和水平，并及时对低效或无效风险参数、布控规则进行动态优化调整，不断提高了布控规则的精准度和有效性。

对进出境快件的动植物检疫工作而言，在风险分析和布控中应重点关注以下几类快件：来自动植物疫区或其他货运、非贸渠道有重大动植物疫情警示国家（地区）的快件；品名含动植物、动植物产品和其他检疫物的快件；使用或者携带植物性包装物铺垫材料的进境快件。

三、快件现场检疫

（一）检疫查验重点

根据相关法律法规规定，下列快件禁止进境：《中华人民共和国进出境动植物检疫法》第五条规定的国家禁止进境物；属于《中华人民共和国禁止携带、寄递进境的动植物及其产品和其他检疫物名录》的物品；未获得检疫准入的货物。

对上述物品，快件运营人不得承揽、承运，如有发现，由海关依法处理。

（二）现场查验

海关快件监管作业现场关员根据快件系统下达的查验指令进行有关查验和动植物检疫工作。海关对出入境快件以现场检疫为主，情况特殊的，可以取样送实验室检疫。

海关关员在国际快件监管场所对进出境快件进行现场查验，现场查验主要通过 CT 机过机与智能审图进行。各现场根据实际情况，也可以采用人工抽查、X 光机检查、工作犬搜查以及其他方式配合进行。

海关关员在进行现场查验时，应当审核快件信息、单证，并实施检疫。需拆包查验时，快件企业工作人员应当在场并给予必要的配合。重封时，应当加贴海关封识。对出境、入境及过境快件，要严格依照我国有关法律法规规定实施现场检疫。

海关关员完成现场检疫后，应将现场检疫情况通过移动办公系统录入上传快件管理系统，并根据情况作出处置结论。

四、快件的后续处置

（一）结果处置

海关关员根据现场检疫的情况，分别进行结果处置。对现场检疫合格且无须做进一步实验室检疫、隔离检疫或者其他检疫处理的，予以放行并交快件运营人。需签发单证的，予以签发相关单证。

经现场检疫需要做实验室检疫、隔离检疫、检疫处理的，应当提供检疫许可证以及其他相关单证不能提供的快件，海关依法予以截留。海关须同运营人办理交接手续，出具截留凭证，由运营人通知收件人。截留期限一般不得超过 3 个月，特殊情况需要延长期限的，应当书面告知运营人及收件人。

收件人需要补办检疫审批手续的，在收到快件截留通知后，应尽快办理相关手续，在 7 日内向发出截留通知的海关提供相关检疫审批受理证明，在 3 个月内办结并提供检疫许可证。截留的快件应当在海关指定的场所封存或者隔离。

（二）快件的检疫处理

根据进出境快件检疫的不同情况，快件的检疫处理包括以下三种情况：一是进行除害处理或其他技术处理；二是作限期退回处理；三是作销毁处理。

（1）除害处理　进出境快件经现场检疫发现有下列情况之一的，由海关按规定实施检疫处理、技术处理或其他控制措施：来自疫区的、被检疫传染病污染的或者可能成为检疫传染病传播媒介的；发现有规定的动植物病虫害的；其他根据法律法规规定应作检疫处理、技术处理或其他控制措施的。其中技术处理或其他控制措施主要包括更换包装、改变用途、部分放行等。

（2）限期退回　对进境快件，发现有下列情形之一的，由海关作限期退回处理：快件为禁止寄递物的；经检疫不合格又无有效方法作除害处理的；其他应当作限期退回处理的。

（3）销毁处理　对进境快件，有下列情况之一的，由海关作销毁处理：检出进境植物检疫性有害生物或进境动物检疫疫病的；有引起重大动植物疫情危险的；检出禁止进境的外来物种的；申报或报关的快件品名与实际不符的；作退回处理的快件重复快递进境的；超过截留期限未办理检疫审批手续的；无法退回的；逾期未领取或者所有人书面声明放弃的；其他需要作销毁处理的。

（4）出入境快件作退回和销毁处理，海关出具“检疫处理通知书”。

思政案例

2024年6月，厦门邮局海关在对一进境邮件进行查验时，发现3包用塑封袋包装的土状物品，其中夹杂着多粒微小半透明颗粒。该物品申报品名为“plastic bags for fish”，每个塑料袋上有马克笔标记的拉丁文词组及日期，这些细节引起了查验关员的怀疑。该关第一时间将该邮件送专业机构鉴定，并在其中检出黑宝贝鳉鱼鱼卵40枚。

据悉，黑宝贝鳉鱼原产于非洲热带地区，原产地严酷的自然环境迫使黑宝贝鳉鱼在旱季到来时将鱼卵完好保存在干燥的泥层中，经过数月漫长的等待，当泥层再次被浸润时，幼鱼又会破土而出。

2021年9月，深圳海关关员在两个进境快件包裹中查获5个塑料盒，每个塑料盒内分别装有1只活体甲虫，共5只，分别为黄胸目蚁步甲、弯鄂步甲、步甲等种类。另一个包裹内有塑料试管一批，其中有16支试管内装有活体蚂蚁，与其他空试管进行混装企图逃避海关监管，经鉴定，为16只墨西哥蜜罐蚁。

这些活体动物或繁殖材料可能携带疫情疫病，一旦逸散繁殖可能造成外来物种入侵，严重威胁我国生态安全。

课程思政育人目标

通过学习“我海关工作人员面对每日成千上万的进出境邮件，决不允许任何一份邮件成为携带有害外来生物的工具”的案例，明确提高生物安全意识和职业素养的重要性，厚植家国情怀。

思考题

1. 我国海关对进出境邮递物品监管的主要工作流程及动植物检疫环节包含哪些内容？
2. 我国进出境快件的监管模式是什么？

第十四章 动植物检疫处理

CHAPTER 14

学习目的与要求

1. 掌握动植物检疫处理的原则与要求。
2. 掌握动物检疫处理的主要技术和方法。
3. 掌握植物检疫处理的主要技术和方法。

第一节 概述

动植物检疫处理是指对法律法规规定须实施检疫处理的以及不符合检疫要求的动植物、动植物产品和其他检疫物、运输工具、包装物、污染场地等采取的强制性处理措施，目的是将疫情疫病可能的传播和/或扩散途径予以阻断。通常根据动植物、动植物产品及其携带的疫情疫病种类等不同情况，需采取适当的检疫处理方式和方法，以达到有效、经济、安全的目的。

进行动植物检疫处理主要制度依据如下：

（1）《中华人民共和国进出境动植物检疫法》及其实施条例；

（2）《出入境检疫处理单位和人员管理办法》（原国家质量监督检验检疫总局令第 181 号发布，根据 2018 年 5 月 29 日海关总署令第 240 号《海关总署关于修改部分规章的决定》第二次修正）；

（3）《关于发布〈出入境检疫处理管理工作规定〉的公告》（国家质量监督检验检疫总局公告 2017 年第 115 号）；

（4）《关于做好〈出入境检疫处理管理工作规定〉实施有关工作的公告》（国家质量监督检验检疫总局公告 2018 年第 30 号）；

（5）《关于进一步优化出入境检疫处理监督工作的公告》（海关总署公告 2022 年第 77 号）。

《出入境检疫处理管理工作规定》

为与现行制度依据保持一致，动植物检疫除害处理工作以下仍称为“检疫处理”。

第二节　动物检疫处理原则和要求

（一）对入境动物、动物产品检疫处理原则和要求

（1）在输入动物时，检出我国规定的一类传染病、寄生虫病的，其阳性动物与其同群的其他动物全群退回或全群扑杀并销毁尸体；

（2）在输入动物时，检出我国规定的二类传染病、寄生虫病的，其阳性动物退回或扑杀，同群其他动物在动物检疫隔离场和动植物检疫机关指定的地点继续隔离观察；

（3）输入动物产品和其他检疫物，经检疫不合格的，作除害、退回或销毁处理，处理合格的，准予进境；

（4）输入的动物、动物产品和其他检疫物检出带有一、二类传染病、寄生虫病名录以外的，对农、林、牧、渔业生产有严重危害的其他疾病的，由口岸检验检疫机关根据有关情况，通知货主或其代理人作除害、退回或销毁处理，经除害处理合格的，准予进境。

（二）对出境动物、动物产品检疫处理原则和要求

出境动物、动物产品和其他检疫物经检疫不合格或达不到输入国要求而又无有效方法作除害处理的，不准出境。

（三）对过境动物、动物产品检疫处理原则和要求

（1）过境的动物经检疫发现有我国公布的一、二类传染病、寄生虫病的，全群动物不准过境；

（2）过境动物的饲料受病原污染的，作除害、不准过境或销毁处理；

（3）过境的动物尸体、排泄物、铺垫材料及其他废弃物，须在口岸检验检疫机关的监督下进行无害化处理。

（四）对携带、邮寄动物、动物产品检疫处理原则和要求

（1）对携带、邮寄我国规定的禁止携带、邮寄物进境的动物、动物产品和其他检疫物进境的，作退回或销毁处理；

（2）携带、邮寄允许通过携带、邮寄方式进境的动物、动物产品及其他检疫物经检疫不合格而又无有效方法作除害处理的，作退回或销毁处理。

第三节　植物检疫处理原则和要求

一、对入境植物、植物产品检疫处理原则和要求

确定检疫处理原则时，应考虑下列情况。

（一）植物危险性病、虫、杂草的分布、危害及传播途径

（1）对具毁灭性或潜在极大危险性的植物危险性病、虫、杂草，与危险性次之种类的处

理区别。

（2）对目前我国尚无分布的植物危险性病、虫、杂草，与国内已有局部发生的种类的处理区别。

（3）对通过输入植物、植物产品传带概率高的植物危险性病、虫、杂草，与传带概率相对较低种类的处理区别。

（二）传播植物危险性病、虫、杂草的寄主植物、植物产品状况

（1）对作为国家重要种质资源或主要农作物、经济作物的种子、种苗等繁殖材料与生产用种子、种苗，在处理原则上应有不同。

（2）对非繁殖材料（即植物产品），应从产品经济价值、来源国或地区以及传带病虫害的种类及其危险性等状况，在处理原则上应有不同。

总的原则应根据有害生物综合评估，并结合具体检疫实践，最终确定应采取的检疫处理原则。

二、进境植物检疫危险性病、虫、杂草名录所列有害生物检疫处理原则

（一）有害生物的类型

根据有害生物的发生分布情况、危害性和经济重要性及在植物检疫中的重要性等，有害生物可以区分为：

（1）非限定的有害生物（Non-Regulated Pest，NRP）　广泛发生或普遍分布的有害生物，在植物检疫中没有特殊的意义。如：青霉菌、曲霉菌、镰刀菌等。

（2）限定性有害生物（Regulated Pest，RP）　少数危险性很大，有的虽有分布，但官方已采取控制措施，属于控制范围的有害生物。包括检疫性有害生物和限定的非检疫性有害生物。

（3）检疫性有害生物（Quarantine Pest，QP）　指对某一地区具有潜在经济重要性，但在该地区尚未存在或虽存在但分布未广，并正由官方控制的有害生物。

（4）限定的非检疫性有害生物（Regulated Non-Quarantine Pest，RNQP）　一种存在于种植材料上，危及这些植物的原定用途而产生无法接受的经济影响，因而在输入国和地区受到限制的非检疫性有害生物。

（二）有害生物处理原则

经检疫发现输入植物、植物产品和其他检疫物感染限定性有害生物的，其整批作除害处理，经除害处理合格的，准予进境；无有效除害处理方法的，作退回或销毁处理。

植物检疫处理应符合检疫法律法规的有关规定，有充分的法律依据。在必须采取检疫处理措施时，应保证：

（1）处理方法使处理所造成的损失降低到最小；

（2）处理方法应完全有效，能彻底杀灭或灭活有害生物，防止危险性有害生物的传播、扩散和定殖；

（3）处理方法应当安全可靠、不造成中毒事故、残留低、对环境污染小；

（4）处理方法应尽量不降低植物、植物繁殖材料的存活和繁殖能力，尽量减少对植物产品或相关产品的品质的影响；

（5）处理方法应符合国家环境保护、食品卫生、农药管理等其他相关的法律法规；

（6）在能达到相同处理效果的情况下，可以使用不同的方法进行处理；

（7）遵守其他可能影响除害处理效果的要求。

三、具体检疫处理要求

植物检疫处理是植物检疫工作的重要组成部分，旨在杀灭、灭活有害生物，或使有害生物丧失繁殖能力，或丧失活力，其目的是防止有害生物的传入传出、定殖和/或扩散。植物检疫处理是官方行为或官方授权的行为，是受法律、法规制约的行为。

植物检疫处理措施与常规植物保护措施不同。植物检疫处理是依照法律法规的要求，检验检疫部门规定、检验检疫机构监督并强制执行要求彻底铲除目标有害生物，而常规植保措施则把有害生物控制在经济危害水平以下。下列情况之一需作退回或销毁处理：

（1）输入“进境植物检疫禁止进境物名录”中的植物、植物产品，未事先办理特许审批手续的；

（2）经现场或隔离检疫发现植物种子、种苗等繁殖材料感染检疫性有害生物或限定的非检疫性有害生物，无有效除害处理方法的；

（3）输入植物、植物产品经检疫发现检疫性有害生物，无有效除害处理方法的；

（4）输入植物、植物产品，经检疫发现病虫害，危害严重并已失去使用价值的。

下列情况之一需作熏蒸、消毒、冷热等除害处理：

（1）输入植物、植物产品，经检疫发现植物危险性有害生物、有有效方法除害处理的。

（2）输入植物种子、种苗等繁殖材料，经隔离检疫发现植物危险性有害生物，有条件可除害的。

输入植物产品、生产用种子、种苗等繁殖材料，能通过限制措施达到防疫目的的，采用下列限制措施处理：①转港；②改变用途；③限制使用范围、使用时间、使用地点；④限制加工地点、加工方式、加工条件等。

（3）发现《中华人民共和国进境植物检疫性有害生物名录》之外，对农、林、牧、渔业有严重危害的其他有害生物，参照上述原则处理。

四、对出境植物、植物产品检疫处理

输出植物、植物产品或其他检疫物，经检疫不符合检疫要求的要作除害处理。无法进行除害处理或经除害处理不合格的不准出境。输出植物、植物产品或其他检疫物，经检疫发现一般生活害虫的，根据输入国有关检疫要求或贸易合同、信用证的有关规定，作除害处理或不准出境。

第四节　检疫处理过程

一、需实施检疫处理的情形

具有以下情况之一的，应当实施检疫处理。

（1）法律法规明确规定应当实施检疫处理的情况（动植物检疫处理指征详见表14-1）。

表 14-1　　动植物检疫处理指征

检疫处理对象	动植物检疫处理指征	处理方式
进（过）境动物、动物产品（备注 2）	1. 进（过）境时发现疑似感染传染病的动物或死亡动物	疑似染病动物：喷洒消毒 死亡动物：化制、焚烧或深埋（根据实际情况择一种方式）
	2. 实验室检出《中华人民共和国动物检疫疫病名录》（备注 3）所列一、二类传染病、寄生虫病	动物：化制、焚烧或深埋（根据实际情况选择一种方式） 动物产品：辐照（不适用于检出寄生虫的情况）、化制、焚烧或深埋（根据实际情况选择一种方式）
受污染场地	可能受进境动物、动物产品（备注 2、6）、中药材（备注 7）污染的场地	喷洒消毒
受污染的饲料	可能受疑似、确诊感染传染病的动物或死亡动物污染的饲料	熏蒸、喷洒消毒、焚烧或深埋（根据实际情况选择一种方式）
动物检疫隔离场	使用前后	熏蒸或喷洒消毒
进（过）境植物、动植物产品和其他检疫物	1. 发现活体检疫性有害生物（备注 4）或者其他具有检疫风险的活体有害生物，且可能造成扩散的	检出昆虫的：熏蒸、冷处理、热处理或微波处理（根据实际情况选择一种方式） 检出病害的：熏蒸、热处理、喷洒或浸泡处理（根据实际情况选择一种方式） 检出杂草的：热处理或粉碎处理
	2. 来自俄罗斯、美国阿拉斯加州、加拿大 BC 省的未经检疫处理的带皮原木	熏蒸
出境植物、植物产品和其他检疫物	1. 发现输入国家或地区关注的有害生物的 2. 输入国家或地区官方需要检验检疫机构出具《熏蒸/消毒证书》的	检出昆虫的：熏蒸、冷处理、热处理或微波处理（根据实际情况选择一种方式） 检出病害的：熏蒸、热处理、喷洒消毒或浸泡处理（根据实际情况选择一种方式）如植物检出病毒，还可用脱毒处理
包装外表、进境植物性包装物（含木质包装）、铺垫材料	1. 发现活体检疫性有害生物（备注 4）或者其他具有检疫风险的活体有害生物，且可能造成扩散的	检出昆虫的：熏蒸、冷处理、热处理或微波处理（根据实际情况选择一种方式） 检出病害的：熏蒸、热处理、喷洒或浸泡处理（根据实际情况选择一种方式） 检出杂草的：热处理或粉碎处理
	2. 发现进境木质包装带有活的有害生物或未加施 IPPC 专用标识的	熏蒸或热处理

续表

检疫处理对象	动植物检疫处理指征	处理方式
包装外表、进境植物性包装物（含木质包装）、铺垫材料	3. 进境动物产品（备注 2、6）、中药材（备注 7）的外包装 4. 进境动物、动物产品（备注 2、6）、中药材（备注 7）的铺垫材料	喷洒消毒、焚烧或深埋（根据实际情况选择一种方式）
携带、邮寄物	1. 禁止携带、邮寄进境的动植物及其产品需要作销毁处理的	焚烧、化制或深埋（根据实际情况选择一种方式）
	2. 发现活体检疫性有害生物（备注 4）或者其他具有检疫风险的活体有害生物，且可能造成扩散的	检出昆虫的：熏蒸、冷处理、热处理或微波处理（根据实际情况选择一种方式） 检出病害的：熏蒸、热处理、喷洒消毒或浸泡处理（根据实际情况选择一种方式） 检出杂草的：热处理或粉碎处理
其他检疫物及其包装物	1. 外包装破损	喷洒消毒
	2. 内包装破损的	熏蒸、喷洒消毒或热处理（含化制）（根据实际情况选择一种方式）
运输工具（船舶、航空器、列车汽车等）	1. 装载进境、过境动物的（汽车除外）	喷洒消毒
	2. 发现禁止进境物须作除害处理的	禁止进境物：熏蒸或热处理（含化制） 运输工具：熏蒸或喷洒消毒
	3. 进境汽车（普通进境车辆轮胎消毒，装装载进境、过境动物的车辆和装运供应香港、澳门地区的动物的回空车辆整车防疫消毒，由交通工具运输的新车除外） 4. 装载动物的出境汽车	车身：喷洒消毒 轮胎：喷洒消毒或过消毒池
	5. 发现活体检疫性有害生物（备注 4）或者其他具有检疫风险的活体有害生物，且可能造成扩散的	检出昆虫的：熏蒸、冷处理、热处理或微波处理（根据实际情况选择一种方式） 检出病害的：熏蒸、热处理或喷洒消毒（根据实际情况选择一种方式） 检出杂草的：热处理或粉碎处理
	6. 来自动植物疫区（备注 5）的运输工具上动植物性废弃物（含泔水）及其存放场所、容器	废弃物（含泔水）：喷洒消毒、熏蒸或热处理（含化制）（根据实际情况选择一种方式） 存放场所、容器：熏蒸或喷洒消毒
	7. 进口动物源性食品（备注 6）、中药材（备注 7）	喷洒消毒

续表

检疫处理对象	动植物检疫处理指征	处理方式
容器（含集装箱）	1. 发现禁止进境物需要除害处理的	禁止进境物：熏蒸或热处理（含化制） 容器：熏蒸或喷洒消毒
	2. 发现活体检疫性有害生物（备注4）及其他具有检疫风险的活体有害生物，且可能造成扩散的	检出昆虫的：熏蒸、冷处理、热处理或微波处理（根据实际情况选择一种方式） 检出病害的：熏蒸、热处理、喷洒消毒或浸泡处理（根据实际情况选择一种方式） 检出杂草的：热处理或粉碎处理 容器：熏蒸
	3. 输入国家或地区要求作检疫除害处理的	熏蒸或喷洒消毒
	4. 装载进（过）境动物、进境动物产品（备注2、6）、中药材（备注7）的	喷洒消毒
进境供拆解的废旧船舶	1. 发现《中华人民共和国检疫疫病名录》（备注3）所列一、二类传染病、寄生虫病的	动物、动物产品：化制、焚烧或深埋（根据实际情况选择一种方式） 废旧船舶：熏蒸或喷洒消毒
	2. 发现活体检疫性有害生物（备注4）或者其他具有检疫风险的活体有害生物的	有害生物：熏蒸、热处理、喷洒消毒或粉碎处理废旧船舶：熏蒸或喷洒消毒
	3. 发现禁止进境物的	禁止进境物：销毁处理 废旧船舶：熏蒸或喷洒消毒

注：

1. 该表根据国家质量监督检验检疫总局公告2017年第115号、国家质量监督检验检疫总局公告2018年第30号有关内容整理。

2. 表中动物产品的定义按照《中华人民共和国进出境动植物检疫法》第四十六条“动物产品是指来源于动物未经加工或虽经加工但仍有可能传播疫病的产品，如生皮张、毛类、肉类、脏器、油脂、动物水产品、奶制品、蛋类、血液、精液、胚胎、骨、蹄、角等”的定义执行。

3. 表中《中华人民共和国动物检疫疫病名录》最新版本为《一、二、三类动物疫病病种名录》（农业农村部公告第573号）。

4. 表中所述检疫性有害生物包括《中华人民共和国进境植物检疫性有害生物名录》（农业部公告2007年第862号及修订文件）中所列的有害生物和我国政府与输出国家或者地区政府签署的双边协议，议定书、备忘录以及其他双边协定确定的有害生物。

5. 表中的“动植物疫区”为海关总署发布禁止从动物疫病流行国家/地区输入的动物及其产品一览表（动态更新）中的疫区。

6. 进境动物产品的有关检疫处理按下列要求实施：

（1）对装载非食用动物产品的容器（含集装箱，下同）、外表包装、铺垫材料进行消毒处理；

（2）对装载动物源性饲料［饵料用活动物、饲料用（含饵料用）冰鲜冷冻动物产品及水产品、生的宠物食品］的容器实施消毒处理：现场发现包装破损的，应当对所污染的场地、物品、器具进行消毒处理；

（3）对进口动物源性食品（肉类、脏器、油脂、动物水产品、奶制品、蛋类、肠衣等）。如发现货物出现腐败变质，或集装箱内发现禁止进境物，检疫性有害生物、媒介生物，存在疫情传播风险的，应当对运输工具及装载容器，外表包装、铺垫材料、被污染场地等进行消毒处理。

上述检疫处理工作由具备资质的检疫处理单位按规定在口岸或目的地实施。

7. 对进口中药材，如发现货物出现腐败变质，或集装箱内发现禁止进境物、检疫性有害生物、媒介生物，存在疫情传播风险的，应当对运输工具及装载容器、外表包装、铺垫材料、被污染场地等进行消毒处理。

8. 上下运输工具或者接近动物的人员应根据情况进行手部、鞋底等部位的防疫消毒。

9. 销毁、焚烧、化制、深埋、脱毒等不在《出入境检疫处理单位和人员管理办法》规定的检疫处理单位A类、B类、C类、D类、E类、F类和G类业务范围内（见本节检疫处理技术措施）的检疫处理业务，根据相应产品的管理办法或工作规范实施，检验检疫机构按要求做好监督管理工作。

（2）海关总署发布或与其他部门联合发布的公告、警示通报等规范性文件有明确规定需要实施检疫处理的。

（3）双边协议、议定书、备忘录以及其他协定要求实施检疫处理的。

（4）因输入国家（地区）官方需要，由货主或代理人申请检验检疫机构出具“熏蒸/消毒证书”的。

在实施审单放行过程中，符合检疫处理指征的，应该按规定实施检疫处理。

二、检疫处理实施

（一）签发《检验检疫处理通书》或主动申请出具《熏蒸/消毒证书》

1. 签发《检验检疫处理通书》

属于相关法律法规规定，或我国与输入、输出国家（地区）签订的强制性检疫处理协议规定需要实施检疫处理的；或在现场查验过程中发现符合检疫处理指征的，检验检疫机构向交通工具负责人、货主或代理人出具《检验检疫处理通书》。对于检疫处理对象为“运输工具”、检疫处理指证为“进境汽车”和“装载动物的出境汽车”的检疫处理业务，检验检疫机构可以依据便利通关的原则，在做好告知行政相对人并检疫处理单位监督管理的基础上，简化检疫处理流程，免于签发《检验检疫处理通书》。除以上所列情况和货主或代理人主动申请出具《熏蒸/消毒证书》的情况外，对其他检疫处理业务均应出具《检验检疫处理通书》，包括按照法律法规和检疫处理指征，在查验前就明确需要实施检疫处理的货物（如废旧物品等）。

《检验检疫处理通书》应当严格按照规范拟制，做到内容完整、用词准确。《检验检疫处理通书》抬头应填写交通工具负责人、货主或代理人；应具体明确标注检疫处理的对象、实施检疫处理的原因、方法等。涉及集装箱的应备注需要处理的集装箱号；处理原因应对应检疫处理指征；处理方法应由检验检疫部门明确指定。属于在现场查验过程中发现符合检疫处理指征的，还应详细记录检出情况。

检验检疫人员可以现场签发《检验检疫处理通知书》，但应按照《出入境检验检疫签证管理办法》的相关规定完成空白证单领用、核销等手续。对于《检验检疫处理通书》通过计算机系统电子化推送，且符合业务过程无纸化和签证电子化管理要求的，可以不再出具纸质《检验检疫处理通书》。

2. 货主或代理人主动申请出具《熏蒸/消毒证书》

其他因输入国家（地区）官方需要的，由货主或代理人主动申请出具《熏蒸/消毒证书》。

（二）选择具备资质的检疫处理单位

海关对从事进出境动植物检疫除害处理业务的单位实施核准，获得核准的出入境检疫处理单位名单可在所在地直属海关网站查询。

交通工具负责人、货主或代理人应当委托具备相应资质的检疫处理单位实施检疫处理。

（三）检疫处理单位实施检疫处理

（1）检疫处理单位应当根据不同类型的检疫处理任务制订具体的检疫处理方案，明确检疫处理人员、药品、器械以及防护用品等配置要求，报当地海关备案。

（2）检疫处理单位应当按照检疫处理方案安排具有相应资质的检疫处理人员实施检疫处理，现场处理人员不得少于 2 人，并建立突发事件应急处置预案。

（3）检疫处理完成后，检疫处理单位应当填写检疫处理工作记录，按要求出具检疫处理结果报告单，并提交委托方和有关海关。

检疫处理工作记录应按照国家质量监督检验检疫总局公告 2017 年第 115 号附件 5 的要求，包括以下基本内容。

①原始记录编号：由检疫处理单位统一编号；

②处理通知书编号：如有应与检验检疫处理通知书编号一致；

③委托单位：国内收货人、货主或代理人单位均可；

④作业地点；

⑤检疫处理的对象名称、数（重）量、标识号、区域；

⑥检疫处理的方式：熏蒸、喷洒、热处理、辐照处理、冷处理、微波处理等；

⑦使用药剂名称、使用浓度、稀释比、投药量、处理结束药剂浓度、中心温度、辐照剂量等；

⑧检疫处理作业时间段：开始操作时间和结束操作时间；

⑨作业现场天气状况，温度、湿度、风速；

⑩作业人员签字：双人签字。

检疫处理结果报告单推荐格式见国家质量监督检验检疫总局公告 2017 年第 115 号附件 6。

（4）检疫处理单位应妥善保存检疫处理工作记录、检疫处理结果报告单、检疫处理方案及效果评价等相关资料，保存期限为 3 年。

三、检疫处理技术措施

（一）检疫处理技术措施选择原则

对拟实施检疫处理的对象，应遵循以下原则确定检疫处理技术措施：

（1）我国有明确处理技术标准、规范或指标的，按照相应的要求实施。

（2）我国无明确处理技术标准、规范或指标的，按照原国家质量监督检验检疫总局业务主管部门评估认可的技术措施实施。

（3）输入国家（地区）官方有具体检疫处理要求的，按照相应的要求实施。

（二）检疫处理技术措施类别

出入境检疫处理按照实施方式和技术要求，分为A类、B类、C类、D类、E类、F类和G类。

（1）A类　熏蒸（出入境船舶熏蒸、疫麦及其他大宗货物熏蒸）。

（2）B类　熏蒸（A类熏蒸除外）。

（3）C类　消毒处理（熏蒸方式除外）。

（4）D类　药物及器械除虫灭鼠（熏蒸方式除外）。

（5）E类　热处理。

（6）F类　辐照处理。

（7）G类　除上述类别外，采用冷处理、微波处理、除污处理等方式实施的出入境检疫处理。

具体检疫处理操作技术规范目录和各种检疫对象的处理方式详见《出入境检疫处理管理工作规定》附件3、4。

第五节　动物、动物产品检疫处理的技术和方法

动物检疫处理方法主要包括除害、扑杀、销毁、退回、截留、封存、禁止出入境等。

现行相关标准有：SN/T 2858—2011《进出境动物重大疫病检疫处理规程》。

一、除害

通过物理、化学和其他方法杀灭有害生物，包括防疫消毒、化制、高温等。

（一）防疫消毒

现行相关标准有：SN/T 4659—2016《进出境动物防疫消毒技术规范　总则》。

防疫消毒是指通过物理、化学、生物等技术方法，清除并杀灭外界环境中所有病原体（包括动物疫病重要传播媒介节肢动物和鼠），消灭动物疫病传染源、切断传播途径，防止动物疫病发生蔓延的手段。消毒是贯彻“预防为主”方针的综合性防疫的重要措施之一。及时正确的消毒对有效切断传播途径，阻止疫病继续蔓延扩散有着十分重要的意义。未发生疫情的场地防疫消毒步骤一般为清扫、冲洗、消毒；而对已发生疫情的场地一般为消毒、清扫、消毒。

根据时机和目的不同分为预防性消毒、紧急消毒和终末消毒。预防性消毒（又称常规消毒、定期消毒）：在未发现传染源的情况下，经常采用一定的消毒措施，杀灭、清除动物体、动物产品及货物或外部环境可能污染的病原微生物，达到防止动物传染病发生的目的。紧急消毒（又称临时消毒、随时消毒）：在发生动物传染病时，为了及时清除、消灭从患病动物体内排出的病原体而采取的应急性消毒措施。消毒的对象包括病畜所在的畜舍、隔离场地以及被病畜分泌物、排泄物污染和可能污染的一切场所、用具和物品，通常在解除封锁前，进行定期的多次消毒，病畜隔离舍应根据需求随时进行消毒。终末消毒：在病畜解除隔离、痊愈或死亡后一定时间内未出现新的病例，或者在疫区需要解除封锁之前，对可能残留的病原体所进行的全面彻底的大消毒。

消毒方法一般分为物理方法和化学方法。用机械的方法如清扫、洗刷、通风等清除病原体，是最普通、常用的方法，但不能达到彻底消毒的目的，必须配合其他消毒方法进行。一是物理消毒法，即借助物理因素杀灭病原体的方法。常用物理消毒方法有：火焰喷射消毒、煮沸消毒、高压蒸汽灭菌消毒、干烤消毒、流通蒸汽消毒、巴氏消毒法。二是化学消毒法，即使用化学消毒剂杀灭病原体的方法。常用化学消毒方法有：喷雾法、喷洒法、擦拭法、浸泡法、熏蒸法。

（二）化制

在密闭的高压容器内，通过向容器夹层或容器内通入高温饱和蒸汽，在干热、压力或蒸汽、压力的作用下，处理病死及病害动物和相关动物产品的方法。化制不得用于患有炭疽等芽孢杆菌类疫病，以及牛海绵状脑病、痒病的染疫动物及产品、组织的处理，其它适用对象同焚烧。化制分为干化和湿化。

（三）高温

常压状态下，在封闭系统内利用高温处理病死及病害动物和相关动物产品的方法。高温适用对象同化制。

二、扑杀

对经检疫不合格的动物，依照法律规定，用不放血的方法进行宰杀，消灭传染源。包括静脉注射、电击、药物、窒息、物理击打等。

三、销毁

即用化学处理、焚烧、深埋或其他有效方法，将动物尸体及其产品或附属物进行无害化处理，以彻底消灭它们所携带的病原体及其载体。

（一）化学处理（硫酸分解法）

在密闭的容器内，将病死及病害动物和相关动物产品用硫酸在一定条件下进行分解的方法。适用对象同化制。处理中使用的强酸应按国家危险化学品安全管理、易制毒化学品管理有关规定执行。操作人员应做好个人防护。

（二）焚烧

在焚烧容器内，使病死及病害动物和相关动物产品在富氧或无氧条件下进行氧化反应或热解反应的方法。焚烧适用对象为国家规定的染疫动物及其产品、病死或者死因不明的动物尸体，屠宰前确认的病害动物、屠宰过程中经检疫或肉品品质检验确认为不可食用的动物产品，以及其他应当进行无害化处理的动物及动物产品。焚烧有直接焚烧和碳化焚烧两种方式。

（三）深埋

按照相关规定，将病死及病害动物和相关动物产品投入深坑中并覆盖、消毒，处理病死及病害动物和相关动物产品的方法。深埋适用于发生动物疫情或自然灾害等突发事件时病死及病害动物的应急处理，以及偏远和交通不便地区零星病死畜禽的处理。深埋不得用于患有炭疽等芽孢杆菌类疫病，以及牛海绵状脑病、痒病的染疫动物及产品、组织的处理。深埋选址应选择地势高燥，处于下风向的地点，远离学校、公共场所、居民住宅区、村庄、动物饲养和屠宰场所、饮用水源地、河流等地区。

四、退回

对尚未卸离运输工具的不合格检疫物，可用原运输工具退回输出国；对已卸离运输工具的不合格检疫物，在不扩大传染的前提下，由原入境口岸检验检疫机构的监管下退回输出国。

五、截留

旅客携带、邮寄入境的检疫物，经现场检疫认为需要除害或销毁的，签发《留验/处理凭证》，作为检疫处理的辅助手段。

六、封存

对需进行检疫处理的检疫物，应及时予以封存，防止疫情扩散，也是检疫处理的辅助手段。

第六节　植物、植物产品检疫处理的技术和方法

植物检疫处理的技术和方法很多，在具体应用时，需要根据检疫处理对象的特点，依据相关的法律法规、议定书或标准选择合适的处理方法。目前在检疫处理中采用的技术手段从总体上可以分成两大类：一类是化学处理法，以化学药剂为基础，通过研究更好的药剂及其使用方法来达到杀虫灭菌的目的，包括熏蒸处理、防腐处理、化学农药处理和烟雾处理等；另一类是物理处理法，以物理学为基础，通过研究各种极端环境条件对有害生物的胁迫或利用高能射线对有害生物机体不可逆转的损伤，最终达到杀灭有害生物的目的，包括低温处理、热处理、辐照处理、气调处理和微波加热处理等。

不同检疫处理方法各有其优缺点或局限性，适用范围也各有侧重。因此，在具体实施检疫处理时，需要根据目标有害生物和寄主的不同，科学地选用不同的处理方法，可采用一种处理方法或多种处理方法综合应用。

一、化学处理法

（一）熏蒸处理

现行相关标准有：SN/T 3282—2012《检疫熏蒸处理基本要求》、SN/T 3401—2012《进出境植物检疫熏蒸处理后熏蒸剂残留浓度检测规程》、SNT 5535—2022《检疫处理效果评价　熏蒸处理》等。

目前在植物检疫处理中广泛应用的是熏蒸处理，其具有经济、实用、效果显著等特点。熏蒸处理的主要熏蒸剂及其使用如下。

1. 溴甲烷

溴甲烷（Methyl Bromide，MB），俗名：溴代甲烷（Bromomethane），分子式 CH_3Br。

（1）特性　溴甲烷是一种无色、无味、非易燃熏蒸剂。气体相对密度在0℃时为3.27，沸点3.6℃，微溶于水。

（2）使用　溴甲烷具有良好的穿透性能、扩散迅速、一般植物能容忍、对昆虫毒性高等特性，所以是植物检疫较好的熏蒸剂。溴甲烷在较广泛的温度范围内有效，其横向和向下扩散迅速，向上扩散缓慢，为确保最初熏蒸气体的迅速分布，应辅以风扇或鼓风机环流。对常压熏蒸室的熏蒸，开始15min必须使室内空气循环，以确保良好的分布。对真空熏蒸，全部熏蒸期间，气体环流应该不断，在大多数情况下，必须用专门设备使溴甲烷气化。

通常，温度升高会增加熏蒸剂的效果。如处理温度有明确规定，应随温度的变化，调整熏蒸剂量或熏蒸时间。对植物而言，需要高湿度，处理时的湿度可以通过放置湿的泥炭藓或木丝，或者使墙壁和地板增湿。活的生长植物或幼嫩植物应避免直接接触空气流。熏蒸种子时，不应增加湿度。

（3）穿透力和通风　熏蒸前，应该去掉容器的外包装，用非渗透性材料制成的容器应打开。打开顶部的非渗透或半渗透结构的容器，处理后应侧放，以利通风。牛皮纸和瓦楞纸板能被溴甲烷迅速渗透，不需要去掉和打开。玻璃纸、塑料胶片和上腊的、柏油层压防水纸、某些道林纸不能被溴甲烷迅速渗透，制作严密的木箱也不能被迅速穿透。若是吸附性强的包装材料，则有可能降低容器内溴甲烷的浓度。

以溴甲烷为熏蒸剂，不应使用铝制仪器和设备，因为液态溴甲烷与铝会发生反应而爆炸。溴甲烷的定量可以在特殊的玻璃量筒分配器中进行，或用商业用的台秤称量。

（4）漏气和气体浓度测定　由于熏蒸剂的蒸气压力大于外部大气压，密闭室内的气体会溢出。正常的扩散也使气体通过洞穴、裂缝或其他薄弱区域向外扩散，这既降低熏蒸效果，也很危险。溴甲烷在浓度不低于0.068g/m^{3}时，可被卤化物检漏器迅速测定。操作时，为了更容易观察到颜色的变化，可尽量使火焰保持缓慢。检测器可以测定低于2g/m^{3}的浓度。更高的浓度可用热导分析仪或其他气体分析仪进行测定。

用丙醇或丙烷作为燃料，以紫铜丝置于火焰上的测卤灯，仍不失为溴甲烷检漏的简便有效的仪器。当空气有溴甲烷存在时，测卤灯火焰的颜色反应如表14-2所示：

表14-2　测卤灯火焰颜色反应

空气中溴甲烷浓度（g/m^3）	火焰颜色反应	空气中溴甲烷浓度（g/m^3）	火焰颜色反应
0.00	无反应	0.40	火焰中等绿色
0.04	火焰边缘微淡绿色	0.80	火焰深绿色、边缘蓝色
0.08	火焰边缘淡绿色	2.00	火焰蓝绿色
0.12	火焰淡绿色	4.00	火焰深绿色

溴甲烷处理植物后，至少不能在48h内将植物放在阳光下或强烈通风场所。不应弄湿植物叶子，但植物可能需洒水或用潮湿材料覆盖，以防止植物萎蔫或损伤。

（5）吸附　溴甲烷的实际浓度决定熏蒸处理的效果。除漏气外，最初引起溴甲烷浓度降低的原因，是密闭室内农产品或材料的吸附。吸附可能是表面吸附、物理吸附和化学吸附。吸附率不与时间一致，一般开始迅速，然后变得缓慢。某些农产品可能达到部分饱和点，然后出现正常吸附率（曲线）。对溴甲烷有强烈吸附作用的农副产品，应注意测定熏蒸时溴甲烷的实际浓度，以保证达到要求的最低浓度。像常见的地毯背衬、芳香调料、马铃薯淀粉、木炭、樱桃李、橡胶（天然的或绉橡胶）、桂皮、阿月浑子坚果、蛭石、可可垫料、塑料废料、木制品

（半成品）、硬纸板（绝缘纤维板）、羊毛（原毛、纺毛除外）等物品，均对溴甲烷有强烈的吸附作用。

（6）残留　溴甲烷熏蒸处理，可能影响鲜果和蔬菜的贮藏期限及植物和种子的生活力。供人和动物食用的农产品会有化学残留。此处所列的处理标准是根据美国、澳大利亚、新西兰、欧洲和地中海植物保护组织成员国提出和推荐的，经此标准处理后，化学残留在一般情况下不会超过这些国家所公认的安全标准。

溴甲烷可能对含硫量高的农产品熏蒸后产生不正常气味，一般不推荐使用溴甲烷熏蒸处理的物品有：奶油、猪油、脂肪（不在气密罐头中的）；骨粉；木炭；炉渣砖或混凝土和炉渣混合制成的砖；毛皮、毡、马鬃品、羽毛枕头、粗绒衬垫、牦牛小地毯；含破布成分高的书写纸和其他含硫量高的纸、用纸浆造纸印成的杂志及报纸；碘盐、含硫或其化合物的盐砖；皮革制品，特别是小山羊皮制品；照相药品（不包括照相胶片或 X 光胶片）；橡胶制品，尤其是海绵橡皮、泡沫橡皮及再生橡胶，包括枕头、体垫、橡胶图章、装潢家具；银色发光纸；黄豆粉、麦面、其他高蛋白面粉、发酵粉；毛织品，尤其是安哥拉毛、软纱毛和毛线衫、粘胶纤维和人造纤维。

（7）毒性与安全　溴甲烷对人和动物有毒。由于溴甲烷没有警告气味，因此人和动物容易暴露在有害的浓度中。应避免皮肤接触液体溴甲烷，否则会引起严重水泡。液体溴甲烷还可通过人体皮肤被吸收。衣服和鞋袜溅污溴甲烷后应尽快脱去，接触溴甲烷部位应用水彻底冲洗。实施溴甲烷熏蒸时，严格禁止单独操作，应两人或更多人共同作业（所有的熏蒸剂都如此）。准备好安全防护设备，包括防毒面具和适用的滤毒罐等，以防意外。溴甲烷是累积性中毒的。

2. 磷化氢

磷化氢（Phosphine，Hydrogen Phosphide）分子式为 PH_3。

（1）特性　磷化氢是一种无色气体，沸点-87.4℃，微溶于水，相对密度 1.214，对某些金属有化学反应，能腐蚀铜、铜合金、黄铜、金和银，因而磷化氢能损坏电子及电器设备、房屋设备及某些复写纸和未经冲洗的照相胶片。磷化氢的燃烧极限在空气中为 1.7%。它不会与被处理农产品发生不可逆化学反应。对推荐使用磷化氢处理的农产品，不会产生不正常气味或变质。正常情况下，磷化氢具有一种大蒜或碳化钙气味，但在某些条件下可以不产生气味。

（2）使用　磷化氢常用于防治动植物产品和其他贮藏品上的昆虫，很少报道有关使用磷化氢防治有生命植物、水果及蔬菜上的害虫。对大多数害虫，长时间暴露于磷化氢低浓度下比短期暴露于高浓度下更为有效，这也不会影响大多数种子的萌发。

常用检测管测定磷化氢浓度，不能使用卤化物检测仪或其他火焰指示器测定，不能用热导分析仪测定。真空熏蒸使用这一熏蒸剂不安全，也不能在温度低于 4.4℃使用。磷化氢防治害虫效果随昆虫种类不同而变化，某些昆虫如皮蠹属（*Trogoderma* spp.）和象虫属（*Sitophilus* spp.）被认为对磷化氢具有高的耐受性，螨类的某些种或在某些虫态对普通剂量磷化氢具有耐药力。

（3）熏蒸时注意的问题　磷化氢帐幕熏蒸基本类似溴甲烷熏蒸，但也有某些不同：不必要进行强制性环流；使用熏蒸剂时应戴上保护性手套，如手术用手套；规定数量的片剂、丸剂、药袋等，应放在浅盘或纸片上并推入帐幕下，或者在布置帐幕时均匀地分布于货物中；注意货物与货物之间不要相互接触；为方便起见，可延长熏蒸期；磷化氢对聚乙烯有渗透作用，一般使用厚0.15~0.21mm的高密度聚乙烯薄膜作熏蒸帐幕；拆除帐篷和检测磷化氢残留时应戴防毒面具。

（4）制剂的特性　磷化氢气体是由磷化铝制剂与大气中的水蒸气经水解作用形成的。磷化铝制剂中的氨基甲酸酯首先分解，形成二氧化碳和氨这两种保护气体。磷化铝与空气中水分发生反应，放出磷化氢气体。二氧化碳和氨保护气体稀释放出的磷化氢，释放二氧化碳、氨和磷化氢气体时，片剂体积膨胀，外表由亮灰绿色变为白色，最终剩下约比最初体积大5倍的灰白色小灰堆，小灰堆主要成分是氢氧化铝，可能含有微量的磷化铝，熏蒸后必须予以清除。一般认为粮仓或其他货仓处理后，残留在粮食中的微量磷化铝与其他粮食掺混，是无害的。

（5）贮藏　磷化铝制剂在原包装完整无缺和按厂商推荐的方法储藏时，其储藏时间是无期限的，存放应在远离生活区和办公区、凉爽通风的地方，存放温度不能超过38℃（100F）。由于磷化铝制剂可能在容器内与水分冷凝，所以不应冷藏。

（6）残留处理　集中收集磷化氢熏蒸后的残灰，放入干桶或干燥容器里并移到露天下，然后移入6~16L、装有一半水和120mL（半杯）洗衣粉的容器里，彻底搅动。残灰形成某种气体，引起水沸腾，当沸腾停止、残留物下沉底部时，可以把它倒入排水沟或屋外，这种混合物不再有毒，决不能把残灰直接倒入厕所。残灰处理过程中应佩戴防毒面具。

厂商提供的容器和用于制剂一次性使用的盘子及纸张，可按前述方法浸泡处理，然后将废物倒掉。与其他杀虫剂容器的处理一样，或者浸泡在已加了异丙醇的类似物的水中，然后处理废物。非一次性使用的盘子，用洗涤剂冲洗后保存，装磷化铝的容器应销毁，不能重复使用。

（7）平地贮藏熏蒸　饲料、谷物、棉种和类似产品可用磷化氢进行散装熏蒸。熏蒸可在仓库、农村贮藏室、火车车厢、大篷货车或类似熏蒸室里进行。散装谷物也可以在帐篷内熏蒸。

（8）探查　丸剂或片剂放置后，4h内开始产生气体，丸剂和片剂的放置和帐篷的覆盖必须在这个时间内完成。在熏蒸结束前，要特别注意监测磷化氢气体浓度，如果未达到规定要求，必须采取纠正性措施，以保证熏蒸杀虫的有效性。

（9）散装货物的通风　不发火花的电风扇，可用于磷化氢熏蒸后货物的通风。磷化氢尽管消散迅速，但散装货物至少需要2h通风，然后工作人员才能进入贮存场地。

3. 硫酰氟

硫酰氟（Sulphuryl Flouride，SF），分子式为SO_2F_2。

（1）特性　硫酰氟是一种无色、无味的压缩气体，沸点-55.2℃，不燃，不爆，化学性质稳定，不溶于水，具有较高的蒸气压力，在空气中的相对密度为2.88。

（2）使用　硫酰氟对昆虫除卵外的所有虫态都是剧毒的，但许多昆虫的卵对其即使是在高浓度下也都具有耐力。硫酰氟对金属、塑料、纸张、皮革、布料、照相器材和其他许多材料均无腐蚀反应，被农产品的吸收较溴甲烷小，而且能迅速地解除吸收。硫酰氟的挥发无需辅助热源，但对植物是有毒的，不适用于有生命植物、水果或蔬菜的熏蒸。硫酰氟对大多数种子的萌发基本没有影响。在21℃以下，硫酰氟的效力迅速下降。

（3）熏蒸　通常，硫酰氟的帐篷熏蒸操作规程同溴甲烷。硫酰氟熏蒸可以在土壤（除松散的沙子外）上进行，但土壤应充分弄湿，甚至湿润范围超出封闭的四周。为了保证熏蒸剂在整个密闭范围内的完全分布，需要良好的空气环流。整个熏蒸期应监测熏蒸剂的浓度，以确保不发生泄漏层。不要用计量分药器计量硫酰氟，因为硫酰氟有较高的蒸气压力，用计量分药器计量是不安全的。计量硫酰氟，可用商用台秤计量盛药钢瓶的重量减少来计算。某些热导分析仪可检测硫酰氟的有效浓度。新鲜干燥剂必须与热导分析仪一起使用，同时不得用含苏打石棉的滤器吸收硫酰氟气体中的水分。

（4）毒性与安全　目前，尚没有硫酰氟中毒的解毒剂。应用硫酰氟熏蒸杀虫，必须严格遵守操作规程。硫酰氟不能用来处理食品和食品原料。

（5）其他熏蒸剂　目前常用的熏蒸剂还有环氧乙烷（Ethylene）、二硫化碳（Carbon Disulphide）、氢氰酸（Hydrocyanic Acid）、氯化苦（Chloropicrin）等。

（二）熏蒸处理的主要设施、附属设备和需要仪器

1. 熏蒸室结构

建造常压熏蒸室时，首先考虑的是尽可能地使其达到密闭。此外必须安装气流循环系统，以便使药剂在熏蒸室内均匀分布。每次熏蒸期间，熏蒸室必须保持良好密闭状态，并保持熏蒸剂循环。

建筑材料可根据熏蒸农产品的类型及采用的处理方法来选择。通常用机械或小车装卸较重的农产品，则需用重型金属构件、砖砌或金属板等材料建造熏蒸室。合理的做法，是根据预期目的、按照最适宜方法建造熏蒸室。

为了对熏蒸剂进行计量，使其蒸发、循环和排出，还需一些辅助设备，这类设备应根据熏蒸室的容积大小选择。当所用熏蒸剂的剂量相对较少时，常用带刻度的分药器计量。使用大量熏蒸剂时，最常用的办法是按重量计算。

溴甲烷通过安装在熏蒸室外的气发器投入室内，气发器由一个螺旋状的金属和一个热源组成。熏蒸剂的充分蒸发，保证了熏蒸剂更有效的扩散及穿透性，避免产生雾滴伤害农副产品，特别是伤害新鲜水果，降低杀虫效果。

由鼓风机等组成的循环系统是熏蒸剂均匀分布的必要设备。

根据天气条件和需要熏蒸农产品的种类，有条件时熏蒸室可安装加热和冷却设备。温度控制的规定一般不是强制性的，当熏蒸时有必要控制温度时可以使用控温设备，在设计和建造熏蒸室过程中应考虑到这点。

设计和建造熏蒸室的基本要求如下：

①必须按规定保证一定的气密程度，并在每次使用中都应有良好密闭状态；

②必须配备有效的气体循环和排放系统；

③必须备有分散熏蒸剂的有效系统；

④必须提供合适的固定装置，以便进行压力渗漏检测和气体浓度取样；

⑤应备有自动记录温度计；

⑥为了保证熏蒸的有效性或避免农产品受害，应尽可能备有加热和制冷装置。以上所列要求主要是解决熏蒸室本身的有效性。

（1）密闭结构　熏蒸室内壁不能被熏蒸剂穿透，接口必须焊接或用密封材料处理，门和通风道必须配有合适的垫圈和垫片，导线、温度计、管道系统、用作压力渗漏接测试的连接器等的所用开口都必须是密封的。

熏蒸室的内壁无论是金属、水泥、混凝土及贴砖，还是用胶合板装修，都必须涂上环氧树脂、贴上尼龙塑料或在底层刷上沥青，这样处理后可以降低内壁对熏蒸剂的吸附作用。降低吸附作用是维持气体浓度的一个重要因素。

砖石结构熏蒸室，混凝土砌块的层与层之间灰浆应结合好，内壁表面涂 1～2cm 厚硬质水泥并使表面光滑坚实。用混凝土浇筑的结构，表面也应光滑和坚实。

熏蒸室门结构，门可从顶部或侧面用合页安装。安装在熏蒸室顶部的门很少出现下垂现象，如果门安装在侧面应使用冰箱合页。沿门的周围必须装上高质量的氯丁（二烯）橡胶垫圈，还必须使用一致的垫圈以求获得最佳密闭效果。有条件的地方，用国际标准集装箱门作为熏蒸室门，是很理想的。

（2）循环与排气系统　排气设备应能以每分钟最低排气量相当于熏蒸容积的三分之一的速率排气，鼓风机气流速度每分钟应使室内的气体几乎循环一遍，小型熏蒸室只需一台旋转式鼓风机就能形成通常所需要的气流运动。为了获得气体有效的分布，大型熏蒸室可选用旋转式或鼠笼式风扇，这种风扇有助于混合气体从输送管道直接分散到地面附近，并能使气流穿过堆垛顶部。某些熏蒸剂，应使用无火花防爆型循环设备。排气管应高于附近的建筑物，按照当地环保部门的要求安装。

（3）熏蒸剂的气化系统　熏蒸剂必须以气态进入熏蒸室，溴甲烷进入熏蒸室前需气化，气发器是熏蒸剂气化的装置。最常见的气发器由铜管盘曲成螺旋状制成，并浸没在盛有水温保持在 60～70℃ 的水浴内。因为经气发的熏蒸剂必须在熏蒸室内与空气很好的混合，所以要把熏蒸剂的出口安装在气体循环系统（或气体搅拌系统）的适当位置上。

（4）压力渗漏检测及药剂取样设备　常压熏蒸室在密闭期间内必须避免药剂漏出，因此，所有熏蒸室都必须检验，并要进行压力渗漏试验。为了用鼓风机或其他方法导入空气以提高室内气压，有必要在熏蒸室内开一个孔。熏蒸室内压力大小用开臂式压力计根据液面差测出，室内压力从 50mm 高液态石蜡降至 5mm 所需的时间必须是 22s 或更长的时间，计时期间必须关掉鼓风机。为确保熏蒸室所具有的性能，批准使用后仍需进行周期性的压力渗漏测试。压力检测记录为 22～29s 时，熏蒸室应每隔 6 个月重新检查一次，记录为 30s 或更长时间时，应每年重新检查一次。那些在规定时间内不能达到所需压力的熏蒸室则可认为存在渗漏现象，对于这种情况熏蒸室的操作人员可用烟雾剂或其他装置探测渗漏的具体部位。另外，还应开设一个孔安放药剂取样管，取样管孔的内径通常为 12～16mm 的铜管，而用于开臂式位差压力计孔的外径则为 6.35mm。

2. 熏蒸室的附属设备

（1）电力系统　根据操作的需要，环流装置、照明、空间加热、冷冻机、挥发器及实验室设备都需要电力，熏蒸室电力负荷中心至少要有 4 个电流断路器（保险丝）：环流装置两套；照明、挥发器及实验室设备一套；加热、冷冻设备一套；消防装置。

为了从远处输送电力，要用导线将电力传送到附近地区。在熏蒸室外面要有照明系统，因为在装卸货物和熏蒸时的危险显示器，以及处理过程中的其他目的都需要。在熏蒸室的外面要有几个适合的通风口，用于操作热导分析仪、试验装置和其他需要。安放在熏蒸室外面的发电机，可以为熏蒸室内的气体环流、加热或制冷提供能量。

（2）气体输入系统　熏蒸剂分配系统由供气罐、输送管和气发器组成，这一系统的设计因使用的熏蒸剂类型而异。在溴甲烷和氢氰酸两种气体都使用的情况下，需要有各自的单独的分配系统。熏蒸剂是通过由供气罐伸出的粗 5mm 钢管和塑料管输入熏蒸室的，塑料管必须不受熏蒸剂的影响，且能经受住熏蒸剂的压力。排气口附近的管子必须有数个开口孔，以排散熏蒸剂的气体。溴甲烷输送管应安装在熏蒸室的最高处。

少量的熏蒸剂一般是按容积测量的，即使在连结供气罐与挥发器之间的输气线上装有带刻度的分药器。对大量的熏蒸剂，是将供气罐放在台秤上，熏蒸剂的用量是通过罐内失去重量来测定的。挥发器是由一个铜管组成，铜管浸在热水中，使用时水温度 60~70℃，输送管放在环流气流中，有很大的空气流动，因此该器必须是放在电扇或鼓风机的前面。

（3）环流系统　熏蒸室内需要加强气体环流，以便气体分布均匀，从而使室内货物的各个部分都能接受到同样浓度的熏蒸剂。各种环流方法都可使用，在常压熏蒸室内的环流速度，应当是在 1~3min 内室内熏蒸剂分布基本均匀。熏蒸室内的环流风扇电动机必须是防爆的。

在空的熏蒸室内应该进行循环试验，确定它的循环性能。试验可用导热分析仪按以下程序进行：

①在室内四角和空间中央放置直径 0.6cm 的聚乙烯管，吸取气体样品；

②关闭熏蒸室，输入用量为 $32g/m^3$ 的溴甲烷；

③启动环流系统；

④输入气体 2min 后，在 5 个取样点上获取导热分析仪的读数；

⑤如果读数相似，则电风扇或鼓风机的安装比较满意；

⑥如果读数相差显著，则将室内的气体清除，需重新安装环流系统，以取得较好的气体分布效果，必要时使用挡板改变空气流动的方向；

⑦如果读数仍不相近，有必要对熏蒸室重复试验和再次调整。

（4）排气系统　排气系统应设计得与熏蒸室内的空气环流一样，能用以将熏蒸室内气体排到外面空气中去。当阀门打开后，能通过排气管直接将气体排出，并能在熏蒸时关紧垫片。在排气过程中，输气管上也要有个新鲜空气的送气口。排气管应通过熏蒸室和建筑物上面顺畅地延伸出去，每分钟的排气量应相当于熏蒸室体积的 1/4~1/2。当熏蒸室能与外面大气直接通风时，排气管就可以不用了。排气鼓风机可以安装在熏蒸室内对着门的位置上。要在发动机的上方建造一个舱口，这舱口可以向外打开，关上时有垫片可以保持密封。通风时要将熏蒸室的门部分打开，以保证进入新鲜空气，排空熏蒸剂。室外排气管与鼓风机连接时，一定要有一个能转动的门阀，并要能紧紧地与垫片密封。

（5）加热和制冷系统　在植物性材料熏蒸以前，必须达到处理温度，即必须符合处理方法中允许的温度范围。货物的温度太低，必须加温后才能处理，冷冻的货物也要加温。熏蒸室内空气温度也要达到处理的温度。

熏蒸室要装有热水管和热气管，或者安有条状加热器。明火及暴露的电线圈是不能使用的，因其有可能使熏蒸剂发生分解。加热器要装在电扇及鼓风机后面，以免直接影响气体升温效果。热水管和蒸气管要安装在表面，并围着熏蒸室墙内呈水平安装。加温器通过装在熏蒸室外面的恒温器控制。

在热带地区，熏蒸室内需要装有冷却装置，这一地区被熏蒸物品大部分为易受高温损害的幼嫩植物和材料。冷却设备的大小，需根据熏蒸室的空间和所装货物的形状、数量来决定。冷却器的推动器和冷却线圈装在熏蒸室内，散热的发动机装在外面。

3. 熏蒸剂气体浓度测定的主要仪器

（1）卤化物检漏仪　卤化物检漏仪常用于检查非易燃含卤素气体。在熏蒸消毒方面，被广泛用来探查用溴甲烷和二溴乙烯熏蒸时的漏气情况。这种检漏仪可在卤化物浓度很低的情况下使用，使用较为简便，除了检测熏蒸棚里漏气情况外，还可以用来测定熏蒸的货物中是否存有残余气体，以确定其是否可以进行装卸。在有风的情况下，可能操作困难，强光下难以辨认火焰的颜色变化。这种仪器用于测定溴甲烷浓度还不够准确，但它是查漏的方便有效仪器。

①操作原理：卤化物检漏仪的工作原理是，当周围空气中存在有机卤化物气体时，卤化物受火焰加热分解再与铜出现火焰颜色反应。火焰颜色由绿向蓝变化，表明空气里的气体浓度在增加，高浓度时火焰会熄灭。当铜片被加热到桃红色后，将火焰调整到能维持铜丝保持粉红色的最小程度。

为防止发生爆炸危险，勿在磷化氢、环氧乙烷、二硫化碳气体存在时使用卤化物检漏仪。卤化物检漏仪不能用来测定硫酰氟，因为这种卤化物气体与铜丝的火焰颜色反应不易用眼睛鉴别。

②用卤化物检漏仪测定溴甲烷浓度。

③保养：铜丝或做成的筒环必须保持清洁，否则，即使在无卤气存在的情况下，火焰也会显出绿色。必要时，可从火焰管中拆下铜丝将其清洁。由于反复使用会使铜环老化，因此，当铜环出现凹坑或变形时应随时更换。

（2）国产 XK－Ⅱ型熏蒸气体检测仪　XK－Ⅱ型熏蒸气体检测仪主要由电源部分、气路系统包括采样泵、热导池和显示部分等组成。该仪器所用的外部电源为 220V 交流电，内部电源为 12V 直流电。当内部电池充满电后，在熏蒸现场可连续使用 6~8h。该仪器重约 6kg。

①仪器外部各部分简介。

a. 吸气口：位于仪器的后部，为仪器待测样品气的入口，可用内径为 6mm 的聚乙烯塑料管（采样管）与之连接。必要时，还可以将干燥管与该吸气口连接后，再连接聚乙烯塑料管，每次所用聚乙烯塑料管应为干净管，内部无水汽集结。

b. 排气口：位于仪器后部。当在比较封闭的场所测毒时，可用一根直径 6mm 的聚乙烯塑料管与之连接，将毒气排放在熏蒸空间或通风良好的地方。

c. 显示器：用以显示所测熏蒸剂气体的浓度，其显示值的单位为 g/m^3。

d. 对熏蒸剂选择组键：位于仪器前面板的右侧，其左侧分别对应标有溴甲烷、硫酰氟、环氧乙烷和二硫化碳，需要检测那种熏蒸剂则按下该键。

e. 调零钮：当采样泵工作时，显示器上的读数可能不在零点，检测前用该键调零。

f. 气体流量计：用于显示流过该仪器的被测气体流量，单位为 L/min，规定标准流量值为 1L/min。

g. 气体流量调节钮：用于调节气体的流速大小，使流过该仪器的气体流速稳定在 1L/min 处。

h. 检测按钮：仪器电路系统及热导池的电源开关，当仪器处于较长时间等待时，可以关掉采样泵，而让本开关继续处于开启状态。

i. 气泵按钮：为采样泵的电源开关。

j. 保险丝管：位于仪器后部电源插座中，拉出插座下部的小室就可见其中的保险丝管，插座内还有一备用管。

②熏蒸剂气体浓度的检测。

a. 准备工作：

（a）预热　在开始检测之前，打开仪器的气泵及检测电源开关，让仪器运转 3~5min（预热时间长短随温度不同而定，温度越低预热时间相应适当延长）。

（b）气流流速的调整　将仪器流量计的流速调整为 L/min。

（c）调零　仪器开机预热后若显示值不为零，则可用通过调零钮进行调零。如果通过调零钮不能将仪器的显示调到零，就必须通过下列步骤进行调零：

Ⅰ打开仪器右侧的机箱盖（Ⅰ型机则打开左侧机箱盖），重新放置好仪器。打开电源开关，让仪器预热10min左右。

Ⅱ将调零钮向一个方向慢慢旋转至极点，再反方向旋转五圈，使其处于中间位置。

Ⅲ找到仪器内部热导池上部电路板上的灰色池平衡调节钮，慢慢旋转该钮，使仪器显示值为零或接近零。

Ⅳ关掉电源，重新关好机箱盖。打开电源开关，再预热调零。至此整个准备工作结束。

b. 检测：

（a）仪器调好后，首先将聚乙烯塑料管的一端同仪器的吸气口连接起来，采样管的另一端插入到检测点内。采样管的内径应为6mm的管子，其最长不应超过30m。当检测时仪器的显示值稳定后，即可记录该值。检测同一批货物的熏蒸剂浓度时，可在检测一点浓度后，直接检测下一点浓度。

（b）环境湿度对仪器的检测值有一定的影响，当检测同一批货物浓度结束后，如仪器运转不能复零，则可将检测结果予以适当修正。当仪器现时为正值，所用检测值减去该正值，反之则加上该负值。

（c）所有检测工作结束后，应使仪器运转一段时间，使仪器复零，然后再关机。

③仪器的校准。所有仪器在出厂前均经过校准，但随着使用次数的增多和时间的延长，仪器的检测准确度将有所变化。为保证仪器检测值的准确，XK-Ⅱ型熏蒸气体浓度检测仪每年至少要进行一次校正（最好请仪器生产厂家进行校准），其方法如下：

打开机器机箱盖。打开仪器电源开关，让仪器预热30min以上。

用大的真空干燥器（水容法测出容积），在真空抽气出口处用橡皮塞密封。橡皮塞打孔插入三根铜管（或玻璃管），一根插至真空干燥器的下中部，一根插至上中部，另一根插至中部。用聚乙烯塑料管与其中两根连接，中下部管接仪器吸气口，中上部管接仪器排气口。真空干燥器内放置一袖珍电风扇。真空干燥器接口处加少许凡士林磨封。橡皮塞与铜管及玻璃接口处均用强力胶密封。控制温度在25℃及70%的相对湿度条件下，按40g/m^{3}的剂量计算投药量。先将仪器调零，然后将真空干燥器上的聚乙烯塑料管同该仪器吸、排气口连接好。打开风扇电源开关，密封好真空干燥器，注入计算好的熏蒸剂气体的量，待仪器显示值稳定不动后，观察该显示值是否在38~42，如果显示值在此范围内，说明该仪器不需要做进一步调整；如果不在该范围内，则应调节对应于该熏蒸剂的放大倍数的调节电位器（在仪器内部电路板上有4个并排的小电位器，每个电位器对应于一种熏蒸剂。不进行仪器校准时，千万不要调节该电位器，否则影响结果的准确性）。

④仪器的维护及保养。

a. 仪器在运转过程中，应该轻拿轻放，因为热导池中的热丝元件在加热后，如遇到激烈振动极易损坏，即使是在平时搬运过程中也要轻拿轻放。

b. 每次使用完后及时充电，如长时间不用，也应定时充电。一般应每一至两周充一次电，每次充电时间为12~24h。在每次使用过程中，应节约用电，避免深度放电，以延长蓄电池的使用寿命。有交流电的地方尽量使用交流电。

c. 使用过程中，严禁将水抽入仪器内，以免损坏热导池和采样泵。如发生类似情况，应立即使仪器运转数小时，直到能调零为止。

d. 采样泵开启后，严禁用手及其他物品堵塞仪器后部的吸气口和排气口，以免损坏采样泵。

（3）进口熏蒸气体浓度显示仪（FUMISCOPE）　导热分析仪是通过测量热敏电阻丝的电阻变化来进行组分浓度检测的。因为当恒量电流通过热敏电阻丝时，导线电阻将受到周围气体成分的影响。气体成分变动，热敏电阻丝的电阻也相应改变。这种分析仪采用的是一种单臂电桥式电路，以此测量由气体在探测丝上经过时引起的不均衡性。许多国际植物检疫组织都用这种仪器测定熏蒸气体的浓度。

①200 E 型熏蒸气体浓度显示仪。

由一个电泵、一只气体流速计、一个导热室和一只电流换算表组成。按下叉簧开关，启动电泵，空气样品可经过流速计和导热室被抽进来，空气样品的流速可拨动刻度盘调至规定值。这种仪器利用导热室将毒气（如溴甲烷）和干燥空气的混合气与纯干燥空气进行比较，其差值转变为电流并显示在电流换算表上。特别是导热室内的探测丝通过恒量电流而加热，由探测丝周围的气体将探测丝热量传递到室壁上而使探测丝温度降低，室壁温度升高。经过一段时间后，一种平衡温度便产生了。如果毒气的成分发生变化，热量损失也会发生变化，测丝的平衡温度（测丝的平衡电阻）也相应地发生变化。这种电阻的变化在电学上是可以测量的。适当校准后，测量准确度可在 5%以内。

作为一种对仪器的敏感部件预防措施，建议在进气管上装上一个玻璃纤维过滤器，以除去灰尘和其他污物。熏蒸作业前，一定要对取样管进行漏气试验，在取样管上接上显示仪之前，要将空气通过取样管抽出，以确定管内是否干净。漏气试验前先启动显示仪，然后用手指按住取样管的后端来完成。如果取样管和连接处是密闭的，流速表上的浮球将降到零点。

船上熏蒸，许多取样管较长，需要将备用泵安装在取样管和显示仪之间。这种备用泵用来加速抽取有代表性的样本。在有读数后，取下取样管，接上另一只管。指针不必回到零点，但在最后一个读数后应回到零点。先是应该彻底消除残余气体，方法是电表指针回到零点，摘去最后一个取样管，让气泵显示仪内抽入几分钟的新鲜空气。

②校准检验。

校准气体显示仪可使电流表显示出准确的测量数据。各种气体显示仪在工厂里是经过仔细校准的，一般情况下校准过的显示仪应当保持相当长的使用时间。为确保显示仪能显示出准确的气体浓度读数，每一台显示仪都应每年进行两次校准检验。校准检验按以下步骤进行，在进行校准试验之前，如果显示仪不能调节，可与相似的显示仪相比较。校准检验步骤如下。

a. 将取样管接通无气体的熏蒸室，将其固定在熏蒸室的中央，并与供试的显示仪相比较。

b. 进行显示仪升温检验。

c. 往熏蒸室内输入经过精确计量的溴甲烷。

d. 当毒气在熏蒸室内完全扩散后，记下显示仪上的读数。

e. 检验时，需使用新鲜干燥剂，不能用真空装置。如果剂量读数低于 100%，则是由于挥发器上测定气体剂量稍有误差，或者是熏蒸室内壁的吸收等原因造成，且仪器的精确度可允许有 5%的误差。

f. 如果气体浓度连续几次的读数都出现在允许范围之外的，清除一下熏蒸室和仪器。另输入相似的剂量，同时确信熏蒸剂已完全地驱散开了。然后，记下重复试验后的读数。如果读数仍不可接受，与厂家联系，陈述一下问题和试验结果。生产者也可能提出一些校正的建议。要不然的话，有必要将仪器返回厂里校正。需要重新校正的仪器都应送回工厂检修。生产者不会将仪器送到别处检修的，因为这具有特殊性能的仪器，对多数维修结构是无能为力的。在运送仪器时，取下电池，包装起来，里面至少垫上6.67cm厚的软垫，然后用航空快件运送。

（4）检测管的分析　像气体显示仪这样的导热分析仪器是用来测定溴甲烷、环氧乙烷、二硫化碳混合物和某些其他熏蒸剂浓度的，磷化氢及那些不能用导热分析仪测定的其他熏蒸剂可用检测管测定。货物及包装物里的残余气体浓度也可用它来测定。

定量的特种泵是用来抽取待测定的混有毒气和空气的样品，一般抽取100mL。抽出的样品经过一只或两只监测管，并在管内与试剂产生反应而形成色斑。色斑的长度与有毒气体的浓度成正比。色斑长度的测量，可用校准用刻度记录纸或简单的通过在玻璃管壁上的刻毒来测定。制造的毒气检测管，管内的试剂是定量的，而且每条管的口径都是一致的。为获得某些读数需要两管以上连接时，无需另增加试剂。仪器附有详细的操作说明。

每种熏蒸剂都有专门的检测管。检测管应在冷藏室内保存，以增加使用期限。每天使用前，气泵应根据其附带的说明书进行试验，必要时要进行检修。

（三）其他化学处理方法

（1）防腐处理　检疫处理中的防腐处理多用于木质材料的除害处理。国内外木材防腐处理中常用的防腐剂，根据其介质和有效成分可分为焦油型、有机溶剂型和水溶型三种；其使用方法一般分为两种即表面处理法和加压渗透法。前者只针对木材表面或浅层的有害生物，药效短，是一种暂时性的防护法，还可能造成环境污染；后者是通过一系列抽真空或加压的过程，迫使防腐剂进入木材组织细胞，使防腐剂能与木材紧密结合，从而可达到木材的持久防腐效果。使用防腐剂应注意处理过程中人员的安全、处理过程要全面和彻底以及对防腐处理后的废弃物的处置等几个问题。

（2）化学农药处理　在检疫处理中，常采用化学农药对不能采用熏蒸处理的材料进行灭害处理，根据处理对象的不同而用不同的施药方法，一般有喷雾法、拌种法、种苗浸渍法等。

（3）烟雾剂处理　烟雾剂是利用农药原药、燃料、氧化剂、消燃剂等制成的混合物，经点燃后不产生火焰，农药有效成分因受热而汽化，在空气中冷却后凝聚成固体颗粒，沉积到材料表面，对害虫具有良好的触杀和胃毒作用。烟雾剂受自然环境尤其是气流影响较大。

二、物理处理法

（一）控温处理

1. 低温处理

（1）速冻　在-17℃或更低的温度下急速冰冻被处理的农产品来控制害虫的一种处理方法。这种方法对防治许多害虫有效，常常用于处理那些由于害虫的原因而不能进口的产品，特别是用于处理某些水果和蔬菜。

这种处理方法包括在-17℃或更低的温度下预冻，接着按规定在-17℃或更低温度下保持一定时间，然后在不能高于-6℃温度下保藏。速冻处理需具备满足上述温度处理的冷冻仓和贮藏仓，在冷冻仓内必须设置自动温度记录仪，记录速冻过程中温度的变化动态。

（2）冷处理　应用持续的不低于冰点的低温作为控制害虫的一种处理方法。这种方法对处理携带实蝇的热带水果有效，并已在实践中应用。处理的时间常取决于冷藏的温度。

冷处理通常是在冷藏库内（包括陆地冷藏库和船舱冷藏库）进行。处理的要求包括严格控制处理的温度和处理的时间，这是冷处理有效性的根本条件。

①冷藏库处理：陆地冷藏库和船舱冷藏库必须符合如下条件：制冷设备能力应符合处理温度的要求并保证温度的稳定性；冷藏库应配备足够数量的温度记录传感器，每 300m^3 的堆垛应配备 3 个传感器，一个用于检测空气温度，两个用于监测堆垛内水果或蔬菜的温度；使用的温度自动记录仪应精密准确，需获得检疫官员认可；冷藏库内应有空气循环系统，使库内各部温度一致。

②集装箱冷处理：具备制冷设备并能自动控制箱内温度的集装箱，可以在运载过程对某些检疫物进行冷处理。为监测处理的有效性，在进行低温处理时，于水果或蔬菜间放置温度传感器，记录运输期间集装箱内水果或蔬菜的温度动态。集装箱运抵口岸时，由检疫官员开启温度记录仪的铅封，检查处理时间和处理温度是否符合规定的要求。

2. 热处理

现行相关标准有：SN/T 3291—2012《热处理通用要求》。

将被处理产品升高至规定温度后持续特定时长，用以杀灭被处理产品可能携带的有害生物，同时保持被处理产品品质的一类处理方法。主要包括蒸汽热处理、热水处理和干热处理等。

（1）蒸汽热处理　利用热饱和水蒸气使农产品的温度提高到规定的要求，并在规定的时间内使温度维持在稳定状态，通过水蒸气冷凝作用释放出来的潜热，均匀而迅速地使被处理的水果升温，使可能存在于果实内部的实蝇死亡。蒸汽热处理主要用于控制水果中的实蝇。

水果蒸汽热处理设施包括 3 个部分：产品处理前的分级、清洁、整理车间；产品蒸汽热处理室，产品热处理后的降温、去湿；包装车间，这个车间应有防止产品再次遭到感染的设施。蒸汽热处理的主要设施及其功能如下：

①热饱和蒸汽发生装置：这一装置应能按规定要求自动控制输出的蒸汽温度，蒸汽的输出量应能使室内的水果在规定时间内达到规定的温度。

②蒸汽分配管和气体循环风扇：蒸汽分配管把蒸汽均匀地分配到室内任何一个果品的货位，循环风扇使室内蒸汽处于均一状态，使蒸汽热量均匀地被每个水果吸收。

③温度监测系统：温度监测系统包括多个温度传感器，温度传感器均匀分布在室内空间各个点，传感器的探头插入水果的内部，通过温度显示仪可以了解处理过程室内各点水果果肉的温度动态。

检疫官员主要监察处理室内热蒸汽分布的均匀性、温度监测系统的准确性，以及产品处理后防止再感染的有效性。

（2）热水处理　该处理方法可防治多种生物，主要有线虫、病害、某些昆虫和螨类，多用于对鳞茎上的线虫和其他有害生物以及带病种子的处理。有些处理方法提倡在热水中加入杀菌剂或湿润剂。福尔马林常常作为杀菌剂与热水混合处理鳞茎，在热水中可以更有效杀死线虫。

（3）干热处理　一般在烤炉或烤箱里进行，将被处理的物品置于 100℃下 1h。这种方法的关键是使受处理的材料内部达到特定的温度，并保持到需要的处理时间。当被处理物内部温度达到处理温度时，开始计算处理时间。

干热处理的方法应用有局限性。这种方法可以杀死引起植物病害的病原生物，但受害的植物材料要能承受较高温度处理。饲料和粉碎性的加工产品，可用 82. 2℃的温度处理 7min。

干热处理还没有成功用于生活的植物材料，因为由于水分的损耗可使其受到损害。但甘薯是例外，据报道，将甘薯加热到39.4℃保持30h，对于清除根结线虫是个成功的方法。

用同样的温度和时间，干热处理不如热水处理或蒸汽处理的效果好，因为病原体似乎在水分存在下更易被杀死。

（二）辐照处理

现行相关标准有：GB/T 21659—2008《植物检疫措施准则辐照处理》。

利用电子束、X射线、γ射线等处理携带有害生物的货物，致使有害生物死亡、丧失繁殖能力、不能继续发育等，从而达到防止其传播、扩散和蔓延目的的一种物理处理方法。该方法对货物尤其是鲜活产品如水果、蔬菜的品质影响较小，且具有储藏保鲜和延长货架期的效果，同时辐照射线本身不会在被处理货物中留下任何化学残留，具有安全环保、处理快速、不受温度限制等优点，目前广泛用于食品的杀虫灭菌和储藏保鲜，是一种很有前途的检疫处理方法。

（三）气调处理

采用特定气体组分并维持一定时间，用于杀灭限定性有害生物，防止其定殖、扩散或蔓延，且保证商品品质不受伤害的检疫处理方法。气调技术长期以来补充应用于粮食储藏的害虫防治，其工作原理是通过增加处理环境的CO_2含量或降低O_2含量，或两者结合来实现，以抑制有害生物的危害，延长商品的储藏寿命和货架期。气调检疫处理还可配合其他处理方式进行，以提高检疫处理效果。如检疫气调热处理、检疫气调冷处理和检疫气调熏蒸处理等。

（四）微波加热处理

微波加热是利用电磁场加热电介质，使植物、植物产品内部升温，导致检疫性有害生物死亡，从而达到检疫处理目的的一种物理处理方法。该处理方法具有速度快、效果好、无残毒、无污染、无余热以及操作简便等优点，但介质的内容物组成不同和磁场不均匀，导致处理时介质升温不均匀，植物、种子和食品也会因过热而导致死亡或质量的变化。因此微波处理可用于植物检疫中的少量农副产品的处理，以及旅检中处理非种用材料较为理想。

第七节　检疫处理监督

检疫处理过程的现场监督检查按《出入境检疫处理管理工作规定》第三章有关规定执行。

检疫处理单位的年度监督检查按《出入境检疫处理管理工作规定》第四章有关规定执行。

一、现场监督检查

检疫处理日常管理工作按照风险评估、分类管理的原则，根据业务类型、处理指征、处理方式等特点，分为高风险和一般风险两个级别动态管理。

（一）高风险检疫处理

1. 检疫处理业务内容

高风险检疫处理业务由海关总署发布并动态调整。国家质量监督检验检疫总局公告2017年第115号附件7公开发布的高风险检疫处理业务内容包括：

（1）交通工具的熏蒸处理；

（2）突发公共卫生事件检疫处理；

（3）粮食、饲料、原木等大宗散货的熏蒸处理；

（4）种苗花卉等繁殖材料检疫处理；

（5）发现检疫性有害生物并需实施检疫处理的；

（6）检出动物疫病的进境动物产品的检疫处理；

（7）进境大中种用和屠宰用动物运输工具、装卸场所、隔离场所的防疫消毒处理。

2. 全过程监管内容

对高风险的检疫处理业务每批均应实施全过程监管。检疫处理业务全过程监管包括以下内容：

（1）检疫处理方案审核　审核有关检疫处理单位和人员资质、检疫处理场所、设施设备、处理措施、使用药剂、技术指标及安全防护措施等。

（2）现场操作检查　检查检疫处理对象和检疫处理现场条件与检疫处理技术规范等要求的符合性，检查检疫处理操作过程的规范性。对实地数据监控的，重点检查过程数据有无异常。

（3）安全防范监督　检查检疫处理现场安全防护设施设备配备情况，检疫处理工作人员个人防护措施，警示标志设置情况。检疫处理操作现场应与工作区、生活区保持安全距离或有效隔离。由海关总署发布并动态调整。

（二）一般风险检疫处理业务

对一般风险的检疫处理业务，海关应结合既往监管情况和检疫处理单位质量自控情况等确定监管频次，每月至少实施 1 次监管，相关监管工作按照全过程监管要求实施。

（三）检疫处理效果评价与检疫处理效果符合性审核确认

1. 检疫处理效果评价

对实施全过程监管的检疫处理批次，检验检疫机构应依据相关标准和技术规范，结合检疫处理单位的检疫处理方案、现场监管情况及检疫处理结果报告单，对检疫处理效果进行评价。

现场监管应填写检疫处理现场监管记录表（检疫处理现场监管记录表推荐格式见国家质量监督检验检疫总局公告 2017 年第 115 号附件 8）。

2. 检疫处理效果符合性审核确认

对未实施现场监管的检疫处理批次，检验检疫机构应依据相关标准和技术规范，结合检疫处理方案及检疫处理单位提交的检疫处理结果报告单，对检疫处理效果的符合性进行审核确认。

（四）检疫处理不符合处置

监管中发现检疫处理条件不符合要求、现场操作不规范、安全防范工作不到位的，应责令检疫处理单位现场整改。检疫处理技术指标不符合相关要求的，应责令检疫处理单位按相关技术规范要求采取补救措施或重新实施处理。

监管中发现问题需追究法律责任的，按照《出入境检疫处理单位和人员管理办法》有关规定执行。

检验检疫机构应妥善保存《检验检疫处理通知书》（留存联）、检疫处理结果报告单、检疫处理现场监管记录表，随报检资料存档；无报检资料的单独存档。建立检疫处理监管工作档案，保存效果评价、专项督查、年度监督检查等资料和检疫处理单位报备的检疫处理方案。

各直属海关每年至少组织 1 次现场检验检疫机构检疫处理监管工作检查，并形成工作检查报告。

二、年度监督检查

各直属海关负责组织年度检疫处理单位监督检查，并针对各检疫处理单位分别形成年度监督检查报告。

（一）年度监督检查内容

（1）核准范围内经营情况，持证上岗执行情况。

（2）检疫处理制度、监督管理制度等质量管理体系运行情况。

（3）检疫处理设施设备配备，包括检疫处理场地、药剂器械库房/存放点、器械设备情况。

（4）检疫处理业务单证和工作记录。

（5）检疫处理药剂使用、质量保障和效果评价。

（6）检疫处理安全管理，包括人员、设施的安全管理，防护用品配备等情况。

（7）检疫处理单位变更情况。

（二）检疫处理不符合处置

对监督检查中发现违反有关要求的，按照规定进行处置；存在违法行为的，依照相关法律法检疫规定处理。

思政案例

南亚果实蝇（*Zeugodacus tau* Walker）又称为南瓜实蝇，是一种世界性检疫害虫，严重影响果蔬贸易。在我国主要分布于海南、台湾、华南、华东、西南、中原、西北等地；其寄主范围广，可为害南瓜、黄瓜、香瓜、丝瓜、苦瓜、番石榴、木瓜、菠萝蜜、杨桃、芒果、罗汉果等16科的80余种植物，对葫芦科果蔬的为害尤为严重，是果蔬生产的大敌之一。

为有效防止南亚果实蝇的传播，保障果蔬贸易的顺利开展，中国检验检疫科学研究院（以下简称“检科院”）检疫处理团队从2013开始研发南亚果实蝇的辐照、热处理、新型熏蒸等溴甲烷替代处理技术，遵循国际标准要求，经过剂量—响应试验和大规模验证试验，确定了检疫辐照处理技术指标，制定了行业标准。2017年通过IPPC中国联络点正式向IPPC秘书处提交了标准提案。5年间，团队及时完成了多轮次的技术资料补充、专家质询回复和答疑等工作，提案终于成为标准。

2022年4月6日，国际植物检疫措施委员会第十六次大会（CPM-16）表决通过了由检科院牵头申报和主导研发的国际植物保护公约（IPPC）检疫处理国际标准（PT42：南亚果实蝇辐照处理）。这是继《PT38：桃小食心虫辐照处理》IPPC检疫处理国际标准颁布以来，检科院牵头研发的又一项国际标准。

课程思政育人目标

通过分析检疫性害虫南亚果实蝇传播危害特点及其可能对全球果蔬生产产生的严重影响，明确开发科学、高效检疫处理技术及标准的重要意义。同时通过学习检科院检疫处理团队制定的绿色检疫处理国际标准及其在促进国际贸易、保护生物安全、维护生态平衡等方面发挥重要的作用，学习科学家精神，提高科学素养，树立创新意识，提升专业认同感和文化自信。

思考题

1. 检疫处理在动植物及其产品进出口国际贸易中有何重要意义？

2. 某机场海关在来自越南进境旅客的分离运输行李中发现100余公斤水果，现场查验发现大量活蛆，经实验室鉴定为检疫性有害生物桔小实蝇。请根据本章学习的内容，试说明应该选择哪些方法进行该批水果的检疫处理并阐明原因。

3. 动植物检疫处理的原则与要求有哪些？

参 考 文 献

［1］海关动植物检验检疫司．海关动植物检疫［M］．北京：中国海关出版社，2021.

［2］《海关检验检疫业务手册》编委会．进出境动植物检疫篇［M］．北京：中国海关出版社，2023.

［3］黄冠胜．中国特色动植物检验检疫［M］．北京：中国质量出版社，2013.

［4］房维廉．进出境动植物检疫法的理论与实务［M］．北京：中国农业出版社，1995.

［5］赵玉平，佟景仁．中国进出境植物检疫［M］．北京：中国农业出版社，1996.

［6］徐金记．进出境动物检疫技术手册［M］．北京：中国标准出版社，2010.

［7］支树平．中国质检工作手册动植物检验检疫管理［M］．北京：中国质检出版社，2012.

［8］夏红民．中国的进出境动植物检疫［M］．北京：中国农业出版社，1998.

［9］黄冠胜．国际植物检疫规则与中国进出境植物检疫［M］．北京：中国质检出版社、中国标准出版社，2014.

［10］国家质量监督检验检疫总局．检验检疫手册（植物检验检疫分册）［M］．北京：中国农业出版社，2005.

［11］国家质量监督检验检疫总局．检验检疫手册（动物检验检疫分册）［M］．北京：中国农业出版社，2005.

［12］中华人民共和国国家标准．GB/T 23630—2009 进境植物检疫管理系统准则［S］．北京：中国标准出版社，2009.

［13］中华人民共和国出入境检验检疫行业标准．SN/T 2858—2011 进出境动物重大疫病检疫处理规程［S］．北京：中国标准出版社，2011.

［14］中华人民共和国出入境检验检疫行业标准．SN/T 4659—2016 进出境动物防疫消毒技术规范总则［S］．北京：中国标准出版社，2016.

［15］中华人民共和国出入境检验检疫行业标准．SN/T 3568—2013 危险性有害生物检疫处理原则［S］．北京：中国标准出版社，2013.

［16］中华人民共和国出入境检验检疫行业标准．SN/T 3282—2012 检疫熏蒸处理基本要求［S］．北京：中国标准出版社，2012.

［17］中华人民共和国出入境检验检疫行业标准．SN/T 3401—2012 进出境植物检疫熏蒸处理后熏蒸剂残留浓度检测规程［S］．北京：中国标准出版社，2012.

［18］中华人民共和国出入境检验检疫行业标准．SNT 5535—2022 检疫处理效果评价　熏蒸处理［S］．北京：中国标准出版社，2022.

［19］中华人民共和国出入境检验检疫行业标准．SN/T 3291—2012 热处理通用要求［S］．北京：中国标准出版社，2012.

［20］中华人民共和国国家标准．GB/T 21659—2008 植物检疫措施准则　辐照处理［S］．北京：中国标准出版社，2008.

［21］王媛媛，苏红，肖肖，等．2021 年版 OIE《陆生动物卫生法典》制修订概述及趋势［J］．中国动物检疫，2021.